“十三五”国家重点出版物出版规划项目

国家科学技术学术著作出版基金资助出版

中国大陆宽频带地震流动观测实验与壳幔速度结构研究

李秋生　陈　凌　等/著

科学出版社

北　京

内 容 简 介

本书为“深部探测技术与实验研究专项（SinoProbe）”第二项目“深部探测技术实验与集成”第三课题“宽频地震观测实验与壳幔速度研究”的成果总结。作者通过在中国大陆青藏高原及周缘、华南及东南沿海和东北地区三个大陆动力学研究及资源能源调查热点地区的野外观测实验，集成了适应我国复杂地质构造和人文自然环境的宽频带地震观测技术。结合前人的成果，通过对实验采集新数据的分析，使用接收函数、体波及面波层析成像、背景噪声层析成像和横波分裂等方法，揭示了我国大陆岩石圈结构主要特征，构建了中国大陆壳幔速度结构基本框架，并探讨了若干大陆动力学问题：中国大陆主要块体深部结构特征及边界带位置；印度板块俯冲前缘、青藏高原岩石圈变形、隆升及其向外扩展行为；中国大陆东南缘海陆过渡的岩石圈结构特征及我国东北松辽盆地深部结构特征等。依据地震观测证据提出了若干新认识。

本书可供从事地学研究的科研人员和相关院校师生参考。

图书在版编目(CIP)数据

中国大陆宽频带地震流动观测实验与壳幔速度结构研究／李秋生等著．—北京：科学出版社，2020. 9

（中国深部探测研究丛书）

ISBN 978-7-03-065956-9

Ⅰ.①中… Ⅱ.①李… Ⅲ.①地震观测-研究-中国 Ⅳ.①P315.732

中国版本图书馆 CIP 数据核字（2020）第 162621 号

责任编辑：韦 沁／责任校对：张小霞

责任印制：肖 兴／封面设计：黄华斌

科学出版社 出版

北京东黄城根北街 16 号

邮政编码：100717

http://www.sciencep.com

中国科学院印刷厂 印刷

科学出版社发行 各地新华书店经销

*

2020 年 9 月第 一 版 开本：787×1092 1/16

2020 年 9 月第一次印刷 印张：14

字数：332 000

定价：189.00 元

（如有印装质量问题，我社负责调换）

著者名单

李秋生　陈　凌　王良书　吴庆举　史大年
陈　赟　赵俊猛　贺日政　艾印双　刘宏兵
徐鸣杰　叶　卓　张耀阳　于大勇　张瑞清
张洪双　李永华　郑洪伟　邹长桥

丛 书 序

地球深部探测关系到地球认知、资源开发利用、自然灾害防治、国土安全和地球科学创新的诸多方面，是一项有利于国计民生和国土资源环境可持续发展的系统科学工程，是实现我国从地质大国向地质强国跨越的重大战略举措。“空间、海洋和地球深部，是人类远远没有进行有效开发利用的巨大资源宝库，是关系可持续发展和国家安全的战略领域”(温家宝，2009)。“国务院关于加强地质工作的决定”（国发〔2006〕4号文）明确提出，“实施地壳探测工程，提高地球认知、资源勘查和灾害预警水平”。

世界各国近百年地球科学实践表明，要想揭开大陆地壳演化奥秘，更加有效地寻找资源、保护环境、减轻灾害，必须进行深部探测。自20世纪70年代以来，很多发达国家陆续启动了深部探测和超深钻探计划，通过“揭开”地表覆盖层，把视线延伸到地壳深部，获得了重大成果：相继揭示了板块碰撞带的双莫霍结构，发现造山带山根，提出岩石圈拆沉模式和大陆深俯冲理论；美国在造山带下找到了大型油田，澳大利亚在覆盖层下发现奥林匹克坝超大型矿床；苏联在超深钻中发现了极端条件下的生物、深部油气和矿化显示，突破了传统油气成藏理论，拓展了人类获取资源的空间，加深了对生命演化的认识。目前，世界主要发达国家都已经将深部探测作为实现可持续发展的国家科技发展战略。

我国地处世界上三大构造-成矿域交汇带，成矿条件优越，现金属矿床勘探深度平均不足500 m，油气勘探不足4000 m，深部资源潜力巨大。我国也是世界上最活动的大陆地块，具有现今最活动的青藏高原和大陆边缘海域，地震较为频繁，地质灾害众多。我国能源、矿产资源短缺、自然灾害频发成为阻碍经济、社会发展的首要瓶颈，对我国工业化、城镇化建设，甚至人类基本生存条件构成严峻挑战。

2008年，在财政部、科技部支持下，国土资源部联合教育部、中国科学院、中国地震局和国家自然科学基金委员会组织实施了我国“地壳探测工程”培育性启动计划——“深部探测技术与实验研究专项（SinoProbe）”。在科学发展观指导下，专项引领地球深部探测，服务于资源环境领域。围绕深部探测实验和示范，专项在全国部署“两网、两区、四带、多点”的深部探测技术与实验研究工作，旨在：自主研发深部探测关键仪器装备，全面提升国产化水平；为实现能源与重要矿产资源重大突破提供全新科学背景依据和基础信息；揭示成藏成矿控制因素，突破深层找矿瓶颈，开辟找矿“新空间”；把握地壳活动脉博，提升地质灾害监测预警能力；深化认识岩石圈结构与组成，全面提升地球科学发展水平；为国防安全的需要了解地壳深部物性参数；为地壳探测工程的全面实施进行关键技术与实验准备。国土资源部、教育部、中国科学院和中国地震局，以及中国石化、中国石油等企业和地方约2000名科学家和技术人员参与了深部探测实验研究。

经过多年来的实验研究，深部探测技术与实验研究专项取得重要进展：①完成了总长度超过 6000 km 的深反射地震剖面，使得我国跻身世界深部探测大国行列；②自主研制和引进了关键仪器装备，我国深部探测能力大幅度提升；③建立了适应我国大陆复杂岩石圈、地壳的探测技术体系；④首次建立了覆盖全国大陆的地球化学基准网（160 km×160 km）和地球电磁物性（4°×4°）标准网；⑤在我国东部建立了大型矿集区立体探测技术方法体系和示范区；⑥探索并实验了地壳现今活动性监测技术并取得重要进展；⑦大陆科学钻探和深部异常查证发现了一批战略性找矿突破线索；⑧深部探测取得了一批重大科学发现，将推动我国地球科学理论创新与发展；⑨探索并实践了“大科学计划”的管理运行模式；⑩专项在国际地球科学界产生巨大的反响，中国入地计划得到全球地学界的关注。

为了较为全面、系统地反映深部探测技术与实验研究专项（SinoProbe）的成果，专项各项目组在各课题探测研究工作的基础上进行了综合集成，形成了《中国深部探测研究丛书》。

我们期望，《中国深部探测研究丛书》的出版，能够推动我国地球深部探测事业的迅速发展，开创地学研究向深部进军的新时代。

董树文 李廷栋

2015 年 4 月 10 日

前　言

人类渴望了解地球内部的愿望从未像今天这样迫切！进入21世纪以来，提高对地球深部的认知程度，进而为解决人类生存和发展需求的一系列重大问题提供理论基础和科学依据，已经成为世界各国的基本共识。

这首先缘于对人类自身生存环境的担忧。火山爆发、地裂、毁灭性地震等自然灾害，一直是人类生存发展的主要威胁。然而地震等自然灾害的形成机制和活动规律，人类还知之甚少。越来越多的研究证明，地球的动力来源在深部。

其次迫于解决资源供需矛盾的需求。资源瓶颈对我国等世界新兴国家的社会经济发展的约束越来越明显。立足于自身，发现一批后备战略资源接续基地，已成为保障我国社会经济长期稳定较快发展战略必须尽快解决的问题。

“上天入地”是人类的终极梦想。尽管“入地”比“上天”更难，人类钻探莫霍面（Moho）的计划，无论在陆地（科拉半岛超深钻）还是海洋（大洋钻探计划）至今都未成功，但尝试“入地”的努力从未中断过。目前人类对地球深部结构的认知主要依赖间接的地球物理探测方法，其中地震学方法是最主要的方法。地震波是唯一能够贯穿地球的波动。迄今为止，观测地震仍是人类获知地球内部信息的主要来源。特别是自1875年第一台近代地震仪诞生的一百多年来，地震学家通过对地震记录图的分析研究，来判断地球内部的结构和状态，逐步确立了地球分层结构模型，为板块构造理论的产生和确立奠定了基础，并成为资源勘探、灾害和环境变化研究的理论依据。

在深部探测技术体系中，“宽频带地震流动观测”属于“被动源”地震探测方法。该方法由传统的固定台站地震观测发展而来，是观测仪器便携化、记录数字化、分析方法精确化高度集成的产物。20世纪90年代以来，宽频带地震流动台阵探测逐渐成为现代地震学发展的一个重要方向。然而，当宽频带地震流动观测技术被引进，应用于中国大陆深部结构和状态研究时，由于探测对象的复杂性及自然地理条件的特殊性受多种不利因素影响，台站覆盖和数据质量难以达到较理想的程度。因此，在“深部探测技术与实验研究专项（SinoProbe）”第二项目“深部探测技术实验与集成（SinoProbe-02）”中，设置了“宽频地震观测实验与壳幔速度研究”课题（SinoProbe-02-03），肩负着有关典型构造域被动源宽频带地震探测技术实验与集成、人才培养和技术队伍建设方面的任务。旨在“针对青藏高原、中东部山地、东南沿海等特殊自然条件和深部结构、物性特点，实验深部地壳-上地幔（壳幔）二维或三维宽频带地震观测技术，检验并集成接收函数、层析成像、各向异性、噪声成像等处理解释方法，为项目集成被动源探测技术做准备；同时，揭示实验剖面（台阵）下方岩石圈、软流圈乃至更深部地幔的结构、物性及圈层相互作用。为项目建立中国大陆壳幔深部结构与地球动力学模型提供依据。在实验过程中培育形成宽频带地震观测研究的专业人才团队，参与国际竞争”。

根据专项、项目的目标任务要求、研究基础和资助强度，“宽频地震观测实验与壳幔速度研究”课题（简称“宽频地震”课题）主要针对性地开展了线性台阵观测技术实验和集成。本书是在“宽频地震”课题成果报告的基础上修改、加工而成的，并侧重于处理解释实验数据所获得的科学发现和新认识的总结和凝练。

本书是一项集体成果。合作研究团队由来自中国科学院、中国地震局、教育部和自然资源部四个系统六个单位（中国科学院地质与地球物理研究所、中国科学院青藏高原研究所、南京大学、中国地震局地球物理研究所、中国地质科学院地质研究所和中国地质科学院矿产资源研究所）及中国地震局兰州地震研究所的专家和研究生组成。经过团队 5 年的共同努力和辛勤工作，克服了各种困难，取得了丰硕的成果，达到了预期的科学目标。

本书第一章为概述，简述宽频带地震观测研究现状、实验总体部署和开展情况；第二章为华南大陆主要块体深部结构特征及边界带位置研究；第三章为中国大陆东南缘地壳上地幔结构研究；第四章为青藏高原板块汇聚及高原隆升、扩展动力学研究；第五章为东北跨松辽盆地宽频带观测实验研究；第六章为结论与建议。

前言和第一章由各章节主笔人共同撰写，李秋生、陈凌执笔；第二章由陈凌、艾印双、张耀阳等撰写；第三章由王良书、李秋生、史大年、叶卓、郑洪伟、徐鸣杰、于大勇等撰写；第四章由陈赟、刘宏兵、贺日政、赵俊猛、张洪双、叶卓、邹长桥等撰写；第五章由吴庆举、张瑞清、李永华等撰写；第六章由各章节主笔人共同撰写；全书由李秋生统稿，叶卓博士协助并绘制了部分图件。

在项目执行过程中，项目负责人高锐研究员（院士）、专项首席科学家董树文研究员、科学顾问李廷栋院士给予关心指导；刘启元研究员和王椿镛研究员作为课题科学顾问在实验观测部署和资料处理解释方面给出许多建设性意见。专项办公室主任陈宣华研究员、周琦女士和工作人员付出了辛勤劳动。课题承担单位（中国地质科学院地质研究所）和合作单位（中国科学院地质与地球物理研究所、南京大学、中国地震局地球物理研究所、中国科学院青藏高原研究所和中国地质科学院矿产资源研究所）给予人力物力的大力支持和保障；野外工作还得到甘肃省地震局和福建省地震局的支持和帮助。在此一并致谢。最后让我们以无比沉痛的心情悼念参加本课题研究的张忠杰研究员！他带领团队在青藏高原完成的杰出工作是本课题成果的亮点之一。

目　　录

第一章 宽频带地震流动观测概述

第一节 流动观测在地球深部探测中的作用和地位

今天人类对地球内部结构、组成的认知仍然相当粗浅，对地球深部动力如何向浅部输送物质和能量并控制地貌和环境的演变所知更少。板块构造理论在解释具有弥散性构造变形的大陆构造问题时遇到了挑战。我国大陆结构复杂，变形强烈，是理想的大陆动力学研究实验室。

用地震学方法探测地球的内部结构，通常是在地球的可观测尺度上，通过记录和分析在地下传播的地震波来进行的。所采用地震资料品质和成像方法决定了对地球结构成像的精度。然而，由于人工源激发地震波的高频成分在穿透地壳的过程中几乎衰减殆尽，一般情况下主动源地震方法的探测深度充其量达到上地幔的顶部，而且其费用高昂。在区域乃至全球尺度探测地壳-上地幔（壳幔）结构，特别是对地幔结构成像，主要依赖天然地震记录资料和相应的地震学分析方法。天然地震能够在很宽的频率范围内产生很强的能量（刘启元，2000），可以产生很强的剪切波（而人工爆炸则主要产生胀缩波），因此天然地震被誉为“照亮地球内部的明灯”。困难在于人类无法控制天然地震发生的时间、地点、大小等，只能预先布置好观测装置被动地等待和记录它们，因而也被称为被动源（passive source）方法。尽管被动源方法的分辨率比不上主动源方法，然而事实证明，通过记录大量的地震波路径，提高覆盖程度，被动源地震方法也能提供足够分辨率的地球内部结构图像，特别是对区域和全球尺度。

20 世纪 90 年代以来，宽频带地震流动台阵探测逐渐成为现代地震学发展的一个重要方向。宽频带流动观测弥补了固定台网过于稀疏、短时期分辨率难以大幅度提高的缺陷，以典型构造区域的精细结构为研究目标，在全球典型构造区地壳和上地幔结构的研究中，宽频带地震流动观测，特别是密集阵列观测记录使被动源地震学方法（层析成像、接收函数、面波反演等）的图像达到或接近数千米尺度的分辨率，其研究结果为认识地球内部结构、物质组成、性质、状态和动力学提供了重要资料和科学依据。已发展成为最重要的深部探测方法之一和现代地震学发展的标志。

宽频带地震观测能够提供岩石圈乃至更深地幔结构的精细图像和可靠的物性信息。板块的俯冲、碰撞、地幔物质对流等深部过程，都引起岩石圈变形或地幔状态的改变，这些改变与大型-巨型固体矿产资源成矿域（省）和油气资源成矿区带的成矿潜力和成藏过程有关。同样，岩石圈状态的改变、地壳应力的聚集和释放是地震发生的主要原因，地球环境的改变也是地球圈层相互作用的结果。21 世纪初，由于宽频带地震流动观测记录的迅速增加，地震学对于地质构造单元的分辨能力已可以达到板块内部构造单元的尺度，甚至某些针对性的观测（如利用近震）可以给出区域的或局部构造相当精细的结构，甚至接近直接观察的尺度。这些新的大陆尺度观测和针对性观测的研究结果，特别是对大陆的阵列观测，以美国阵列（USArray）为范例，显示出巨大潜力和独特优势。因此，在深部探测技术体系中，“宽频带地震流动观测”具有不可替代的地位。

第二节　宽频带地震流动观测发展过程和现状

一、流动宽频带观测方法的诞生和发展

在深部探测技术体系中，宽频带地震观测属于被动源地震探测方法，其通过布设线状或阵列排布的观测台站记录天然地震信号，从中提取研究区壳幔结构的地震波响应信息。该方法由传统的固定台站地震观测发展而来，是观测仪器便携化、记录数字化、分析方法精确化高度集成的产物。

传统的固定地震观测台网（如 WWSSN①、GDSN②）是地震学的发祥地，莫霍洛维奇、古登堡等依据当时的固定地震观测台网资料建立了地球内部圈层结构模型，我们对地球内部的最基本认识即来源于该模型。但是受种种因素的制约，固定台网至今仍分布稀疏且很不均匀，难以满足地球科学发展对认识地球内部精细结构的要求，期待一种具有更高分辨率、相对低成本、灵活有效的地震学探测方法。

随着便携式地震仪的出现，20 世纪 80 年代中期，宽频带地震流动观测由 IRIS 发起，到 20 世纪 90 年代后期，流动观测在全球迅速普及开展。目前，作为全球固定观测台网的补充，以大陆岩石圈便携阵列地震研究（Portable Array Seismic Studies of the Continental Lithosphere，PASSCAL）为代表的流动观测在世界范围内开展，遍布地球科学的热点地区和前沿研究领域，包括：壳幔物质循环的途径、机制及其效应；大陆碰撞造山过程、动力学机制及对上地幔和地球表层系统的影响；不同尺度的流体活动过程、壳幔流体再循环途径、规模及其效应；核幔边界层超级地幔柱与超大陆聚合和裂解、板块再组织与大陆增生事件、大陆边缘再造与大规模成矿、地幔对流与地表环境变化等。PASSCAL 宽频带地震流动观测台站布设以线性剖面为主。例如，在美国西部盆岭省开展的 1000 多千米长的 RISTRA 剖面（David *et al.*，2005），在我国青藏高原开展的 Hi-CLIMB 剖面等（Nábělek *et al.*，2009）。世界各地的 PASSCAL 观测已将全球地震波成像分辨率提升了一个数量级。宽频带地震流动观测在地球深部结构技术体系中的不可替代性越来越得到公认。流动观测的灵活性能满足基于目标的高分辨率地震成像的研究要求。由于上述优势，宽频带流动地震台阵探测构成了国际地学界研究大陆尺度和典型构造区域深部细结构、认识地球深浅部构造关系和相互作用的不可或缺的组成部分。当今国际著名的地学计划无一不将宽频带流动

---

① WWSSN（World Wide Standard Seismic Network），世界标准地震台网。

② GDSN（Globe Digital Seismological Network），全球数字化地震台网。

地震观测作为主流手段之一。

美国阵列（USArray）是地球透镜计划（EarthScope）四个主要计划之一，在世界上率先采用一种大脚印（footprint）全覆盖式（full cover）的观测方式，系统和精确地描述北美大陆的结构与演化，进而建立区域地球动力学演化模型。USArray 用 400 台宽频带地震仪，大约 70 km 的台站间距，每两年滚动 1 次的节奏，10 年时间扫描美国全境。2013 年已完成美国本土的观测，2014 年开始对阿拉斯加观测。

基于 USArray 观测数据，Zietlow（2016）利用体波层析成像发现了西南太平洋板片近于直立的俯冲；Adams 等（2015）利用面波层析成像构建上地幔速度的垂向变化，提出了坎麦隆火山链的地幔交代破坏成因；通过跨南美安第斯高原的流动台阵观测，Jamie 等（2016）利用接收函数发现高原东部地壳均衡补偿不足，由此推测该地区晚中新世以来快速的地表剥蚀导致了地壳的迅速抬升。基于川西密集台阵数据接收函数和面波联合成像结果揭示了下地壳低速异常存在的事实（Liu *et al.*，2014）；基于东北台阵数据的伴随全波形反演的层析成像揭示了松辽盆地下方地幔过渡带的精细结构，构建了地幔热物质上涌和俯冲板片共存的三维结构模型（Tang *et al.*，2014）。

地球深部是地球科学原始创新的前沿领域。西方国家开展地球深部探测已经持续了 40 多年。我国大陆结构复杂，变形强烈，是理想的大陆动力学研究实验室。我国大陆处于欧亚板块东南缘，中生代中晚期古太平洋俯冲对我国东部岩石圈变形和演化影响强烈，与成矿、成藏和地貌-环境演变密切相关。系统开展深部探测，完整地揭示我国大陆岩石圈的结构和组成，特别是通过宽频带地震阵列观测获取岩石圈乃至上地幔三维精细结构图像，对提升对地球深部的认知能力，促进地球科学原始创新，实现从理论层面解决资源、灾害和环境问题，具有重要科学意义和难以估量的经济战略价值。

世界各国在制定新一轮深部探测计划时，均注意到 USArray 之所以采用平移阵列（transportable array，TA）观测方式与北美大陆特殊的地质结构有关，都针对本国的地质结构特点和地形地貌条件因地制宜设计实施方案，而不是照搬美国 USArray 模式。例如，欧洲 16 国针对大陆岩石圈形成与演化共同开展了“欧洲探测”计划，采用了剖面观测和局部台阵观测相结合的方式。无论如何，以密集流动地震台阵观测来获取地球岩石圈和更深部三维结构和属性的详细信息，已成为地球内部结构地震学探测发展的重要趋势。

二、宽频带流动观测研究现状

由于板块构造理论的成功，人们对现代大洋区域的构造已有了很好的了解。21 世纪，其注意力已从大洋相对年青的构造印迹转移到大陆上，因为这里保存着地球 45 亿年大部分历史的记录。但是，由于大陆岩石圈经历了漫长而复杂的演化历史，其间不断地被热事件和变形事件所改造，至今我们对大陆演化的过程仍不清楚。因为这关系到对整个岩石圈、下伏软流圈及更深部地幔结构、物理化学性质和动力学的认知。

21 世纪地球科学的前沿是继续深化对岩石圈成因和演化的认识。一方面通过对已有的深钻和地球物理资料的综合解释，获取岩石圈深部原地性质和过程信息，从物质演化和物理过程（特别是流变学过程）角度建立岩石圈演化的模型；另一方面则是通过对反映特定岩石圈过程的典型地质单元（如俯冲带、盆地、碰撞带等）的多学科研究详细地再造岩石圈的地球动力学演化过程，揭示地表大型地质构造的动力学机制。

以上两方面的研究都已经取得很大进展。其中对出露的深部岩石圈剖面构造和岩石学研究表明，变形在所有的尺度都是非均匀的，且与温度、压力的变化密切相关。这种非均匀性，既有继承的（前构造的矿物差异），又有应变导致的（如剪切带、同构造变质反应）。脆性破裂和非弹性蠕变是岩石圈中竞争着的两种应力机制，其转化带范围有几千米宽，并受到孔隙流体、流体压力、岩石渗透率和矿物组成的控制。

如上一节所述，20 世纪 90 年代，由于 PASSCAL 计划在世界各地的观测和研究成果，宽频带地震流动观测在地球深部结构技术体系中的不可替代性逐渐增强，在上地幔结构成像方面表现出的优势及分辨率的提升越来越明显。跨入 21 世纪，宽频带地震流动观测技术体系已逐步形成并走向成熟和大规模应用阶段。USArray 的平移阵列用 10 年时间扫过美国本土大陆。地震计的频带宽度从数百秒（多数 120 s）到 10 Hz，从地震记录中可分辨出深度达数十至数百千米的地壳和上地幔结构间断面或不均匀体。USArray 作为引领便携式宽频带地震流动观测最雄心勃勃的实验，以其获取的海量数据和北美大陆从地表到上地幔三维结构的精细图像，跨出了地球系统科学时代的一大步。

自 1991 年宽频带地震流动观测技术被引进我国以来，得到了广泛关注和应用，发展迅速。早期的剖面台站分布稀疏，且多为国际合作项目所布设，以线性剖面观测为主。随着我国的经济发展，2005 年以后国内科研机构和大学开始批量引进宽频带数字地震仪，在 2008 年 SinoProbe 启动时，我国的宽频带地震观测研究刚刚步入独立自主阶段。以 2007 年科技部 973 项目“活动地块边界带动力过程与强震预测”及科技部基础性工作专项“华北地下精细结构探查”分别在川西（297 台）和华北（200 台）的台阵观测为标志，几乎与 USArray 同步。然而，面对我国大陆变形强烈、结构复杂的地质单元和特殊自然地理和人文环境条件，如何系统、完整、高效地揭示我国大陆岩石圈的结构和组成，为从根本上解决资源、灾害和环境问题，促进大陆动力学理论发展提供高质量的宽频带地震观测数据和高分辨率地球内部结构图像，还面临着技术和实施等方面的多重挑战。SinoProbe 专项作为我国“地壳探测工程”的培育性计划，设置了“宽频地震观测实验与壳幔速度研究”课题（编号 SinoProbe-02-03），肩负起了承前启后，实验与集成“青藏高原、中东部山地、东南沿海等特殊自然条件和深部结构、物性特点宽频带地震探测技术、人才培养和技术队伍建设方面”的任务和使命。

第三节　宽频带地震观测实验部署和主要方法

一、总体部署

根据我国大陆由众多小陆块拼合而成并以造山带为主的地质构造特点和人文自然环境，SinoProbe 宽频带地震实验采取线性为主的观测方式，部署了 13 条剖面针对性地开展观测实验。剖面分别集中于三个实验片区（图 1.1），即青藏高原及周缘、华南及东南沿海和东北地区。部署遵循的原则是：①尽可能穿越不同特点的地质构造单元和不同类型的人文自然地理环境，如青藏高原东北缘剖面与华南大剖面相接长达2500 km，穿越青藏高原东北缘、龙门山和秦岭造山带、四川盆地、华南山地及东南大陆边缘等中国大陆重要地质构造或独特地形地貌单元。试验记录可用于我国东、西部背景噪声环境的对比分析，其接收函数、层析成像等成果对比可发现青藏高原周缘地壳压缩变形区与东南大陆边缘地壳伸展变形区的结构特征差异。②尽可能沿 SinoProbe 深反射地震剖面（如华南大剖面）或沿全球地学断面（如东北剖面）部署，便于将其探测深度延伸到岩石圈尺度乃至上地幔底部。③在东南沿海部署的三条近平行的 NW 向剖面与两条 NE 向剖面构成对研究区的栅状剖面覆盖，形成对我国大陆东南缘及台湾海峡地壳、上地幔结构的拟三维探测。

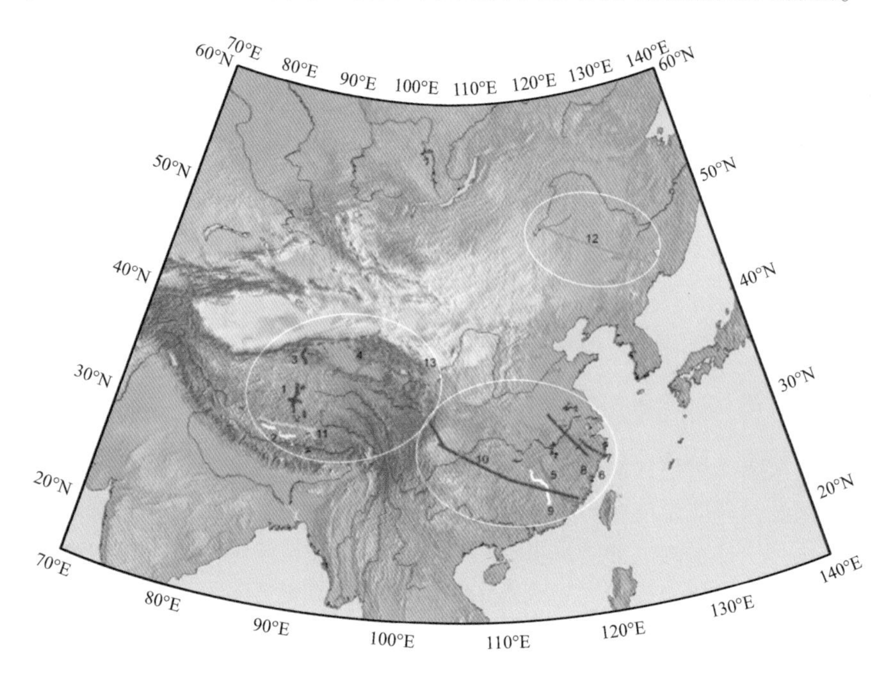

图 1.1　SinoProbe 宽频带地震实验总体部署图

实验剖面涉及青藏高原陆-陆汇聚、中国南北大陆对接、华南地块中生代演化、太平洋板块与东北亚大陆相互作用等一系列重大基础地质问题，关系到青藏高原（羌塘）、南方的油气资源和东北松辽盆地深层油气资源潜力评价等国家需求。

二、开展的观测技术实验

台站宽频带地震流动观测对台站环境噪声水平、台基稳定性、探头及其与大地耦合是否良好、仪器的工作环境（-20 ~ +60℃，湿度）等都有较严格的要求。USArray 采用了标准化的台站建设方案。其基坑采用机械挖掘，基墩用同一质量和尺寸的水泥在制式工程塑料桶中浇筑而成，仪器挂装于桶壁上，加盖防护，掩埋后地表建铁丝网围栏保护 GPS 天线和太阳能电池板，台站数据收集用互联网传输。但这样的台站建设方式成本过高，我国作为发展中国家，基础设施不具备这样的条件。SinoProbe 宽频带地震观测实验的流动台站建设采用因地制宜的方针（图 1.2）。

图 1.2　中国大陆不同自然条件下的临时观测站台基和仪器房

针对华南及东南沿海地区阴雨天气多、空气潮湿、夏季高温，地震计及配套设备易受潮甚至会被水淹没，环境温度超出仪器适应范围的问题，除了在野外踏勘选址时尽量选择地势较高的场地、挖排水沟、加防水材料等措施外，还在特殊地方选择当地较常见的干燥安静的薯窖和仓房等安放地震计（适合放 CMG-3T 长周期地震计）或作为仪器房解决了仪器防雨和恒温问题；在人口密集和阴雨天气较多且市电能连续稳定供应的华南大部分地区使用太阳能与市电（交流变直流稳压）双供电方式（后一种备用）；在台风频繁登陆的沿海剖面使用市电变直流稳压供电方式。

青藏高原的实验围绕在极端自然条件下如何有效、安全地实施宽频带地震流动观测，优选可行的观测技术方案。实验集中在冈底斯-拉萨地块、羌塘盆地和可可西里地区，实验内容包括施工季节选择、交通及通信工具、建台和供电保障、巡护周期及保温措施等。青藏高原无人区进入难，窗口期短，如何在气温低于-30℃条件下保障台站运行，是青藏高原宽频带地震观测面对的主要问题，实验采用加保温隔热板的坑埋技术、大功率太阳能板（约 90 W）高架较好解决了越冬观测和供电难题；在台站围栏上设置汉藏警示语及当地公安部门不定期巡视的方法解决了仪器安全问题；初步形成了可供后续大规模开展青藏高原宽频带地震观测参考的观测技术方案。

在青藏高原东北缘的黄土塬和沙漠地区的实验利用当地居民的闲置房屋或临时搭建简易棚安装台站，在民房顶安装太阳能电池板和 GPS 天线。实验结果表明，西部干旱少雨，阳光充足，45 ~ 60 W 太阳能系统可满足台站设备供电需求。但是应注意，太阳能架设在二层楼以上高处时，电源线过长（超过 15 m），线阻增加，可能出现输出电压正常，但供电电流过小的问题，往往表现为开、锁地震计失败等故障现象。

在东北地区沿满洲里–绥芬河地学断面廊带的观测实验，布置了 60 台宽频带仪和六台甚宽频带地震仪，维护运行两年。在地势低洼地区进行了基坑防水施工技术实验。在大兴安岭原始林区因地制宜利用干枯的树干、树枝做成临时台站防护栏，降低了观测成本。

对台站运行状态监控是保证高回收率和数据质量的重要环节之一。USArray 基于互联网采用了“羚羊”（Antelope）系统。但是该系统对我国用户售价不菲，且存在年费问题和敏感地区数据失密风险。在青藏高原无人区和云贵川陕的偏远山区，互联网信号差，也无法使用。2010 以后，我国的移动通信发展迅速，甚至最偏远的山区也有手机信号。在华南大剖面上实验了基于手机短信技术的仪器野外工作状态远程监测系统。通过对仪器记录数据状态的分析，能够及时发现仪器零点漂移、台站被雨水浸泡等问题，进而采用相应的处理措施，如远程居中、赶赴现场重新选址或者改进防水措施等。这种监控方式最大限度降低了采集损失，提高了回收率和数据质量，是一种成本低廉、适合我国国情的简便途径。

在青藏高原东北缘剖面开展了不同安置条件环境噪声影响实验。对于长期观测的固定测震台站，国家地动噪声标准（GB/T 19531. 1—2004）给出了明确的台站环境地噪声分级要求。但是流动台站尚未有相应的技术标准。用远震极性分析和概率密度函数法对青藏高原东北缘 40 个台站（图 1. 3）的远震记录波形和背景噪声进行了评估和影响因素分析，结果表明：

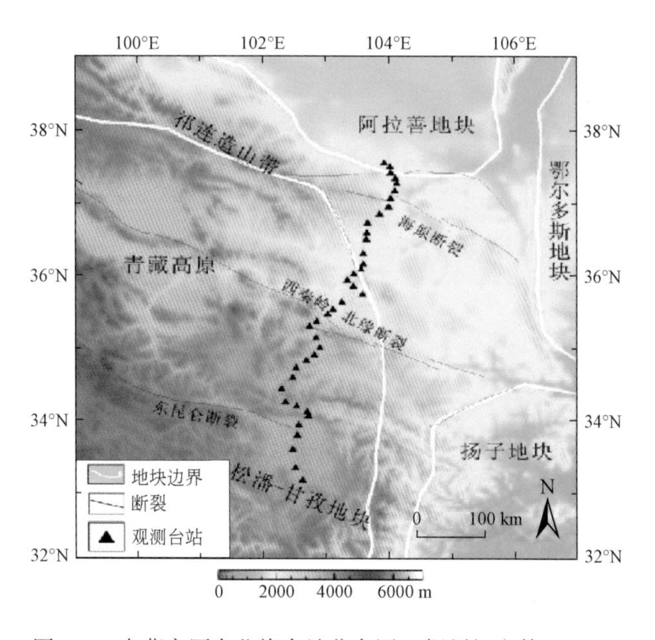

图 1. 3　青藏高原东北缘台站分布图（据刘旭宙等，2014）

（1）台阵对远震有较好的记录和识别能力，且单台定位结果较好；

（2）被检测台站背景噪声达到或接近同类地区固定台站的噪声水平标准；

（3）根据各台站概率密度函数（probability density function，PDF）分析结果，在青藏高原东北缘黄土层较厚地区开展流动观测应首选基岩台基以保证三分量观测效果，不得已选择非基岩台基情况下，应深埋地震计以达到最大程度降噪。

对 SinoProbe 实验观测台站的评估结果表明，台站的回收率、连续性和记录数据的信噪比等主要技术指标达到了宽频带地震流动观测的质量要求。

SinoProbe 还为其他相关实验提供了机会。其一是宽频带地震流动台站接收海上空气枪爆破的实验。固定台站记录海上空气枪爆破前人有成功的实例，只要观测距离合适，放大倍率选择得当，就能记录到一定信噪比的资料（夏少红等，2007；Wu *et al.*，2014）。但是利用沿海宽频带台站记录海上空气枪爆破报道较少。在东南沿海剖面台站运行运行期间（2008～2010 年），开展了相关实验。东壁岛台站接收到的台湾海峡海上空气枪爆破记录如图 1.4 所示，为近期开展台湾海峡和近海大陆架地壳结构储备了一种观测方法技术。

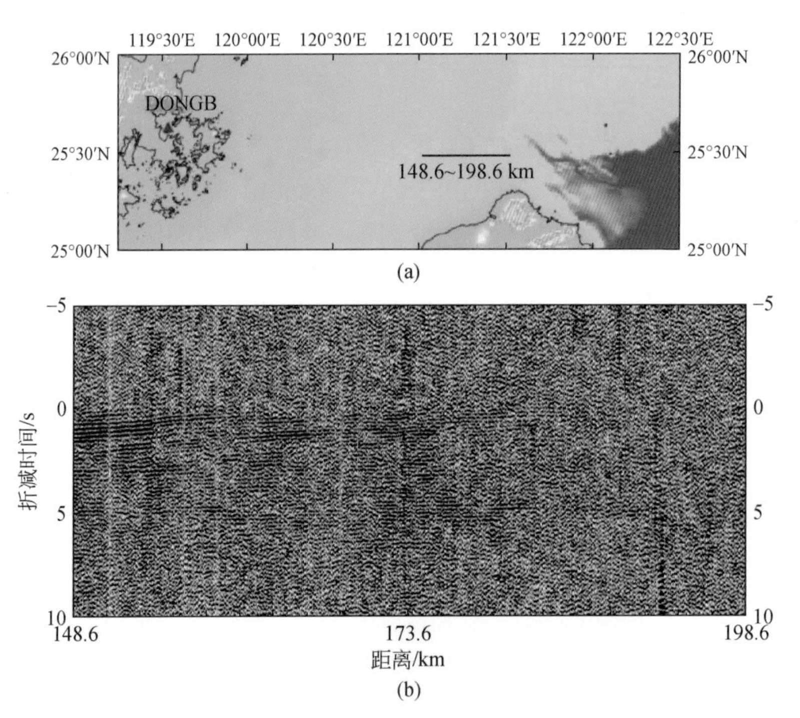

图 1.4　宽频带台站记录的 TAIGER 海上空气枪爆破记录剖面

（a）记录台站位置（DONGB）和空气枪激发的路线；（b）折合记录剖面（折合速度为 6.0 km/s）

其二是在青藏高原、华南和东北地区开展了进口 Reftek-130 采集器与国产 DAS24-3D 采集器技术性能对比实验，结果显示 DAS24-3D 采集器各项指标和性能均已达到进口 Reftek-130 采集器水平。

三、开展的数据处理技术方法实验

基于研究团队与国际同行的密切交流，几乎所有国际通用的数据处理方法都被用于新采集数据的处理分析，在运用中不断消化、完善和改进。处理技术实验体现在数据处理和成像的全过程，包括使用自主的时间域接收函数提取、信号增强和噪声压制方法（提高信噪比）；利用地震噪声或尾波中的散射波与通常的面波分析结合，以拓展成像的周期范围；研究适用于各向异性介质的理论地震图计算方法及在层析成像方法中引入 FMT（Fast Marching Tomography）算法等。其中两项处理技术实验进展突出：

（1）基于波动方程的接收函数叠后偏移成像方法（Chen *et al.*，2005）通过采用高精度的频率域波动方程波场传播算子，对共转换点（common conversion point，CCP）叠加后的接收函数进行反向波场延拓，明显提高了复杂结构地壳、上地幔间断面的成像质量。Chen 等（2008，2009）进一步拓展了该方法，使其适用于对地表多次波和 Sp 转换波进行偏移成像。拓展后实现了对厚沉积层盆地下方莫霍面（Moho）的连续追踪和对岩石圈底界面的有效成像，并用于获取华南大陆的地壳-上地幔结构信息（参见第二章）。

（2）瑞利（Rayleigh）波速度结构反演中采用小波变换频时分析技术（Wu *et al.*，2009）测量了双台间的基阶 Rayleigh 波相速度和群速度，进一步通过联合反演 Rayleigh 波相速度和群速度频散获得了东北地区的壳幔 3D 剪切波速度分布（参见第五章）。

具体实验方案和取得的科学发现及意义在第二章至第五章详细介绍。

第二章　华南大陆主要块体深部结构特征及边界带位置研究

第一节　华南地质构造背景与宽频带地震流动观测研究现状

一、地质背景

华南地处欧亚大陆东缘，濒临西太平洋，由扬子地块和华夏地块组成。华南的北面有晚古生代和早中生代形成的秦岭-大别造山带横亘于华北地块与扬子地块之间（图2.1），西面有青藏高原与扬子地块接壤（胡瑞忠等，2007）。一般认为，华南不同的构造单元在三叠纪已拼合为一个统一的整体。此后，该区有了一致或相似的地质演化历史（张勤文和黄怀曾，1982；马杏垣，1983；Li，2000）。

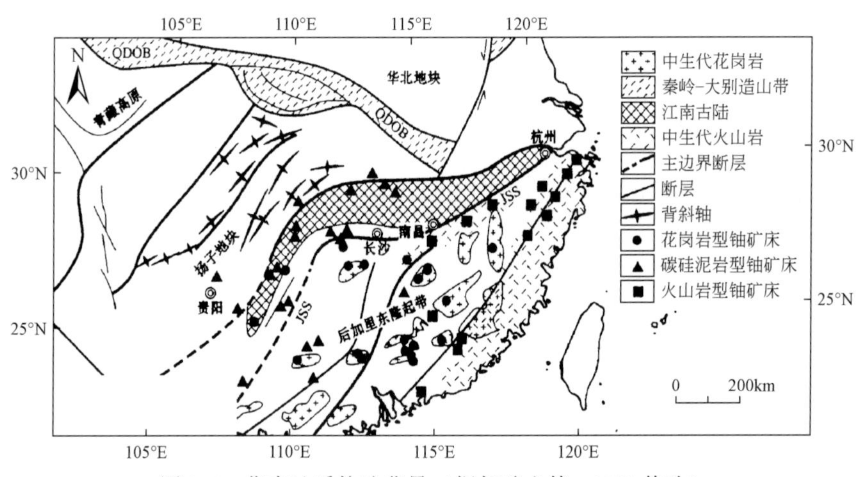

图2.1　华南地质构造背景（据胡瑞忠等，2007修改）

QDOB. 秦岭-大别造山带；JSS. 江山-绍兴（江绍）缝合带

二、研究现状

SinoProbe专项实施之前，华南地区的宽频带地震流动观测仅有大别山剖面（刘启元等，2002）、龙门山剖面（Zhang *et al.*，2009），广袤的地区几乎为空白，为国内研究程度较低的区域之一。

远震接收函数研究表明，大别山造山带地壳厚度最大处40 km，岩石圈厚度不超过

70 km，华北克拉通东南缘岩石圈仅约60 km，表明该地区岩石圈在中、新生代发生了明显减薄（Sodoudi *et al.*，2006）。龙门山是一个地壳–上地幔构造转变带，其东侧扬子克拉通（四川盆地）与西侧青藏高原东缘地壳、岩石圈及其地幔转换带结构都存在显著差异，反映两侧岩石圈经历了不同的深部构造过程（Zhang *et al.*，2009，2010）；远震P波层析成像研究发现，华南大陆东南部分（华夏块体为主）上地幔具有显著的低P波速度特征，可能是晚中生代大规模岩浆活动残留的构造印记（Huang *et al.*，2010）。

上述研究成果提供了华南大陆东南沿海和边界区域深部结构的重要信息，但由于华南腹地广阔范围缺乏覆盖，因此无法有效约束华南整体结构及其各个块体的差异特征，制约了人工地震方法获得的地壳–上地幔顶部的结构及变形特征与更深部地幔的结构和状态相联系。

第二节　观测实验技术方案

一、实验目的

针对华南腹地宽频带地震观测存在的主要问题和亟待解决的科学问题，SinoProbe专项设计了两条观测剖面（图2.2），分别跨越扬子地块与青藏高原的西部分界带及与华北克拉通的北部分界带。旨在完成观测技术实验的同时，揭示华南0～800 km深度空间地壳–上地幔的现今状态、结构特征，为华南构造单元划分，中、新生代以来中国东部古老岩石圈活化的动力学研究等提供地震学观测依据。

二、剖面设计

I号剖面西起四川阿坝州松潘，经四川成都和贵州铜仁，东至福建泉州，剖面大体上沿阿尔泰–黑水–泉州地学断面布设，长度约2000 km，近NW–SE走向横跨扬子和华夏地块，近垂直穿过雪峰构造带和江山–绍兴（江绍）断裂带。共布设146个台站，台站间距10～20 km。由于剖面很长及仪器周转的原因，分三期完成。观测周期为2009年12月至2012年12月。

II号剖面北端起自安徽南部合肥盆地，跨郯庐断裂与江绍断裂，终止于浙江沿海地区，包括一条长约480 km主剖面和两条辅助剖面，共布设55个台站，主剖面的台间距为12～14 km（图2.2）。观测周期为2008年10月至2010年4月，由本课题与国家自然科学基金重点项目“华北克拉通破坏”共同资助完成。

三、主要实验内容与效果

在华南地区开展天然地震流动台阵观测遇到的主要问题是雨水多、潮湿，地震计及配套设备易受潮和被水淹没。连续阴雨天气会导致太阳能供电的失效或断电。

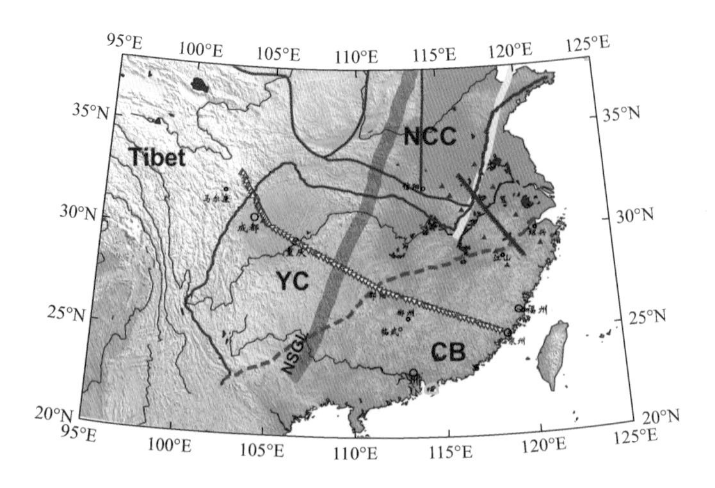

图 2.2　华南流动地震台阵观测实验位置图

NCC. 华北克拉通；YC. 扬子克拉通；CB. 华夏块体；Tibet. 青藏高原；NSGL. 南北重力线

针对台站防水问题，在野外踏勘选址时，尽量选择地势较高的场地，并采取挖排水沟、加防水材料等措施，在特殊地方选择干燥的地窖安放地震计。为兼顾仪器安全和背景噪声环境，多数情况下地震台站选择安置在分散民居或较僻静处闲置民房内。供电系统采用了 90 W 太阳能系统为主与市电并联方式。

手机短信远程监测仪器起到了重要作用，由于能随时随地监控仪器野外工作状态，及时发现由雨水浸泡产生的数据记录问题，进行了相应的处置（如重新选择基坑地址或者改进防水措施等）。

由于台站选址和仪器运行维护措施得当（图 2.3），保证了较高的观测数据回收率。总共获得约 1208 GB 的有效原始数据，其中福建泉州–阿坝松潘长剖面共记录原始数据为约 920 GB，安徽–浙江–江西台阵记录到原始数据为约 330 GB。高质量的台站选址和手机短信远程监测系统发挥了重要作用。

图 2.3　CMG-3T 地震计安放于村外薯窖中

对实验台站运行情况综合评估表明，安置在当地居民闲置的房屋内的台站记录背景噪声略高于青藏高原低背景噪声地区，大多数达到Ⅲ级噪声水平。90 W 太阳能供电系统功率基本可保证台站正常运行（断记天数不超过5%）。由于冬夏季和昼夜温差，观测井防潮措施是非常必要的。

第三节　数据与方法

一、投入的仪器设备

Ⅰ号剖面和Ⅱ号剖面共投入 Guralp CMG-3ESP 宽频带地震计（50 Hz–30 s）和 Reftek-130-1 数据采集器及辅助设备（如太阳能供电系统）201 台（套），其中Ⅰ号剖面 146 台（套），Ⅱ号剖面 55 台（套）。

二、数据质量

图 2.4 为四川阿坝（松潘）–福建泉州长剖面上 55 个台站记录到的地震三分量数据。该地震震中位于太平洋南部岛国瓦努阿图共和国。该地震发生时共有 60 个台站正在运行。这些台站都记录到该次地震，其中五个台站在地震发生时出现仪器故障（图 2.4 中未显示）。

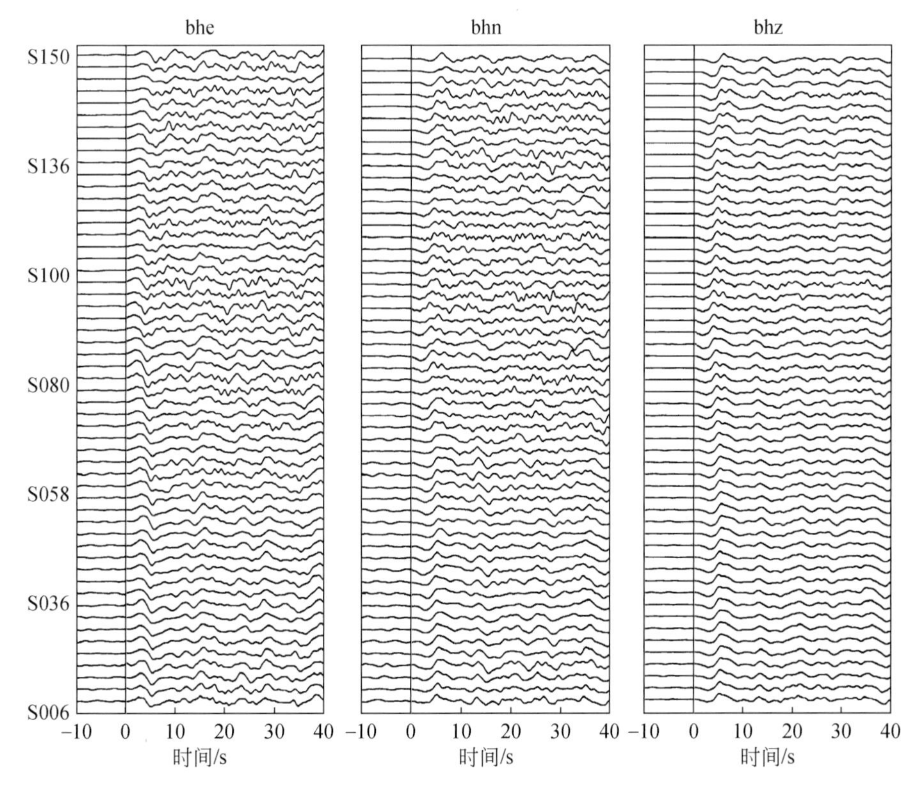

图 2.4　福建泉州–四川阿坝长剖面 55 个台站记录到的瓦努阿图地震数据

蓝线代表 P 波初至到时，振幅已经归一化。bhe. 东西（EW）分量；bhn. 南北（SN）分量；bhz. 垂直分量

由图 2.4 可知，各个台站垂直分量和水平（SN、EW）分量到时一致性、振幅一致性较好，波形自然，信噪比相当高，记录数据总体质量较高。

三、研究方法

对四川阿坝-福建泉州长剖面的数据，主要开展了接收函数成像研究，数据处理和成像主要使用了包括 Wiener 滤波法、最大熵谱反褶积法和时间域多道反褶积法（Ligorria and Ammon，1999；吴庆举等，2003，2007）等，用于提取接收函数；共转换点（CCP）叠加方法（Langston，1977，1979），叠后波动偏移成像方法（Chen *et al.*，2005；Chen，2010）用来对地震台站下方地壳-上地幔主要速度间断面的结构成像。泊松比-地壳厚度搜索域（*H*-*k*）方法，用来研究区域地壳厚度与平均泊松比分布及横向差异（Zhu and Kanamori，2000）；波形反演方法，用来得到地壳和上地幔顶部的 S 波速度结构信息（Zheng *et al.*，2005）；接收函数剪切波分裂方法，通过提取研究区域上地幔的各向异性信息来研究其变形特征（Silver and Chan，1988，1991）；地震层析成像方法，将线性剖面资料与其他台阵台网资料相结合，获得区域三维结构图像等（Zhao D. P. *et al.*，2001）。

第四节　主要结果

一、地壳结构

I 号剖面——“四川阿坝-福建泉州长剖面”的接收函数 *H*-*k* 结果［图 2.5（a）］和波动方程偏移图像［图 2.5（b）］一致显示，从东南沿海至青藏东北缘地壳结构横向变化显著：总体上，地壳东薄西厚，雪峰山以东地壳厚约 30 km，以西在 40 ~ 60 km 范围变化。大致以雪峰山为界，东、西地壳结构存在明显的差异；雪峰山和龙门山断裂带附近，不仅地壳厚度表现出小尺度剧烈变化，而且壳内结构复杂性增大，V_P/V_S（纵横波速度比，简称波速比）值强烈波动，反映了构造块体边界带复杂的地壳变形特征。

在四川盆地（扬子）之下约 20 km 深度处观测到一个可连续追踪的强信号，该信号在盆地内部相对水平，至盆地东、西边界处则分别向东、西倾斜，直至莫霍面。推测该信号是 Conrad 界面震相，Conrad 界面的存在可能表明四川盆地地壳分层性好，分异充分，具有成熟克拉通地壳的特征。对比四川盆地，在西侧的青藏东北缘地区和东侧的华夏块体，现有资料尚未识别出壳内强间断面。

对 II 号剖面——“安徽南部-浙江西部剖面”的接收函数 *H*-*k* 结果（图 2.5）展示了跨越华北、扬子克拉通和华夏块体的地壳厚度与泊松比分布，从结果可以看出，华南东部（包括中下扬子和华夏）地壳整体偏薄（<36 km），泊松比变化复杂，较厚的地壳似乎与较低的波速比有一定对应关系。造山带和盆地地壳厚度存在明显的差异，不同地质时期的造山带地壳较厚（如大别造山带和武夷山脉），盆地地壳较薄（如合肥盆地、下扬子盆地等）。盆-山地壳结构的差异也近似显示在泊松比的相对大小上，整体上在造山带内部泊松

比相对稳定且普遍小于0.28（中度或者长英质成分），盆地内泊松比整体上高于造山带，局部超过0.3。华南东北部，包括华北克拉通东南部、扬子地块（下扬子）和华夏块体，波速比整体略偏高，背景值在1.8左右（图2.6）。在此背景上，夹持在扬子克拉通与华夏地块之间的江南造山带，大致对应现今南昌盆地位置，存在波速比显著低异常。

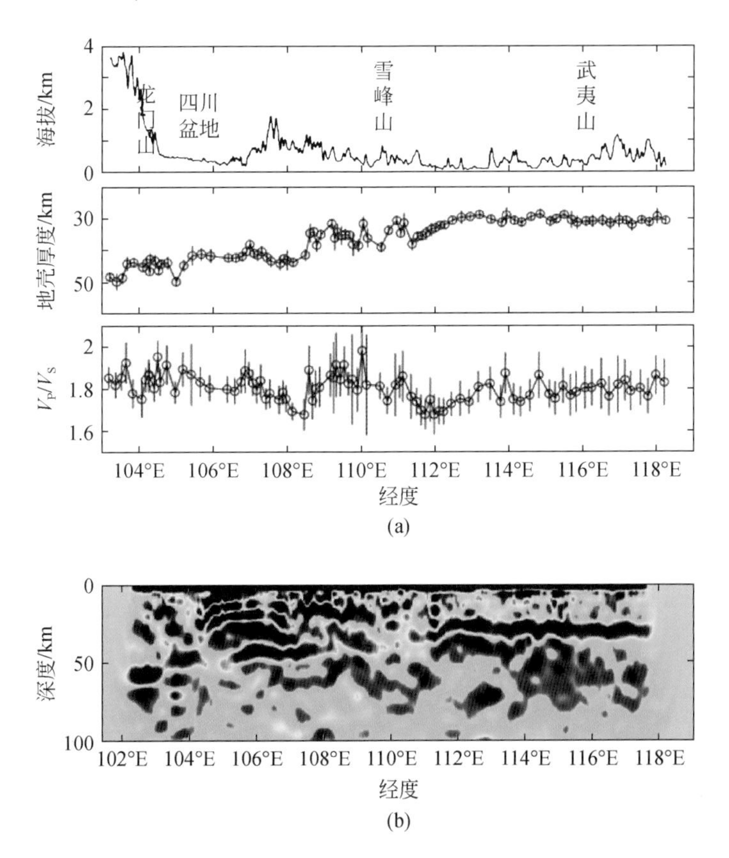

图2.5　沿福建泉州-四川松潘长剖面的接收函数图像

（a）H-k叠加图像（据Wei *et al.*，2016）；（b）叠后波动方程偏移图像（据陈凌等，未刊科研报告[①]）。V_P/V_S. 纵横波速度比

二、岩石圈结构

张耀阳（2018）基于四川阿坝-福建泉州长剖面130个流动观测台站及其附近90个固定台网台站的观测资料，采用S波接收函数波动方程叠后偏移方法，对华南岩石圈-软流圈边界（lithosphere-asthenosphere boundary，LAB）进行了成像。LAB在接收函数记录上具有负极性的信号，对应随着深度增加从高速到低速的反转。结果显示，四川盆地岩石圈具有150 km以上的厚度，而华夏地块岩石圈不足100 km（图2.7）。

① 陈凌等，华南剖面宽频带地震流动台阵探测实验专题成果报告，2013年4月。

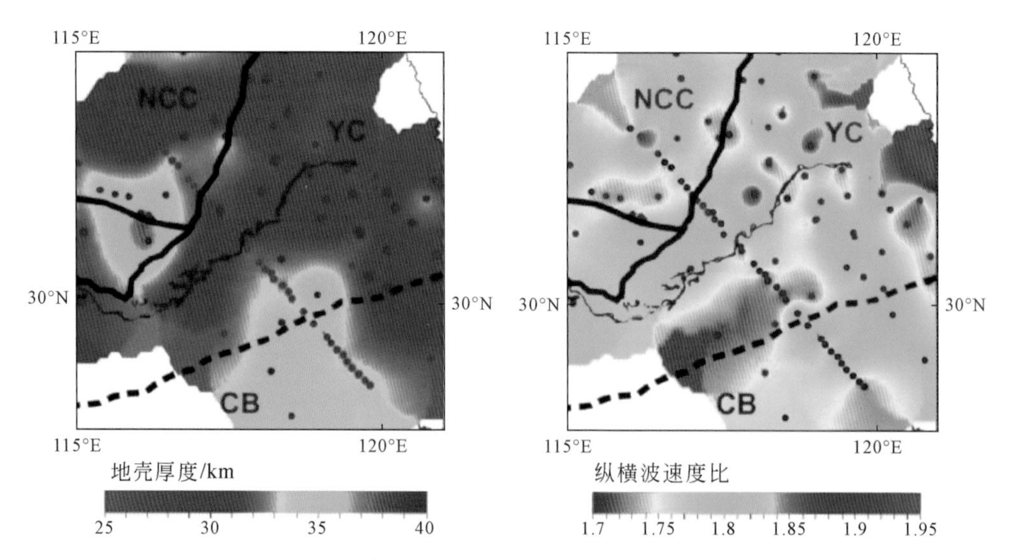

图 2.6 华南东北部区域地壳厚度和平均波速比分布（据 Wei *et al.*，2016）

蓝点：流动台站；红点：固定台站；NCC. 华北克拉通；YC. 扬子克拉通；CB. 华夏块体

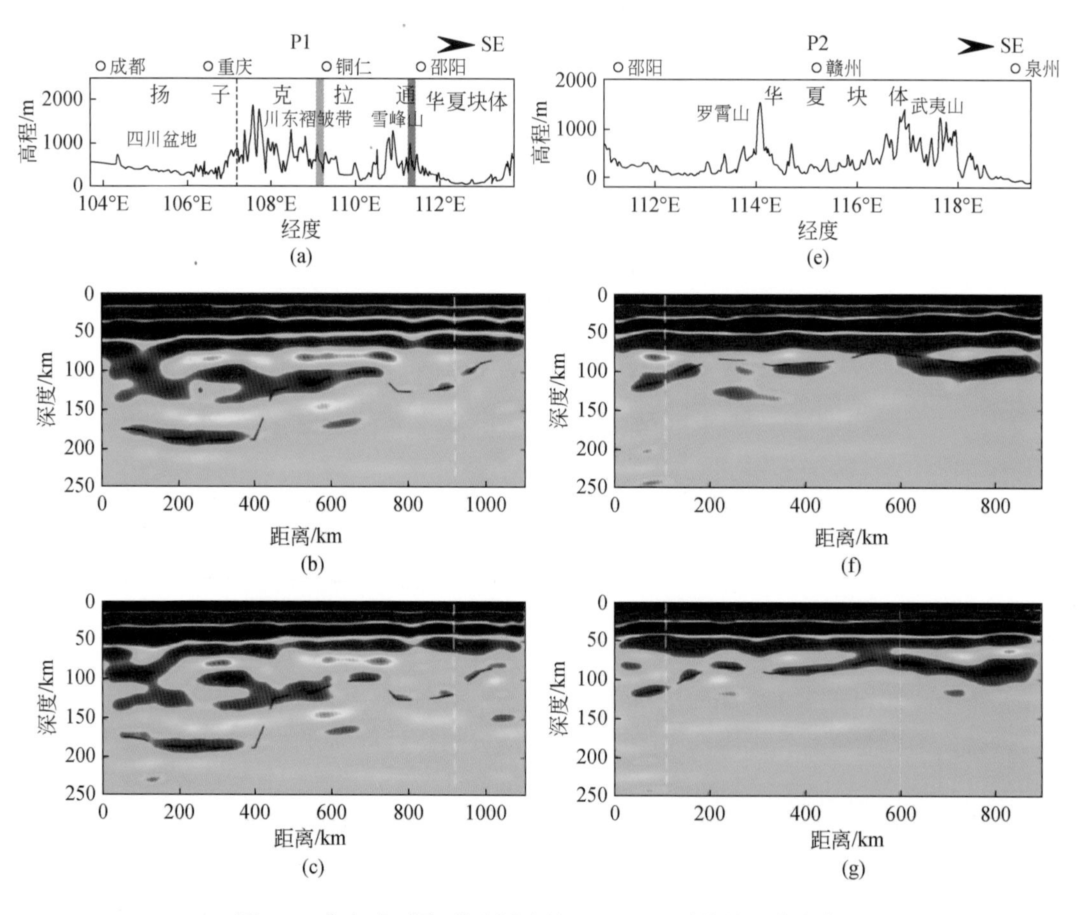

图 2.7 华南岩石圈-软流圈边界（LAB）S 波接收函数成像

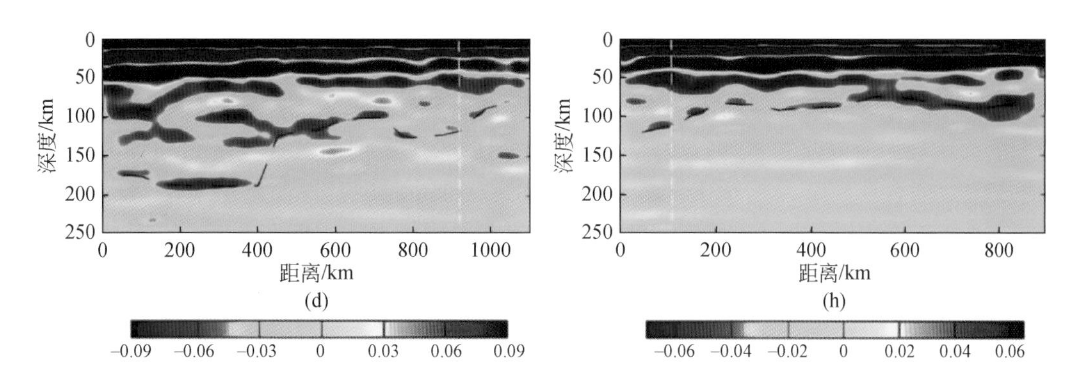

图 2.7 华南岩石圈-软流圈边界（LAB）S 波接收函数成像（据张耀阳等，2018）（续）

(a)、(e) 沿剖面高程变化和构造分区，深灰粗实线表示块体边界，深灰细虚线表示块体内部构造边界，浅灰粗实线表示南北重力梯度带位置；(b) ~ (d)、(f) ~ (h) S 波接收函数叠后偏移图像。(b)、(f) 0.03 ~ 0.3 Hz；(c)、(g) 0.03 ~ 0.4 Hz；(d)、(h) 0.03 ~ 0.5 Hz。黑色虚线代表识别的岩石圈底界面 LAB；白色虚线代表 P1 剖面与 P2 剖面的交叉位置

研究结果表明：①四川盆地还保留着厚而冷的岩石圈，且岩石圈地幔具有结构分层特征，表明其克拉通性质尚未被西侧的印度与欧亚碰撞导致的青藏高原岩石圈强烈变形所改造。②雪峰山以东区域经历了强烈的区域伸展，导致岩石圈减薄。③扬子克拉通与华夏块体的西南深部分界位于雪峰山构造带下方；其两侧四川盆地与华夏地块岩石圈结构和性质存在着显著的差异。雪峰山构造带深部结构复杂，小尺度变化剧烈，深部界带向地表延伸具体与地质填图厘定的那条断裂带相连，尚需更高分辨率的探测资料提供依据。

II 号剖面的接收函数共转换点结果如图 2.8 所示，在剖面西段（006 ~ 020 台站）下方 LAB 出现在 74 ~ 86 km 深度，在剖面东段，LAB 抬升到 57 ~ 69 km 深度。LAB 的急剧抬

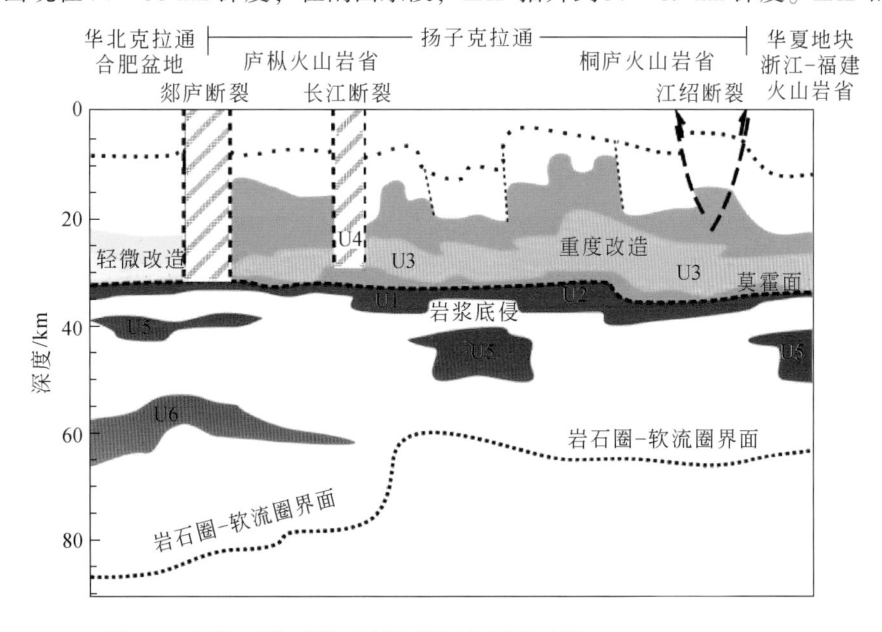

图 2.8 下扬子岩石圈-软流圈界面的深度（据 Zheng *et al.*，2014）

U1 ~ U6. 局部速度异常及编号

升约15 km的地表位置大致对应江南断裂带，位于新元古代末期华夏与扬子碰撞拼合的结合带——江绍断裂以北，桐庐盆地一线（北纬30°），指示了受古太平洋板块俯冲作用影响，扬子地块南缘的岩石圈减薄作用。

位于II号剖面以西约200 km，与之大致平行的另一条剖面，接收函数与面波（背景噪声成像）联合反演结果揭示上地幔顶部（50～60 km深度范围）存在两处速度低速异常，分别位于德兴铜矿下方和安徽南部的白垩纪花岗岩体下方，推测为晚中生代岩浆活动的策源地（Ye *et al.*，2019）。

三、地幔转换带

采用接收函数波动方程偏移成像方法研究了上地幔间断面结构及地幔转换带厚度（图2.8）。基于1D模型的接收函数波动方程偏移成像结果［图2.9（a）］显示，410 km和660 km间断面在雪峰山下方同步拱起，在华夏地块下方，同步下降。然而，校正了上地幔浅部速度横向不均匀性的影响之后，410 km和660 km间断面和幔转换带厚度就不再表现出与岩石圈结构差异性相对应的横向变化［图2.9（b）］，其中上地幔浅部横向速度变化来自Zhao等（2013）的文献。这表明，华南410 km和660 km间断面的同步升降，是上地幔浅部（或称为浅部地幔，包括岩石圈和软流层）的速度横向不均匀引起的。

四川阿坝–福建泉州长剖面地幔转换带结构较突出的特征是青藏高原东缘地幔转换带偏薄（小于240 km），四川盆地（代表扬子克拉通）地幔转换带正常偏厚，略大于250 km（全球平均地幔转换带厚度值），华夏地块地幔转换带较薄，平均245 km。一般认为，地幔转换带的厚度与上地幔的温度梯度有关。似乎存在地幔过渡带从西北（四川盆地中部）向东南沿海减薄的趋势，从经度108°到118°，10°范围内减薄了15 km。该趋势反映自内陆（四川盆地）到东南沿海（华夏地块），上地幔的温度梯度逐渐加大。特别是雪峰山和东南沿海，地幔转换带的厚度局部薄于240 km，暗示其特殊的上地幔热状态［图2.9（c）］。

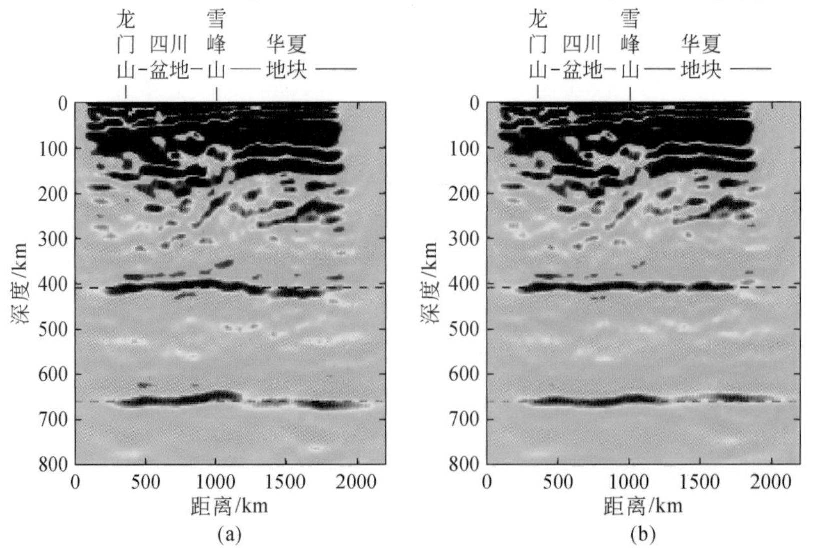

图2.9　接收函数偏移图像和地幔转换带厚度横向变化

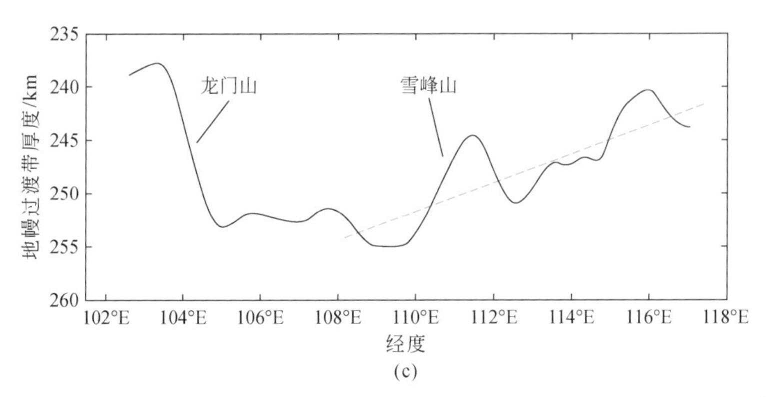

图 2.9　接收函数偏移图像和地幔转换带厚度横向变化（据陈凌等，未刊科研报告①）（续）

（a）使用一维速度模型；（b）考虑侧向速度变化

四、各向异性

对华南固定台网体波层析成像显示，华南大陆的岩石圈和上地幔深部结构存在和地壳结构相对应的区域差异特征（图 2.10）。在 300 km 以上的上地幔浅部，扬子克拉通为高

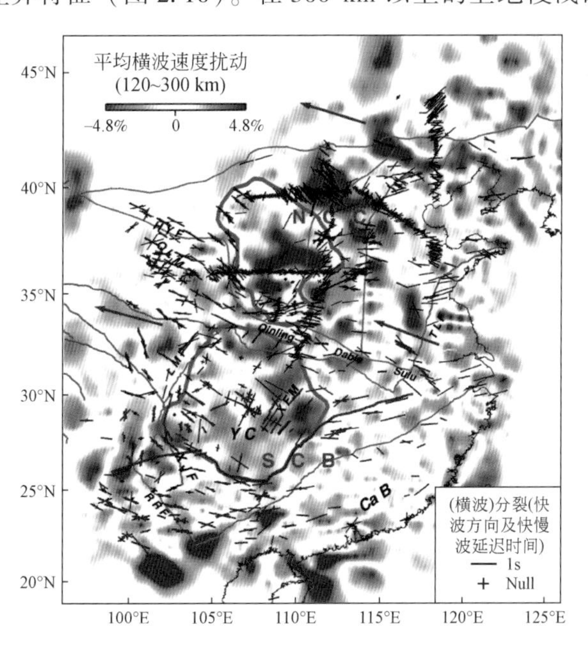

图 2.10　华南大陆 120～300 km 深度范围平均 S 波速度扰动及 SKS 分裂分析结果及其解释模型（据 Zhao *et al.*，2013）

短线方向代表 S 波快波极化方向，长短正比于快慢波走时差。NCC. 华北克拉通；YC. 扬子克拉通；SCB. 华南地块；CaB. 华夏地块；HYF. 海原断裂；QLM. 祁连山；TLF. 郯庐断裂；XFM. 雪峰山；XJF. 小江断裂；RRF. 红河断裂；Qinling. 秦岭；Dabie. 大别；Sulu. 苏鲁；Null. 无效

① 陈凌等，华南剖面宽频带地震流动台阵探测实验专题成果报告，2013 年 4 月。

速异常，与华夏块体和龙门山断裂带的低速异常呈强烈反差。这一现象结合接收函数得到的该地区地壳结构特征表明，扬子克拉通不仅在地壳，而且在岩石圈尺度上与周边块体存在显著结构差异，其下方可能还保留着厚而冷的克拉通岩石圈（Zhao *et al.*，2103）。SKS横波分裂结果显示，大致以华夏地块与扬子克拉通的边界为界，快波极化方向表现出从东到西的空间变化：华夏块体内快波极化方向主体为 NE-SW 向，与太平洋板块现今俯冲方向垂直；扬子克拉通快波极化方向变化复杂，但与区域构造的走向大致平行。综合分析上述华南地区上地幔地震波速横向变化和各向异性图像，并与地质观测相结合，推断华夏块体 SKS 分裂主要来自于软流圈的各向异性；而扬子板块横波分裂主要起源于岩石圈的各向异性；华南上地幔现今变形特征可能与扬子克拉通厚的岩石圈地幔根阻挡了太平洋和菲律宾海板块俯冲引起的地幔流动，并改变其流动方向有关（Zhao *et al.*，2013）。

第五节　地 质 意 义

一、关于华南大地构造格局

研究发现，华南大陆现今岩石圈结构存在显著横向变化，且结构变化均突出表现在不同构造块体的边界带区域；地壳结构、泊松比、岩石圈厚度和上地幔速度横向变化和各向异性特点等观测证据一致表明，雪峰山可能是扬子克拉通和华夏块体现今岩石圈尺度的构造边界，对应南方加里东、印支两期构造运动造成的区域构造角度不整合（泥盆系-志留系、下三叠统-上、中三叠统）与区域变质变形-岩浆活动的西边界。扬子克拉通与华夏块体的现今构造边界可能从江绍断裂带沿雪峰山向 SW 延伸。

以此为界将南方大陆划分为北西和南东两个部分：南东部包括整个华夏陆块区和雪峰山以东部分的扬子陆块，可称华南复合造山区；北西部以扬子陆块为主，属扬子复合变形准克拉通区（张国伟等，2013）。东部构造单元在华夏与扬子新元古代早期两板块拼合统一基础上，经历加里东、印支两期陆内造山和中、新生代西太平洋陆缘复合构造叠加，广泛遭受构造变形、变质作用及强烈多期岩浆活动，具造山性质与地貌特点，在壳幔结构上表现为“三薄”特征：即薄地壳（约 30 km）、薄岩石圈（<100 km）和薄地幔过渡带（<250 km）；西部构造单元具南华系—中三叠统海相统一盖层，在前南华纪双层变质基底上，遭受印支期以来的复合变形，但未有变质岩浆活动，具相对稳定克拉通特点，在壳幔结构上表现为“三厚”特征，即较厚地壳（约 45 km）、厚岩石圈（>150 km）和厚地幔过渡带（>250 km）。

二、关于华南岩石圈减薄事件

晚白垩纪中国东部的岩石圈减薄事件，备受国内外地学界关注。中国东部的中生代以来大规模岩浆作用（Zhou *et al.*，2006；Shu *et al.*，2009）和强烈变质变形（Li and Li，2007；张国伟等，2013），指示一期强烈的岩石圈活化过程，突出的特征是岩石圈厚度从古生代 150 ~ 200 km 减薄到现今小于 100 km。四川阿坝–福建泉州长剖面宽频带地震流动观测资料的 S 波接收函数结果显示，华南东部（包括整个华夏地块和雪峰山以东扬子陆块的一部分）岩石圈–软流圈边界（LAB）深度平均只有 80 km，失去的岩石圈厚达 50 km，表明华南东部卷入了晚白垩世中国东部的岩石圈快速减薄过程，有人称之为灾变事件。在这一过程中，雪峰山以东的扬子陆块失去了克拉通性质，张国伟等（2013）称之为华南复合造山区。

三、华南大陆演化动力学

华南地区上地幔地震波速横向变化和各向异性图像与华南构造格局的对比分析结果表明，为华南大陆演化动力学提供了新的信息。扬子克拉通横波分裂主要起源于岩石圈的“化石”各向异性；而华夏块体 SKS 分裂主要与软流圈物质运移的优势方向有关；华南地区各向异性分布特征可用扬子克拉通厚岩石圈地幔根阻挡了太平洋和菲律宾海板块俯冲引起的地幔流动，并改变其流动方向解释（Zhao *et al.*，2013）。

第三章　中国大陆东南缘壳幔结构与动力学研究

第一节　中国大陆东南缘地质构造背景和壳幔结构研究现状

（一）地质构造背景

中国大陆东南缘濒临西太平洋，地处欧亚板块、太平洋板块、菲律宾海板块的交汇地带。华夏地块作为其主要构造单元，一般认为，在新元古代末期完成与扬子地块的碰撞拼合，形成华南陆块（舒良树，2012）。中国大陆东南缘地表广泛出露中、新生代岩浆岩，为全球构造岩浆活动最活跃区之一（任纪舜等，1990）。以左行为主兼左右行的政和-大埔走滑剪切断裂，将研究区划分为断裂以东的闽东火山断拗带和以西的闽西北隆起及闽西南拗陷带（图 2.1）。

（二）壳幔结构研究现状

1. 地学断面和人工源地震探测剖面

黑水-泉州和门源-宁德等地学断面延伸到东南沿海，揭示了地壳和上地幔结构的基本特征。根据大地电磁测量结果和综合研究，袁学诚等提出并多次论证华南上地幔的“蘑菇云”构造（袁学诚和华九如，2011；袁学诚等，2012）。廖其林等（1987，1988，1990）利用人工源地震剖面研究了中国大陆东南沿海盆地的地壳结构，较早注意到中国大陆东南边缘平行于构造走向（即 NE 向）的地壳结构差异性，推断晋江、闽江断裂可能向下延伸到上地幔顶部。

Li 等（2006）则总结了自 1958 年以来在中国大陆地区完成的近 90 条宽角反射与折射剖面，得到了中国大陆地壳厚度和速度分布。总体而言，中国东南部地壳厚度较小，并呈由 NW 向 SE 变薄的趋势，沿海地带地壳厚度约为 30 km。南岭地区地壳厚度约为 32 km。

郑圻森等（2003，2004）以 30 多条人工地震测深剖面为主并参考重力反演和地震面波频散反演数据，分析华南地壳结构特征得出了以下几点认识：华南大陆壳的形成过程以垂直生长为主，主要以两种方式生长——老地壳的改造作用和地幔物质的添加作用。老地壳的改造作用主要是通过老地壳深熔作用产生的壳源花岗质岩浆的运移、侵位，以及通过风化、剥蚀、搬运、沉积作用，使地壳物质产生重新分配完成的，它们代表地壳内部物质再循环作用的过程；地幔物质添加也是华南地壳的重要形成过程，主要表现在早期存在地幔物质地板垫托作用和不同时期地层中存在幔源基性火山岩。华南地区从西北部到东南部，地壳的厚度总体呈减薄趋势，地壳平均速度（V_P）值与地壳厚度表现出很好的相关性，从华南地区最西（北）部到东（南）部 V_P随着地壳厚度的变薄而降低，而Pn波从最西北部到东南部总体呈升高趋势。

邓阳凡等（2011）对华南有关的57条深地震测深剖面进行了数字化，构建了三维地壳模型，发现扬子克拉通（四川盆地）与全球地台区具有相似的地壳速度-深度变化特征，华夏地块与全球伸展区结构相似（Deng *et al.*，2014），台湾造山带具有较典型的全球大陆弧的特点。

2. 天然地震观测研究

涉及本研究区的地震成像结果多数基于固定台网资料，尺度较大，包括全球成像（Bijwaard *et al.*，1998）、东南亚地区成像（Li and van der Hilst，2010；Pei and Chen，2010；Wang *et al.*，2013）、中国大陆成像（Huang *et al.*，2003；Huang and Zhao，2006；Zheng *et al.*，2008；Feng and An，2010；Obrebski *et al.*，2012）、中国东部成像（Zhao *et al.*，2012）、华南地区成像（Zhou *et al.*，2012）及台湾地区成像（Wang T. K. *et al.*，2006；Wang Z. *et al.*，2009；Cheng，2009；Li *et al.*，2009）等。主要揭示了华夏地块与扬子克拉通东部上地幔的速度较低，扬子克拉通西部岩石圈厚度较大（约或大于200 km），而扬子克拉通东部与华夏地块的岩石圈较薄（约或小于100 km）。Zhao等（2012）还揭示了中国东部下方低速异常的横向不均一性。

接收函数结果主要包括中国地区（Ma and Zhou，2007；Chen，2010）、中国东南部（Ai *et al.*，2007；Tkalčić *et al.*，2011）、下扬子地区（Shi *et al.*，2013）及秦岭-大别山地区（Sodoudi *et al.*，2006）等，揭示了下扬子与大别山下方岩石圈厚度在70 km左右，中国东南部的地壳较薄（30 km左右）及东南部沿海相对高的泊松比。

杨中书等（2010）使用江西地区六个宽频带数字台和七个短周期数字台远震三分量地震事件数据计算了这些台下方的体波接收函数，用 H-k 叠加方法得到地壳厚度及波速比，结果显示，整个区域平均厚度为31 km，地壳厚度整体上呈现出南北向变化趋势，从北到南厚度逐渐减小。最大深度为九江的35 km，最小深度为赣州的28 km，莫霍面起伏平缓。研究区域内泊松比的分布与该区域的花岗岩火山岩的分布、地震活动性、断裂分布相对应。南岭北缘地区，赣南、石城-寻乌断裂带泊松比较高，地震活动性较强。扬子准地台与秦岭-大别山褶皱带交接地带的九江-瑞昌及宜春-修水地区泊松比较低。

横波分裂结果则主要包括了全国范围（Huang *et al.*，2011）和中国东部（Zhao *et al.*，2007，2013），利用壳内多次反射波研究中国东部地壳各向异性（Iidaka and Niu，2001），揭示了中国东部较弱的地壳各向异性，以及在扬子克拉通、华夏地块和华北克拉通之间快波方向的明显变化，表明了上地幔变形的横向差异，岩石圈可能保留了“冻结”各向异性。

然而在大陆东南沿海，由于缺少较密集的流动台阵的针对性观测，前人对壳幔结构认识不尽一致，尤其是对华夏地块的属性存在诸多争议。

第二节 观测实验技术方案

（一）研究部署与分工

东南沿海的观测试验研究旨在通过五条剖面［2～3条垂直大陆边缘（海岸线），两条平行大陆边缘（海岸线）］，对该区进行栅状宽频带地震探测和成像，以获得该区的地壳和上地幔主要界面的产状和物性信息，为研究中、新生代以来中国东部构造环境转换和古老岩石圈活化的深部动力学过程等科学问题提供地震学观测依据。

南京大学负责完成两条NW向剖面（福建厦门-江西宜丰剖面和浙江台州-安徽建德剖面）的观测实验；中国地质科学院地质研究所负责完成两条NE向剖面（福建东山-三沙剖面和福建安溪-屏南剖面）的观测实验；中国地质科学院矿产资源研究所负责完成穿过南岭成矿带的NW向剖面（寻乌-赣州-吉安-萍乡剖面）的观测实验。

（二）野外工作方案

依据研究目标，针对研究区自然地理交通条件，参考国家固定台网和已有流动地震台站的分布，分别确定了各个剖面的位置、测线方向和台站间距。台站选址参照固定台站的相关技术要求，充分考虑了背景噪声环境，如图3.1所示。

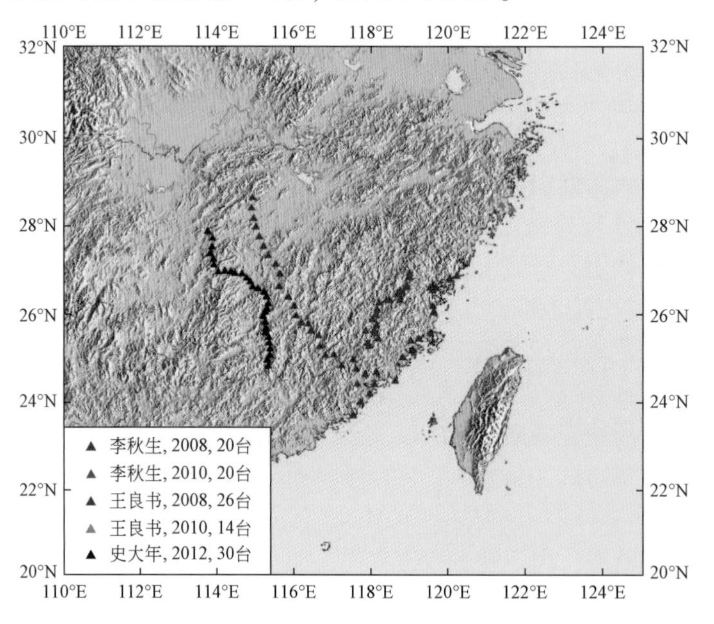

图3.1 东南沿海地区的宽频带观测实验剖面位置

▲▲ 中国地质科学院地质研究所负责的两条NE向剖面；▲▲ 南京大学负责的两条NW向剖面；
▲ 中国地质科学院矿产资源研究所负责的寻乌-赣州-吉安-萍乡剖面

1. 福建厦门–江西宜丰剖面和浙江台州–安徽建德剖面

除个别流动观测台站的数据采集器为Reftek-72A外，绝大多数台站由英国Guarlp公司的CMG-40T系列宽频带三分量地震计和美国Reftek公司的Reftek-130数字地震采集系统构成（图3.2）。所有台站采用三通道单数据流，连续记录方式，单个记录长度3600 s，采样率为40 sps（sample per second，每秒采样数），记录格式为Reftek压缩格式（Reftek CO），前端增益×1，采用外接GPS进行定位和系统时间校正，观测带宽为0.03 ~ 50 Hz。

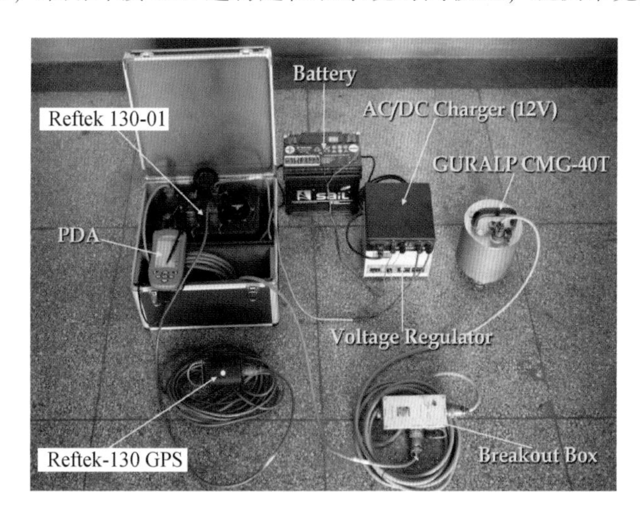

图3.2　Reftek-130宽频带地震观测系统连接图

Reftek 130-01. 数据采集器；Battery. 电池；AC/DC Charger. 交直流充电器；GURALP CMG-40T. 地震计；Voltage Regulator. 稳压器；Breakout Box. 接线盒；Reftek-130 GPS. GPS天线；PDA. 手持控制器

福建厦门–江西宜丰剖面布设了26个台站，测线呈SE–NW向展布，自东南沿海向内陆延伸，与主要的区域构造（断裂带）方向近垂直，测线总长度在650 km左右，观测时间为2007年8月至2008年12月，共计取得高质量的三分量波形数据83.8 GB。

浙江台州–安徽建德剖面布设了14个台站，测线亦为NW走向，测线总长度在950 km左右（包括后来南京大学自筹经费延伸的建德—阜阳段），观测时间为2008年12月至2011年04月，共采集原始观测数据161 GB。

2. 福建东山–三沙剖面和福建安溪–屏南剖面

福建东山–三沙剖面和福建安溪–屏南剖面（分别简称为沿海剖面和内陆剖面，剖面位置见图3.1）。每条布设20个宽频带地震流动台，每个台站配备了Reftek-130数字采集器和Guralp CMG-3ESP（60 s–50 Hz）和CMG-3T（120 s–50 Hz）三分量地震计。

沿海剖面沿海岸线从东山岛到三沙，长度450 km（图3.1红色三角所示），台站平均间距30 km，用连续记录方式，采样率为50 Hz；记录周期达18个月（2008年8月至2011年4月），平均每五个月巡回维护一次，累计采集到原始连续记录数据240 GB。

内陆剖面从安溪县到屏南县（图3.1中紫红色三角所示），长度280 km。平行并位于沿海剖面西北约150 km。野外连续记录时间16个月（2011年5月至2012年9月），平均台间距约为10 km，采样率为50 Hz。

沿海流动台站选择靠近村边的僻静农舍空闲角落放置记录仪，在室内或室外挖一个

1 m（长）×80 cm（宽）基坑，坑底做一简易水泥墩，地震计置于简易水泥墩上，用木箱或塑料桶固定坑壁，加盖并遮以防水布掩埋，坑周挖沟排水。少量流动台站安装在福建地震固定台网闲置的台基上（图 3.3）。为防台风吹倒太阳能电池板，多数用市电转换为直流电供电，每个台站配备一个 80～100 安时（A·h）电瓶。

图 3.3　利用固定台闲置的台基布设的流动观测台

平均每四个月巡回维护一次，累计采集到原始连续记录数据 160 GB。野外巡回记录显示，沿海两条剖面运行故障原因集中在台风登陆季节地震计被水浸或受潮台站供电中断或电压不足两个方面。

3. 寻乌–赣州–吉安–萍乡剖面

由于仪器流转的原因，寻乌–赣州–吉安–萍乡剖面的观测实验分两期次完成。剖面南端起自南岭北缘，沿 NNW 方向跨过赣江断裂与江绍断裂，止于扬子地块南缘的江南造山带，测线总长 400 km（图 3.4）。共 30 个宽频带地震台站，台站间距 15 km 左右，从南到北台站编号依次为 jx01～jx30。野外实验采用“分期分段”接续方式。第一期，从寻乌往北经过安远、于都到兴国，布设了 15 个台站，依次编号 jx01～jx15，观测时间自 2012 年 7 月至 2012 年 11 月（图 3.4 中黑色三角形）；第二期，将第一期 15 个台站移动到泰和、永新、萍乡到上栗一线，依次编号 jx16～jx30，观测时间自 2012 年 11 月至 2013 年 4 月（图 3.4 中红色三角形）。

该剖面使用加拿大 Nanometrics 公司产品 Trillium 120p 宽频带地震拾震计和 Taurus 便携式地震数据采集器，所有台站采用三通道单数据流，记录方式为连续记录，记录格式为 Miniseed。单个记录长度 3600 s，采样率为 40 sps，采用外接 GPS 进行定位和系统时间校正，系统连接如图 3.5 所示。

每个台站观测时间约五个月，其中 jx15 和 jx22 台站因仪器故障没有取得有效数据，总共取得了原始连续观测数据 54.5 GB。

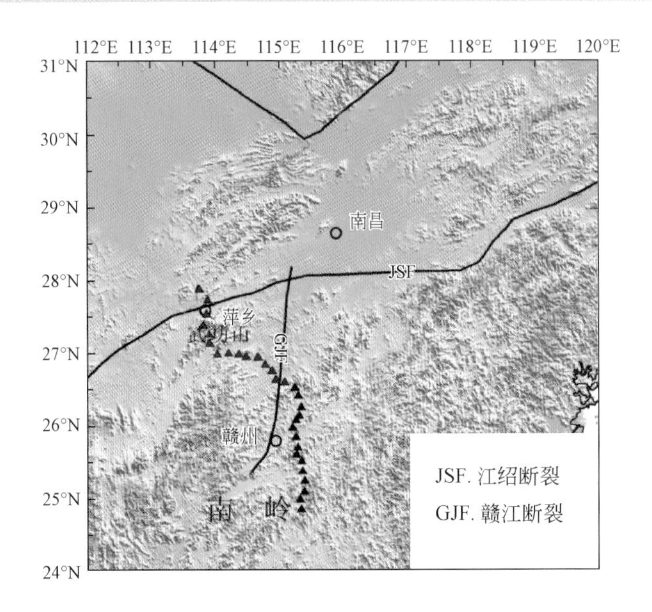

图 3.4　江西寻乌–上栗测线宽频带地震台站分布图

图 3.5　Trillium 120p 宽频带地震拾震计和 Taurus 便携式地震数据采集器实物连接图

（三）主要研究内容

主要采用 P 波接收函数 H-k、CCP 方法、S 波速度结构反演对地壳结构进行了研究；用 S 波接收函数对岩石圈–软流圈界面深度进行了研究；用体波层析成像对地壳与上地幔速度三维分布进行了研究；用接收函数横波分裂综合方法对上地幔各向异性进行了初步研究；综合分析以上结果，对中国大陆东南缘的壳幔结构特征和动力学背景取得了一些新认识。

第三节　主要结果

（一）地壳厚度与泊松比

求取地壳厚度和波速比采用 H-k（H、k 分别为平均地壳厚度和波速比 V_P/V_S）网格搜索法（Zhu and Kanamori，2000）。对于 Pms 震相清楚的台站，对不同地震的径向接收函数经过网格搜索并叠加，计算 Pms、PpPms、PpSms+PsPms 震相的振幅加权求和值，由叠加计算结果的能量分布确定地壳平均厚度与波速比（泊松比）。

1. 福建厦门–江西宜丰剖面

该剖面记录到的远震事件震中分布如图 3.6 所示。从各个台站的原始连续记录中提取出接收函数，其中漳州华安台（fc05）的接收函数的径向（R）分量和切向（T）分量如图 3.7 所示，在径向分量上 4 s 左右可见有清楚、连续、振幅较大的 Pms 震相。

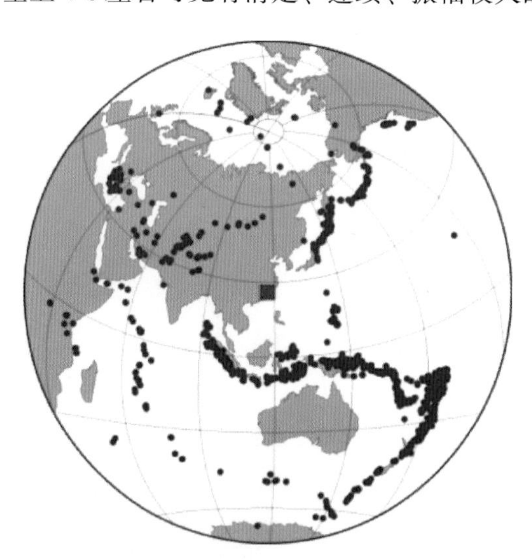

图 3.6　用于计算接收函数的远震事件震中分布

红色方块示研究区中心位置，为 26.6°N，116.8°E

从各个台站的接收函数能观察到清晰的 Pms 及 PpPms 震相，Pms 到时在 4 s 附近变化，整个测线基本保持一致，由此可以推测莫霍面深度变化不大。

设定 V_P 为 6.3 km/s（Li *et al.*，2006；邓阳凡等，2011），波速比取值范围为 1.6 ~ 2.0，地壳厚度取值范围为 25 ~ 40 km，一次转换波 Pms、多次波 PpPms 和 PpSms+PsPms 的权重分别为 $W_1=0.7$、$W_2=0.2$ 和 $W_3=0.1$，目标函数为

$$S(H,k)=W_1Q(T_{\mathrm{Pms}})+W_2Q(T_{\mathrm{PpPms}})+W_3Q(T_{\mathrm{PpSms+PsPms}})$$

式中，$S(H,\ k)$ 是加权叠加目标函数；W 是加权系数；Q 是接收函数的振幅；T 是接收函数相对于直达 P 波初至的延迟时间。T_{Pms} 是 P 波在莫霍面上转换波的接收函数到达时刻，

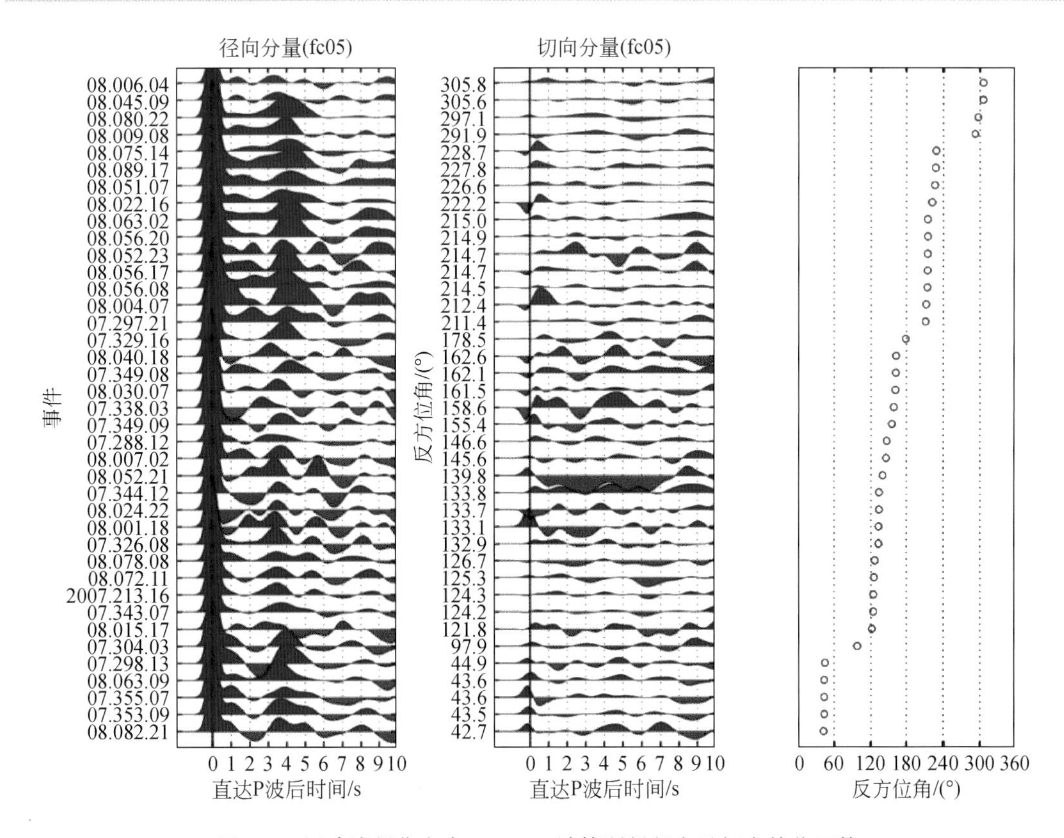

图 3.7　福建漳州华安台（fc05）计算所得径向及切向接收函数

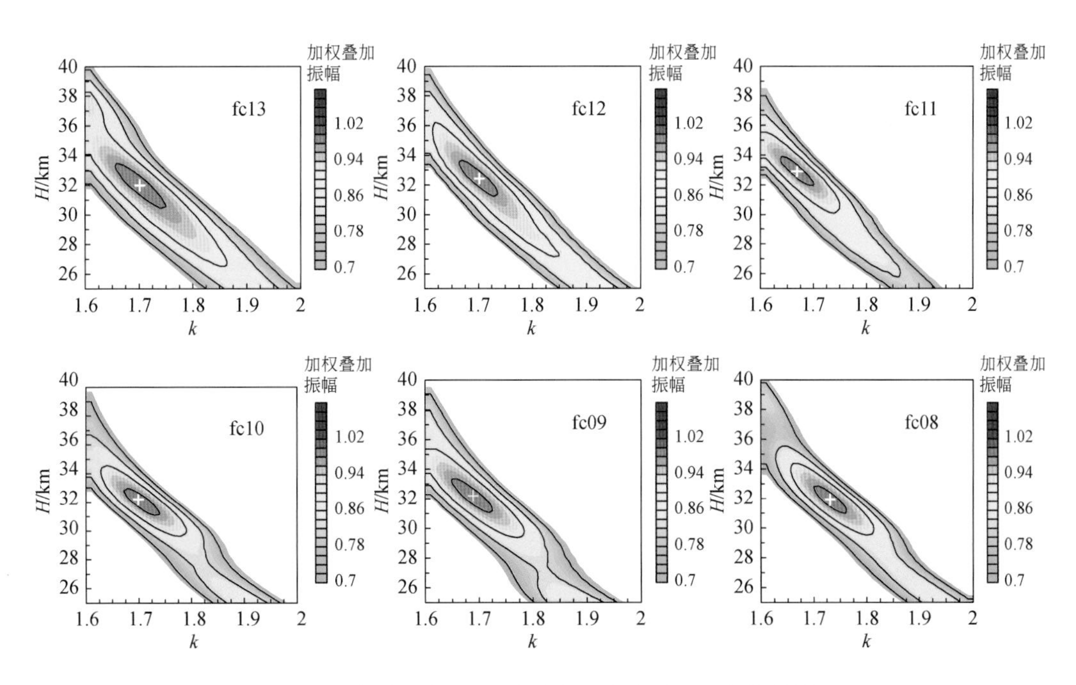

图 3.8　福建厦门-江西宜丰剖面各台站 H-k 扫描结果

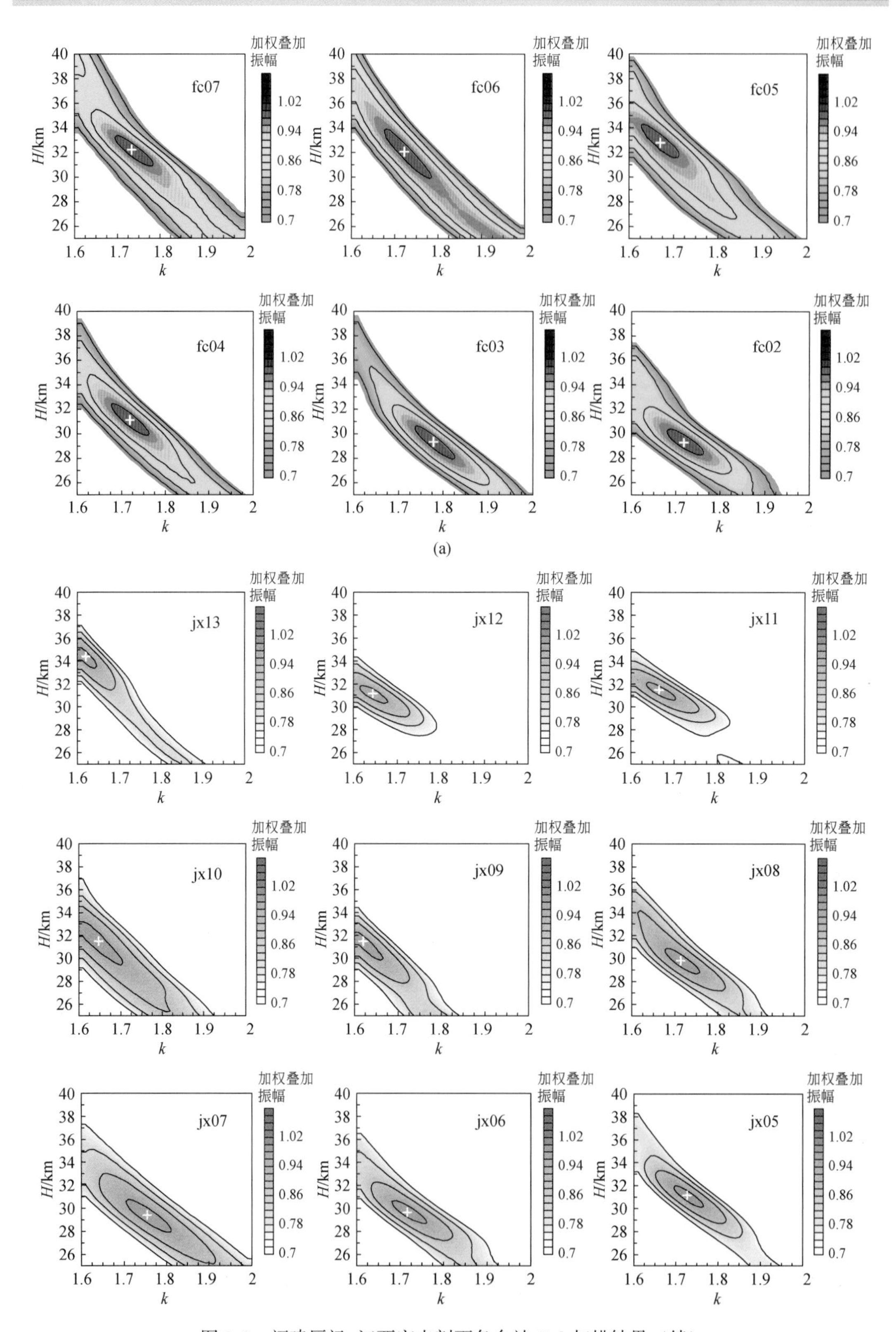

图 3.8 福建厦门-江西宜丰剖面各台站 H-k 扫描结果（续）

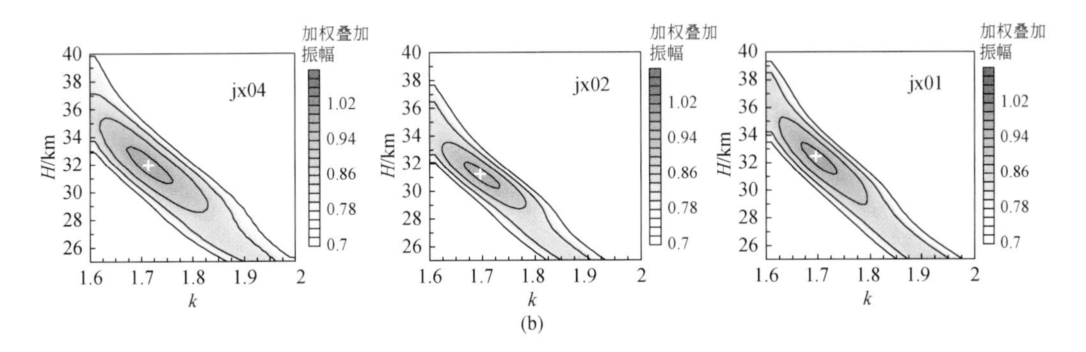

图 3.8　福建厦门–江西宜丰剖面各台站 H-k 扫描结果（续）

（a）位于福建境内的台站；（b）位于江西境内的台站

$Q(T_{\mathrm{Pms}})$ 是 T_{Pms} 时刻接收函数的振幅值；PpPms、PpSms 和 PsPms 分别是 Pms 震相的多次波，T_{PpPms} 和 $T_{\mathrm{PpSms+PsPms}}$ 分别是这两种多次波的接收函数的到时，$Q(T_{\mathrm{PpPms}})$ 和 $Q(T_{\mathrm{PpSms+PsPms}})$ 则是该时刻多次 P 波和多次 S 波接收函数的振幅值。

在目标函数 $S(H, k)$ 取得最大时，对应于台站下方地壳厚度和平均波速比的最佳估计。计算得到福建厦门–江西宜丰剖面各台站下方的平均地壳厚度和波速比如图 3.8 所示。

H-k 扫描叠加结果显示，地壳厚度在 31.6 ~ 36.6 km，平均为 34 km；波速比在 1.69 ~ 1.81，平均为 1.73，对应的泊松比为 0.25。

2. 浙江台州–安徽建德剖面

采用与福建厦门–江西宜丰剖面相同的处理方法和流程，得到了每个台站的 P 波接收函数，其中 ZJ05 号台站的接收函数如图 3.9 所示，可以看到在径向分量上，Pms 震相也出现在 4 s 左右，清楚、连续、振幅较大。

在 H-k 扫描过程中设定 V_{P} 初值为 6.3 km/s，波速比范围为 1.6 ~ 2.0，地壳厚度范围为 25 ~ 40 km，每个震相的权值为：Ps（0.7）、PpPs（0.2）、PpSs+PsPs（0.1），得到了浙江台州–安徽建德剖面各台站下方的平均地壳厚度和波速比（图 3.10）。

H-k 扫描叠加结果显示，地壳厚度在 31.6 ~ 36.6 km，平均为 34 km，在主要断裂两侧没有明显的变化，这与人工地震得出的结果一致（孔祥儒等，1995；滕吉文，2008），ZJ01 ~ ZJ10 台站（位于浙江省境内）下方的莫霍面深度显示出向沿海方向变小的趋势，这可能与大陆地壳向洋壳的逐渐过渡有关。对应的波速比在 1.69 ~ 1.81，除了个别台站波速比异常高之外，没有明显的变化，其平均为 1.73，对应的泊松比为 0.25，相当于大陆地壳平均的泊松比。

3. 寻乌–赣州–吉安–萍乡剖面

该剖面布设了 30 个台站，观测时间为 2012 年 6 月至 8 月，共提取到 630 个高信噪比的接收函数。台站编号为 jx05、jx14、jx18 及 jx25 台站计算所得的接收函数如图 3.11 所示。可以看出，各台站接收函数具有清晰、较强的 Pms 震相，并能清楚地观察到 PpPs 及负向的 PpSs+PsPs 震相。

设定 V_{P} 为 6.3 km/s，波速比范围为 1.5 ~ 2.0，地壳厚度范围为 25 ~ 50 km，每个震相的权值为 $W_1=0.6$，$W_2=0.3$，$W_3=0.1$。在目标函数 $S(H, k)$ 最大时，对应台站下方地壳

厚度和平均波速比的最佳估计。图 3.12 为 jx14 台 H-k 扫描结果，目标函数 $S(H,\ k)$ 在 $H=30.8$，$k=1.70$ 时取得最大值，即 jx14 台站下方的地壳厚度为 30.8 km，平均波速比为 1.70。

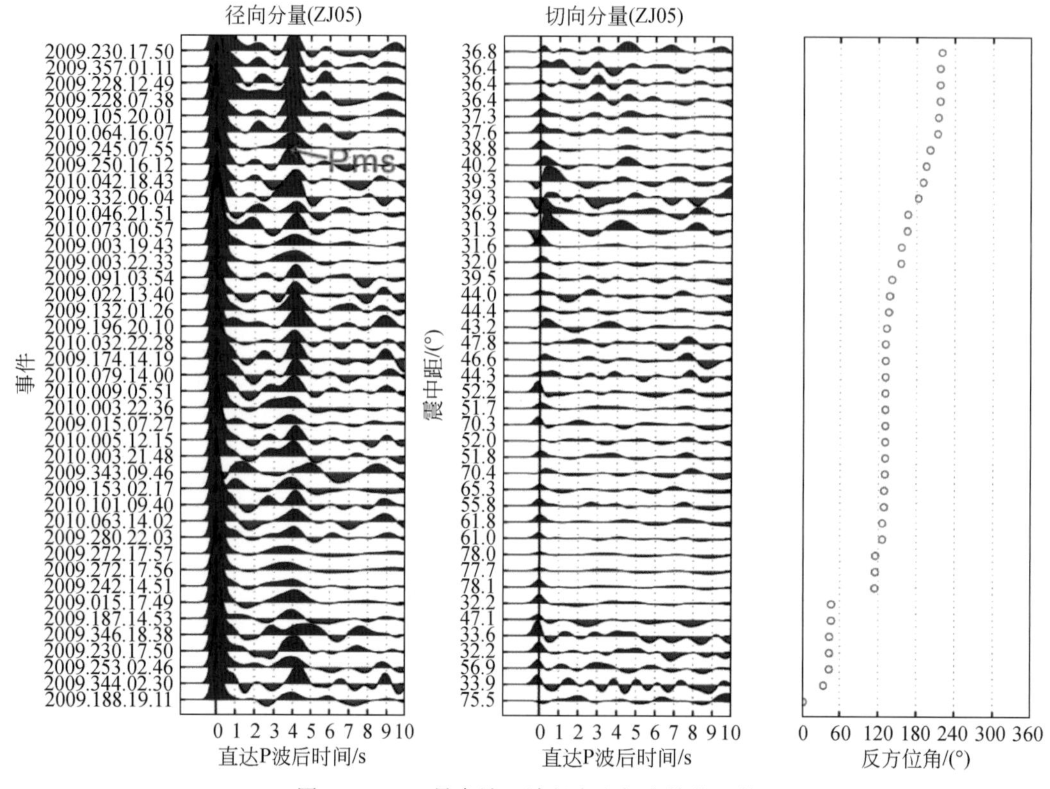

图 3.9 ZJ05 号台站 P 波径向和切向接收函数

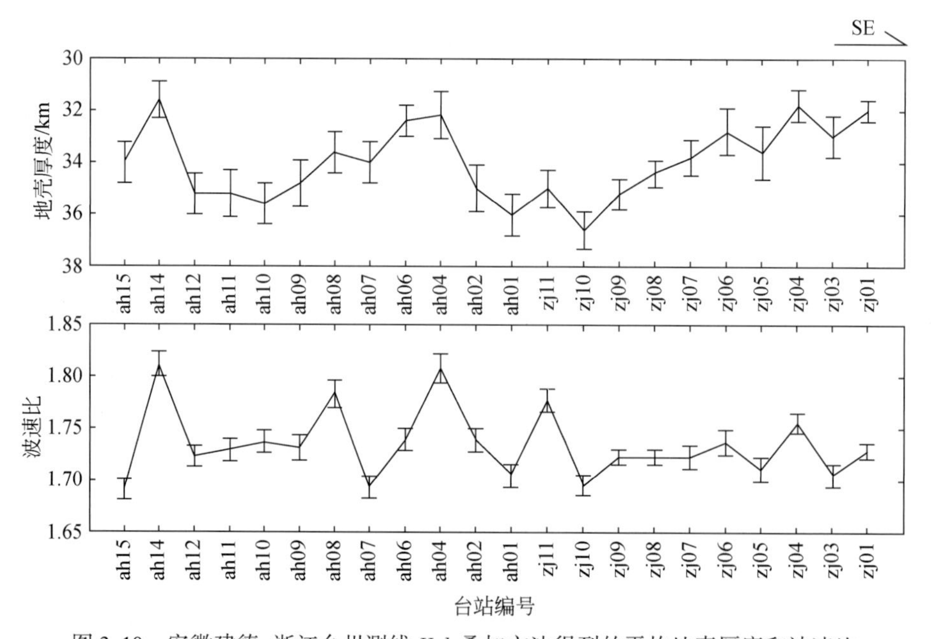

图 3.10 安徽建德-浙江台州测线 H-k 叠加方法得到的平均地壳厚度和波速比

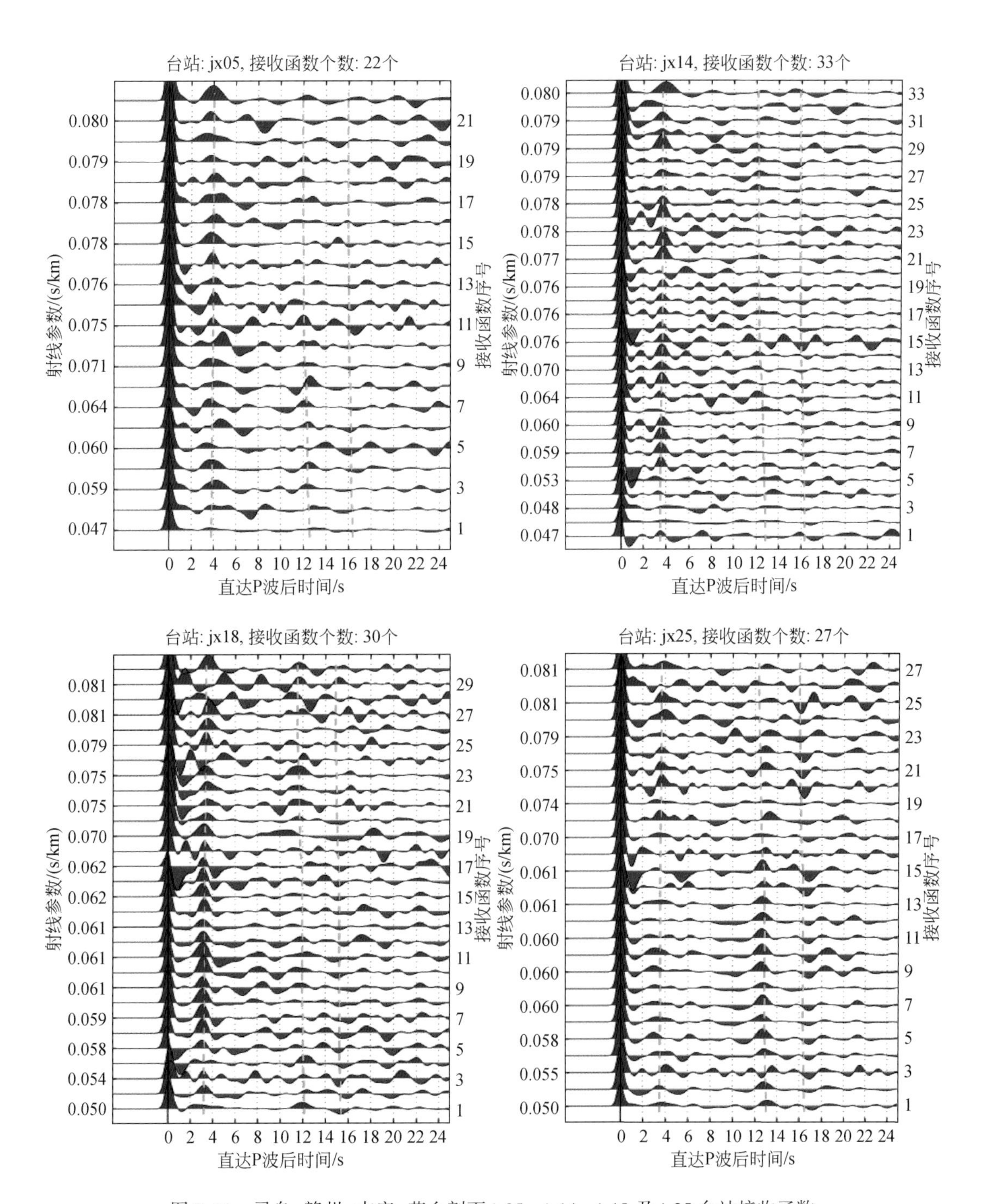

图 3.11　寻乌-赣州-吉安-萍乡剖面 jx05、jx14、jx18 及 jx25 台站接收函数

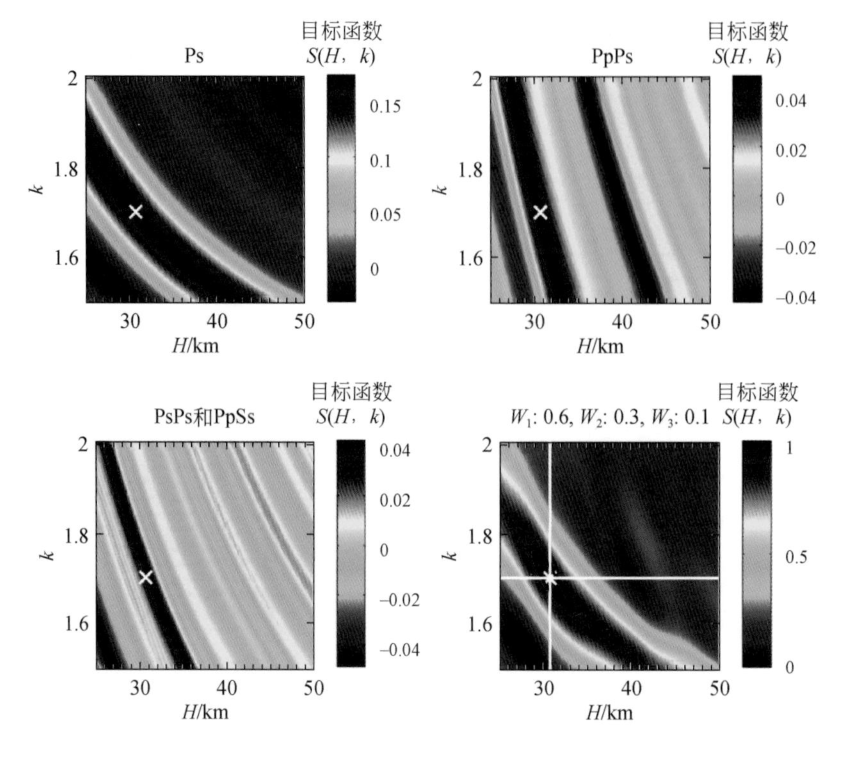

图 3.12 寻乌-赣州-吉安-萍乡剖面 jx14 台 H-k 扫描结果

泊松比 σ 则由关系式 $\sigma=0.5\times[1-1/(k_2-1)]$ 计算得到。对 30 个台站进行计算，得到了地壳厚度、波速比和泊松比（表 3.1）。

表 3.1 寻乌-赣州-吉安-萍乡剖面所有台站地壳厚度、波速比与泊松比

台站号	接收函数/个	地壳厚度(H)/km	波速比(k)	泊松比(σ)
jx01	4	31.2±4.1	1.71±0.13	0.24
jx02	25	31.5±3.3	1.68±0.09	0.226
jx03	10	29.9±2.2	1.75±0.09	0.258
jx04	13	30.1±1.6	1.73±0.07	0.249
jx05	22	28.9±2.6	1.81±0.12	0.28
jx06	20	31.1±1.6	1.73±0.07	0.249
jx07	18	30.5±3.3	1.75±0.10	0.258
jx08	6	30.5±2.1	1.72±0.09	0.245
jx09	23	31±2.5	1.68±0.08	0.226
jx10	15	30.4±4.8	1.71±0.12	0.24
jx11	27	30.2±1.5	1.7±0.07	0.235
jx12	17	30.4±2.6	1.69±0.08	0.231

续表

台站号	接收函数/个	地壳厚度(H)/km	波速比(k)	泊松比(σ)
jx13	22	29.8±1.6	1.75±0.07	0.258
jx14	33	30.8±2.0	1.7±0.06	0.235
jx16	35	30.2±1.8	1.71±0.07	0.24
jx17	25	30.6±1.3	1.69±0.06	0.231
jx18	30	29.7±2.1	1.66±0.07	0.215
jx19	28	29.1±1.1	1.7±0.06	0.235
jx20	31	29.9±1.7	1.63±0.06	0.198
jx21	29	30.1±1.6	1.64±0.06	0.204
jx23	30	29.7±1.7	1.74±0.07	0.253
jx24	25	31.2±1.2	1.7±0.06	0.235
jx25	27	31.7±1.4	1.67±0.08	0.22
jx26	25	33.1±1.9	1.67±0.11	0.22
jx27	3	34.3±5.3	1.68±0.15	0.226
jx28	27	33.5±1.5	1.67±0.05	0.22
jx29	16	29.3±3.0	1.74±0.11	0.253
jx30	22	33±1.2	1.63±0.05	0.198
NS9A	12	29.5±2.4	1.7±0.08	0.235
NS9B	10	29.7±2.7	1.75±0.11	0.258

注：jx15 和 jx22 两个台站因仪器故障无数据，共有 30 个台站数据用于 H-k 研究。

由表3.1可以看出，整个测线地壳厚度在28.9～34.3 km，平均为30.7 km；波速比在1.63～1.81，平均为1.703，对应的泊松比在0.198～0.28，平均为0.236。

南岭北缘地区（jx01～jx17），地壳厚度多在30～31 km；在吉安-泰和-永新盆地地区（jx18～jx23），地壳厚度较小，在29～30 km；在罗霄山、武功山地区（jx24～jx28），地壳厚度较大，多在31～34 km，其中武功山地区地壳厚度最大，大于33 km；江绍断裂以北，萍乡盆地北缘（jx29），地壳厚度为29.3 km；往北至江南造山带（jx30），地壳厚度又加深到33 km。

泊松比不仅有助于了解地壳物质成分，也是获取地壳介质力学性质信息的重要参数。已有的研究结果表明，$\sigma<0.24$ 的介质含有相对较高的 SiO_2 含量，而 $\sigma>0.25$ 的介质含有相对较高的铁镁质矿物成分，地壳中的流体或部分熔融的介质可有较高的 V_P/V_S（k）值（Christensen，1996）。将地壳厚度与泊松比投到平面地形图上（图3.13），不难看出泊松比有明显的分区特征，在赣江断裂以东的南岭北缘地区，泊松比较高，多大于0.24，平均为0.245，表明该地区地壳中铁镁质矿物成分含量较高，或者地壳温度较高，存在流体或部分熔融介质；在赣江断裂以西的地区，泊松比普遍很低，多小于0.23，平均为0.224，表明该地区地壳主要由长英质矿物组成，缺少铁镁质成分物质。

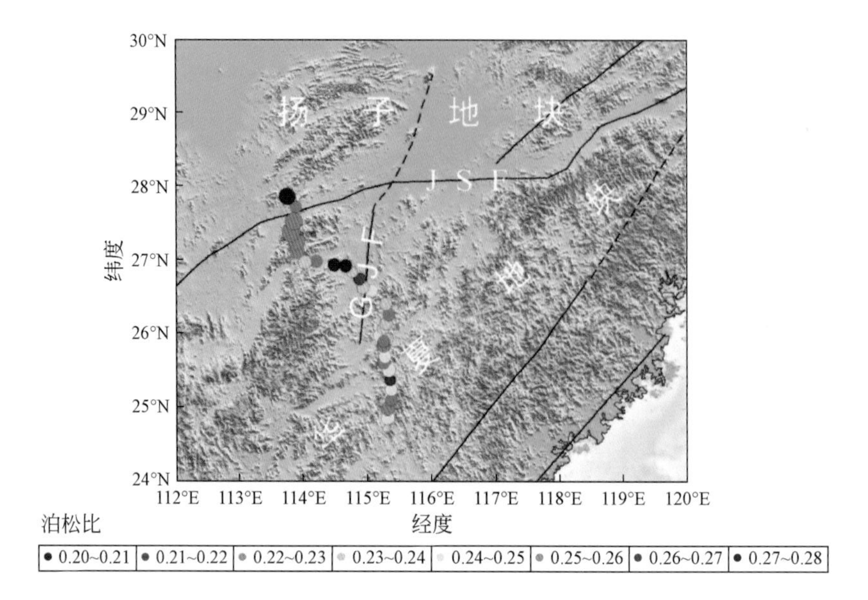

图 3.13 寻乌-赣州-吉安-萍乡剖面地壳厚度与泊松比结果

粗黑实线和虚线为断裂及推断断裂；细黑实线为省界。JSF. 江绍断裂；GJF. 赣江断裂

4. 福建东山-三沙剖面和福建安溪-屏南剖面

地震事件 P 波接收函数的计算采用时间域迭代反褶积方法（Ligorria and Ammon 1999；Zhu and Kanamori，2000），采用 2.5 Hz 的 Gaussian 滤波因子对接收函数进行滤波，从分离出的接收函数中挑选初动尖锐、Ps 及其两个多次波震相清晰、信噪比高的接收函数参与下一步 *H*-*k* 扫描分析和 CCP 叠加成像。

累计从沿海测线的 20 个台站得到 756 个有效接收函数，从内陆测线的 20 个台站得到 690 个有效接收函数，涉及地震事件 245 个。有效地震事件的分布如图 3.14 所示。

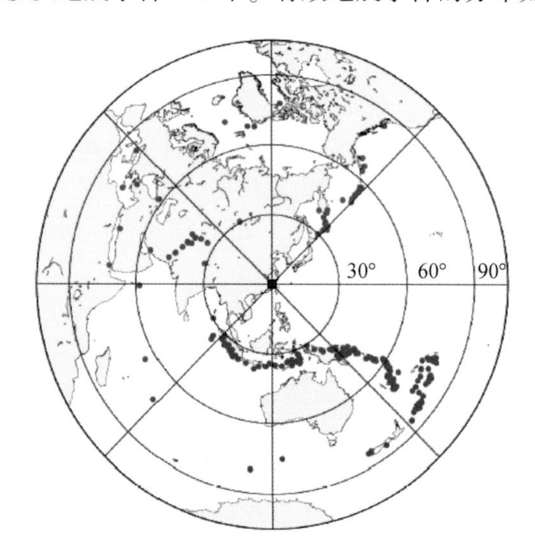

图 3.14 沿海测线 *AA′* 接收函数分析用到的 245 个地震事件的分布

图 3.15 为沿海测线两个台站（Jiuzh：旧镇；Sansh：三沙）的单台接收函数，接收函数按反方位角排列。由图 3.15 可知，原始接收函数信噪比较高。莫霍面转换震相（Ps）出现于直达 P 波之后 3～4.5 s，震相清晰，各个方位一致性较好。测线西南部的旧镇台站下方显示为较简单的地壳结构，Ps 的多次波 PpPs 清楚；而三沙台站下方地壳结构较复杂，Ps 的多次波 PpPs 较弱。

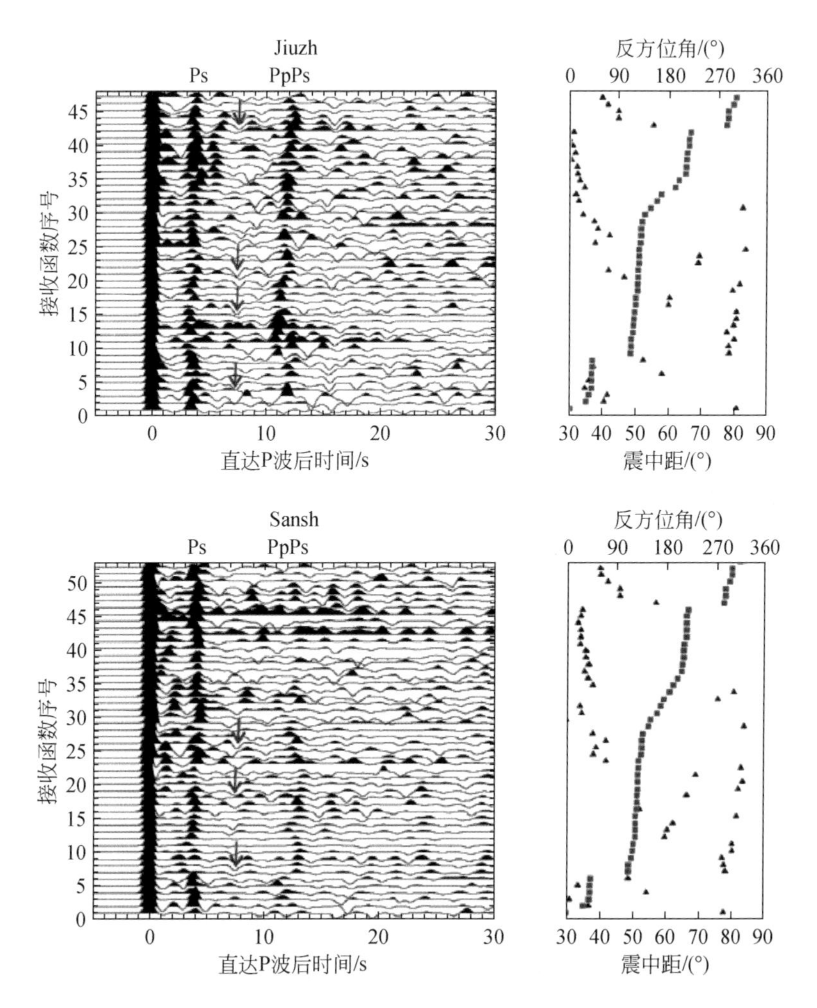

图 3.15　沿海测线旧镇（Jiuzh）台站和三沙（Sansh）台站的单台接收函数

内陆测线的原始单台接收函数信噪比也较高，与沿海台站相比，主要特征相似。以玉田（YUTN）台站和汤头（TANT）台站为例（图 3.16），可见地震多来自方位角 90°～270°，Ps 震相出现于直达 P 波之后 3～4.5 s，震相清晰，各个方位一致性较好，Ps 的多次波 PpPs 和 PpSs+PsPs 清楚，表明两个台站下方地壳结构较为简单，上地幔与下地壳的速度差异较显著，尤以玉田（YUTN）台站为典型（图 3.16 上图）。

将内陆测线所有台站所得原始接收函数进行 Ps 时差校正（moveout correction）（Yuan *et al.*，1997），参考慢度为 $P_0=6.4\text{s}/(°)$，对应震中距 67°，并按照入射到台站的地震射线

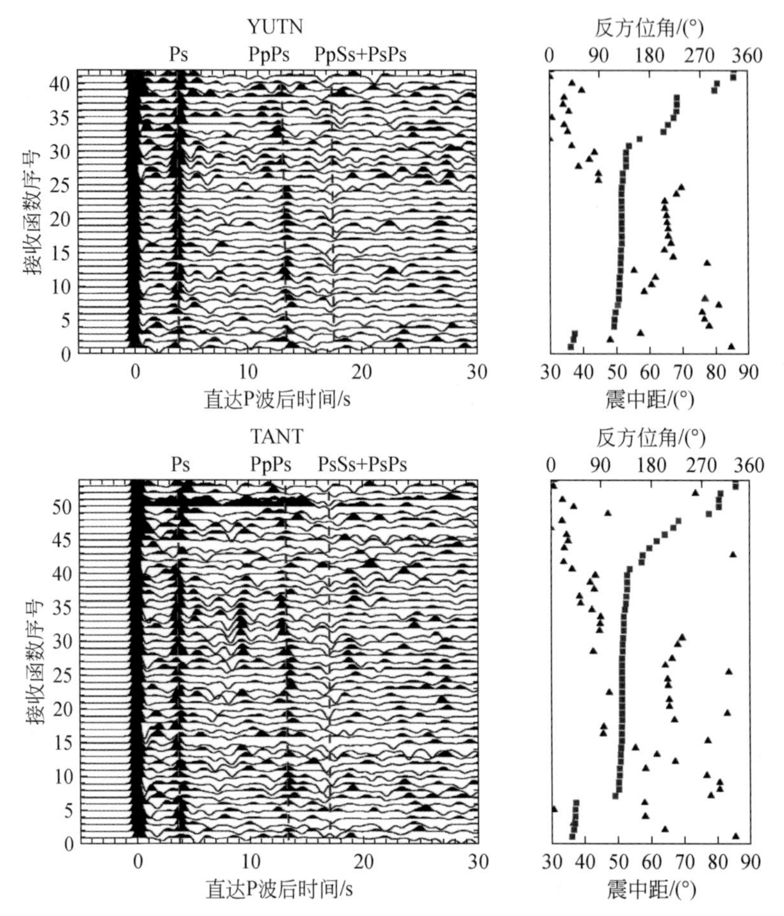

图 3.16 内陆测线玉田（YUTN）台站和汤头（TANT）台站的单台接收函数

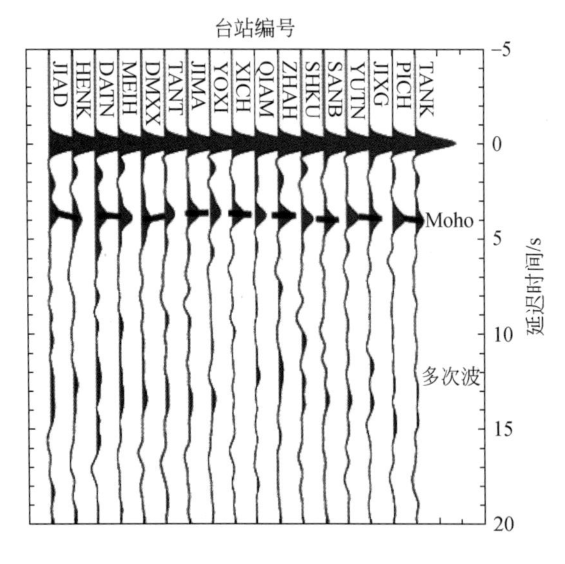

图 3.17 内陆测线单台叠加剖面

与测线走向线（N36.5°E）夹角（0°～180°）由大到小的顺序将每个台站的接收函数进行排列成图，可见莫霍面震相到时与单台接收函数一致，仅能从 Ps 的多次波看出莫霍面沿测线略有起伏。410 km 和 660 km 间断面震相在经滤波和振幅放大后亦可识别。

为进一步确认震相，挑选研究区方位角 90°～180°范围的地震事件的接收函数，进行时差校正后，对每个台站作叠加，得到各个台站的一个平均接收函数道，并沿测线排列成图 3.17，图中莫霍面震相走势更为明显，除在汤头（TANT）台站附近略有减小外，一直稳定于 4 s 上下，平缓展布。

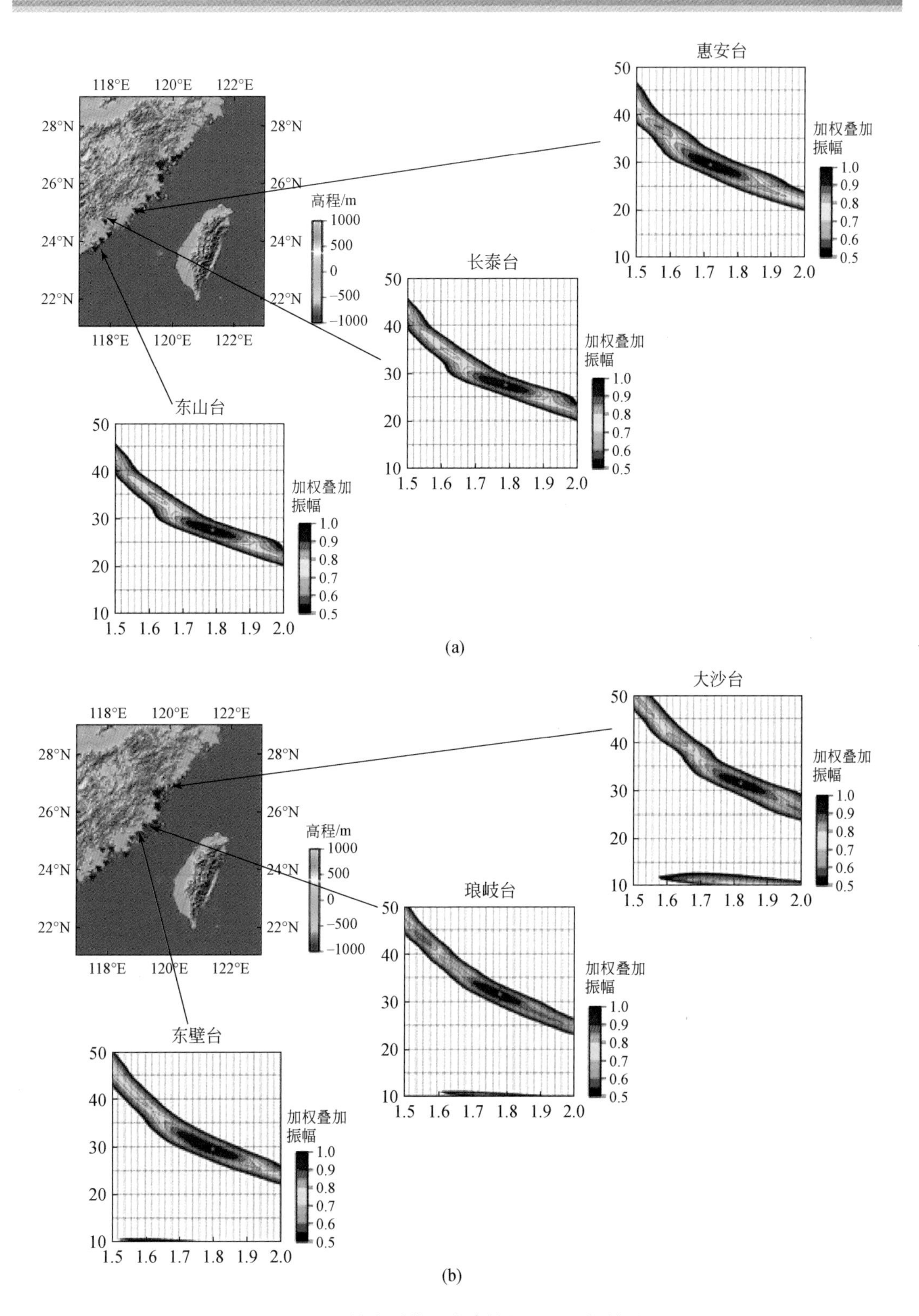

图 3.18　沿海测线六个台站的 H-k 叠加结果

（a）东山台、长泰台和惠安台；（b）东壁台、琅岐台和大沙台

设定 V_P 初值为6.3 km/s，波速比范围为1.6～2.0，地壳厚度范围为25～40 km，Ps、PpPs 和 PpSs+PsPs 震相的权重分别为0.7、0.2 和0.1。沿海台站的 *H-k* 叠加结果如图3.18所示，内陆台站的 *H-k* 叠加结果如图3.19 所示。

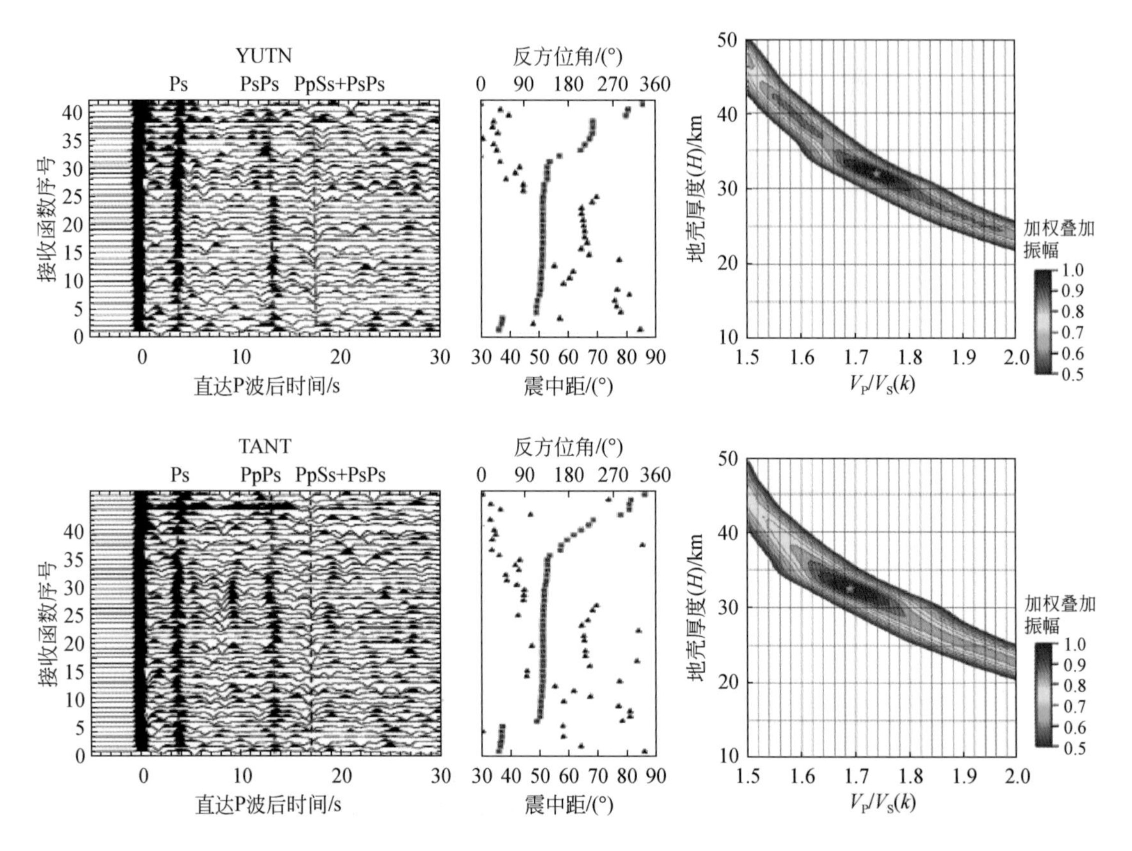

图3.19　玉田（YUTN）台站和汤头（TANT）台站的接收函数排列和 *H-k* 叠加结果

接收函数按反方位角（红点）排列，莫霍面的转换波（Ps）和它的两个多次波震相（PpPs，PpSs+PsPs）用红色虚线标出，黑色三角表示震中距分布；右图为相应的 *H-k* 叠加结果，五角星标出了最佳估计点

基于沿海测线和内陆测线的结果，结合25 个固定台站的 *H-k* 叠加扫描结果绘制成图3.20。由图3.20 可知，总体上，地壳厚度表现出从内陆向沿海缓慢减薄的趋势，闽西北地壳厚度大于32 km；闽中南丘陵地带地壳厚度介于30～32 km；沿海地带地壳厚度小于30 km。内陆到沿海，沿 NW-SE 方向，地壳厚度缓慢递减，从大于33 km 减薄到小于29 km。但也存在1～2 km 尺度的侧向（平行海岸线）起伏，如闽东北较福州盆地有约2 km 的地壳厚度增加，即地壳厚度的变化具有二维（分区）特征，并非向海岸单调线性减薄。但泊松比分布似乎与地壳厚度的图像不相关，显示了明显的分带性。

沿海剖面台站泊松比平均值为0.267，内陆剖面泊松比平均值为0.249，两条剖面对比，沿海地区泊松比明显高于内陆地区。显示出泊松比分布向海岸线增大的趋势。

由图3.20 可知，以32 km 地壳厚度等值线为边界，西南部区域地壳厚度小于32 km，东北地区地壳厚度在32 km 以上。闽江东北侧向南东突出的厚地壳鼻状区伴随着低泊松比。

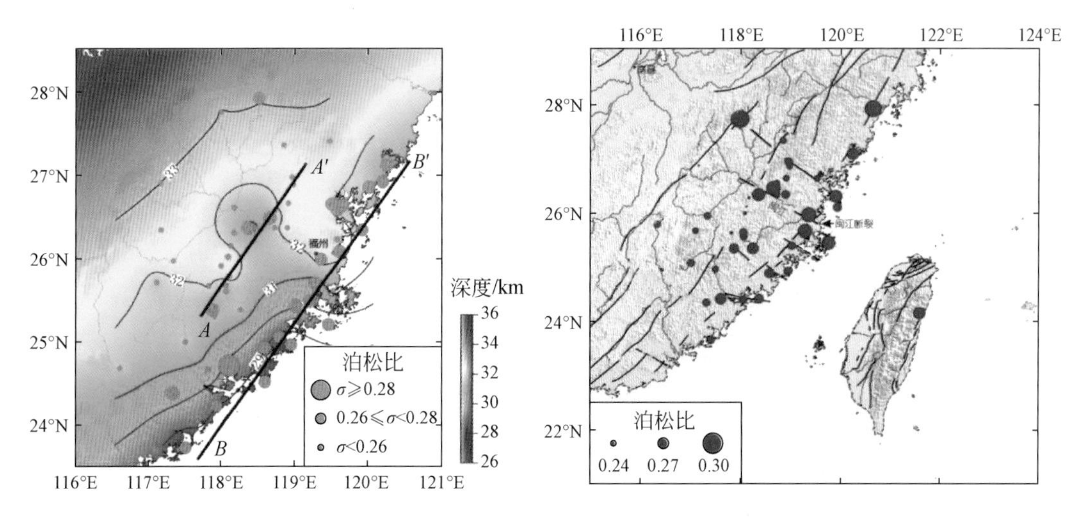

图 3. 20　东南沿海地区 H-k 叠加扫描结果

（二）莫霍面、地幔转换带

采用基于射线理论的共转换点（CCP）偏移叠加方法，得到了发生 Pms、P_{410} 和 P_{660} 转换的不连续面深度。

1. 福建厦门–江西宜丰剖面

测线起点 29. 09°N、114. 45°E，终点 24. 07°N、117. 85°E，采用网格横向 6 km、垂向 2 km，得到整个测线的共转换点（CCP）叠加剖面（图 3. 21）。由图 3. 21 可知，莫霍面较为平坦，在 F5 和 F4 断裂附近有轻微的上凸形态，成像深度与 H-k 扫描结果一致。图 3. 22 则清楚地观察到了 410 km 和 660 km 两个上地幔不连续面结构特征，可见这两个不连续面深度相对于 IASP91 模型没有显著（升或降）变化，在测线方向保持平缓延展，地幔转换带厚度保持 250 km 正常厚度。

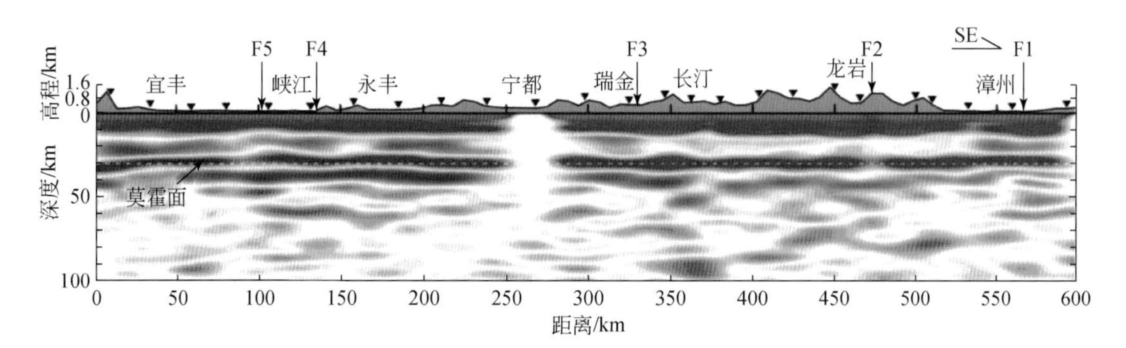

图 3. 21　福建厦门–江西宜丰剖面的 CCP 叠加结果（0～100 km）

F1. 长乐–南澳断裂；F2. 政和–大浦断裂；F3. 河源–邵武断裂；F4. 赣江断裂；F5. 江绍断裂

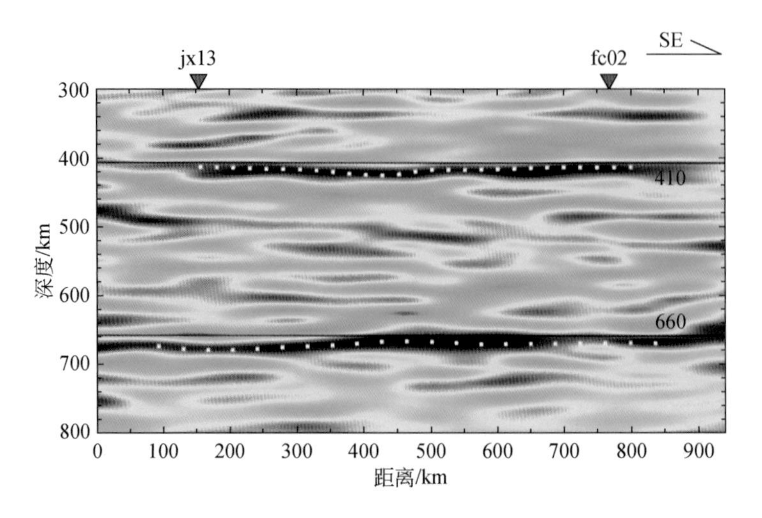

图 3.22　福建厦门-江西宜丰剖面的 CCP 叠加结果（300～800 km）

2. 浙江台州-安徽建德剖面

用滑动窗 CCP 叠加方法（Wang *et al.*，2013）获得了 0～100 km 的地壳及上地幔顶部结构（图 3.23），这一方法考虑到各个射线在研究区下方不同深度的穿透点分布，灵活变动叠加的网格大小来提升叠加信号的信噪比。结果同样显示了较为明显的平坦的莫霍面，深度范围与 *H-k* 叠加结果一致，莫霍面深度在 30～40 km，从沿海到内陆有逐渐变深的趋势。值得注意的是江南断裂（JNF）两侧莫霍面深度有明显的变化，在华北克拉通（NCC）下方 50～100 km 似乎有形态复杂的负震相，但是也可能是由于受区域复杂构造影响的干扰而叠加出来的“假象”，有待于更密集的台阵数据甄别。

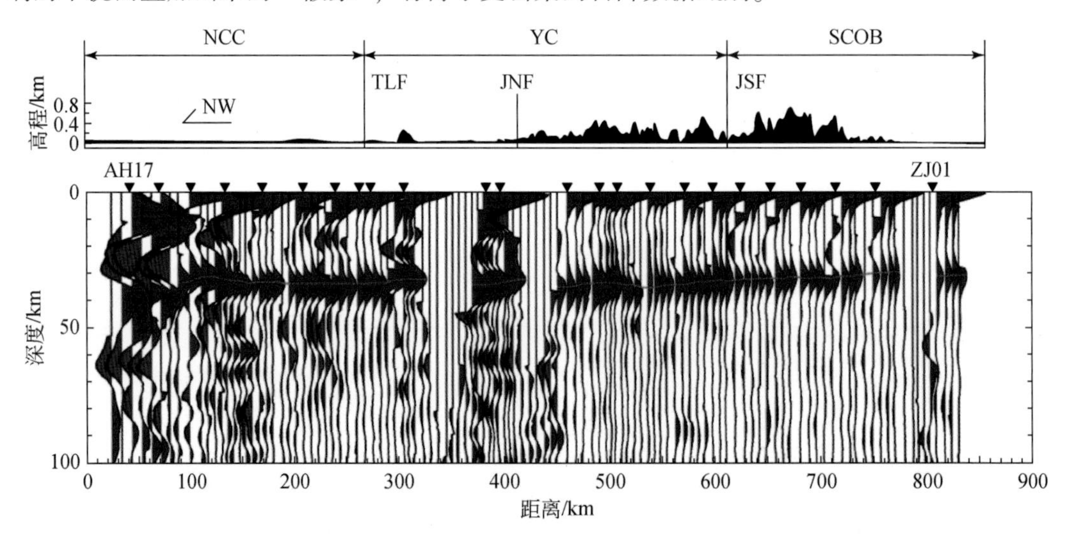

图 3.23　浙江台州-安徽建德剖面测线共转换点（CCP）叠加揭示的莫霍面

NCC. 华北克拉通；YC. 扬子克拉通；SCOB. 华南造山带；TLF. 郯庐断裂；JNF. 江南断裂；JSF. 江绍断裂

410 km、660 km 不连续面较平坦，信噪比不高，未见明显升降和局部起伏变化（图 3.24）。

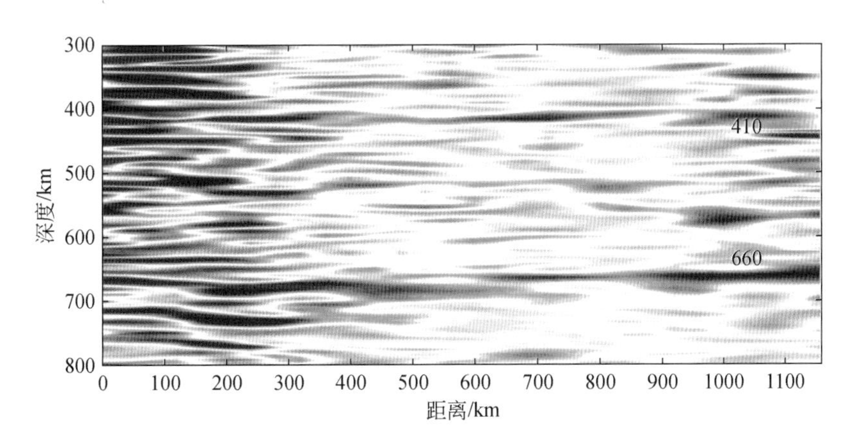

图 3.24　浙江台州–安徽建德剖面测线共转换点（CCP）叠加揭示的地幔转换带结构

3. 寻乌–赣州–吉安–萍乡剖面

CCP 叠加剖面基于全球一维速度模型 IASP91。测线起点 24.5°N、115.5°E，终点 28.2°N、114°E，采用网格沿测线横向 5 km，垂向 1 km，垂直测线水平方向 10 km 范围内的接收函数振幅叠加，用红色表示振幅能量为正，蓝色表示振幅能量为负，得到整个测线的共转换点叠加剖面（图 3.25）。

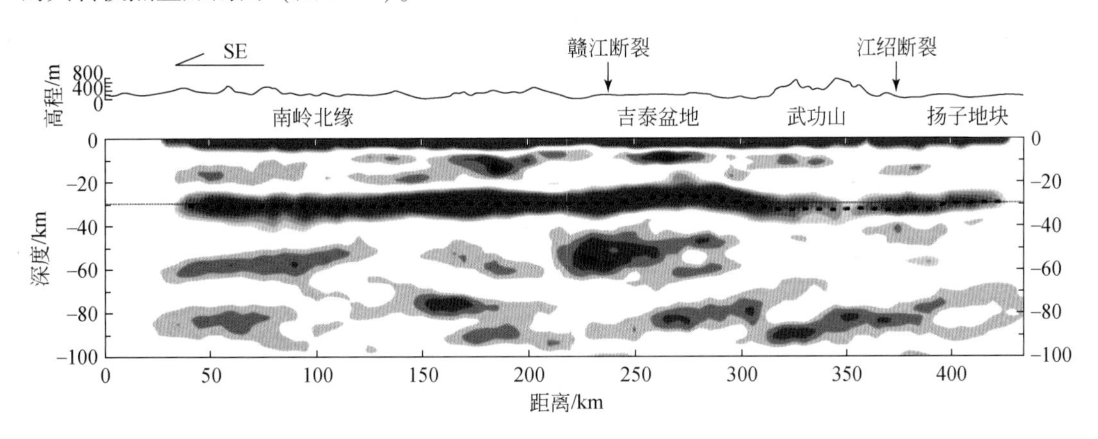

图 3.25　CCP 叠加剖面（0 ~ 100 km 深度）

虚线示莫霍面深度；红色表示正振幅（速度向下增加），蓝色表示负振幅（速度向下减小）

从图 3.25 清晰地显示出莫霍面（黑色虚线）的起伏变化，整个剖面莫霍面深度在 30 km（灰色虚线）上下起伏，在南岭北缘地区，莫霍面平缓，约 30 km，吉泰盆地下方莫霍面最浅，在 28 ~ 29 km，在江绍断裂以南的武功山地区，莫霍面最深，32 ~ 33 km。整个剖面莫霍面深度与 H-k 扫描结果有很高的一致性，莫霍面起伏与地形呈镜像关系，表明壳幔处于均衡状态。在 60 km 以下断续可见能量为负的震相，疑似岩石圈–软流圈边界（LAB），形态较复杂。因 P 波 CCP 图像不能排除多次波干扰，暂不能给出吉泰盆地下方 40 ~ 60 km 深度范围大片的负能量区的解释。

为了更连续地追踪莫霍面与 LAB，对 CCP 网格叠加方法做了改进，使用了一种根据转换点位置，人工选择叠加中心点的 CCP 叠加方法。方法原理与网格叠加方法类似，将 70 km 穿透点位置计算出来并投到水平地面，如图 3.26 所示，根据穿透点位置，在 70 km 穿透点最密集的中心位置选定了 53 个叠加中心点，在叠加中心点 15 km 半径的范围内将经过时深转换的接收函数震相叠加，每一个叠加中心点提取一条接收函数振相依次沿剖面排列，就得到改进后的 CCP 叠加剖面，如图 3.27 所示。图 3.27 中 LAB 位于平均深度 80 km 处，横向略有起伏。

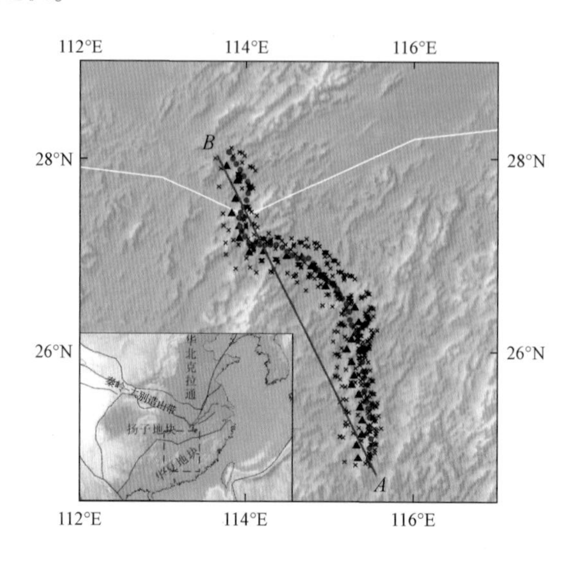

图 3.26　CCP 叠加剖面位置

▲ 台站位置；× 70 km 穿透点位置；• 人工选取的叠加中心点；*AB*. 投影剖面位置

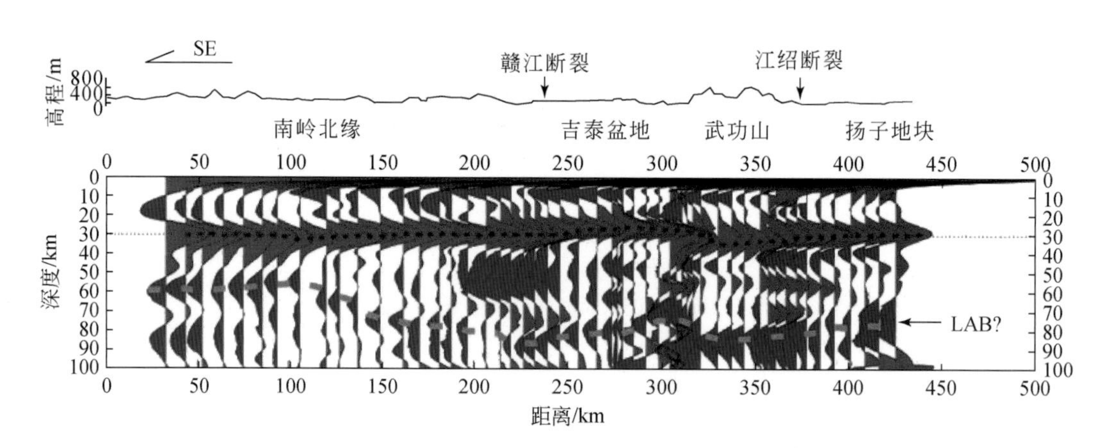

图 3.27　人工选取叠加中心点的 CCP 叠加剖面

虚线示莫霍面深度；红色表示正振幅（速度向下增加），蓝色表示负振幅（速度向下减小）

CCP 叠加还得到了地幔转换带上、下界面（410 km 和 660 km 不连续面）的形态和深度。将地震射线分别在 410 km 和 660 km 的穿透点位置投到地表（图 3.28），根据穿透点位置选择剖面 *AB* 作为 300～750 km 深度 CCP 叠加的投影剖面（图 3.29）。

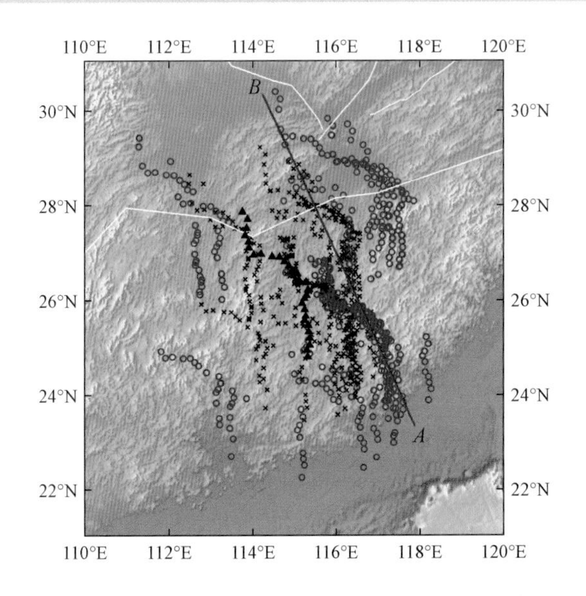

图 3.28　CCP 叠加剖面位置（300 ~ 750 km 深度）

▲ 台站位置；× 410 km 穿透点位置；○ 660km 穿透点位置；*AB*. 投影剖面位置

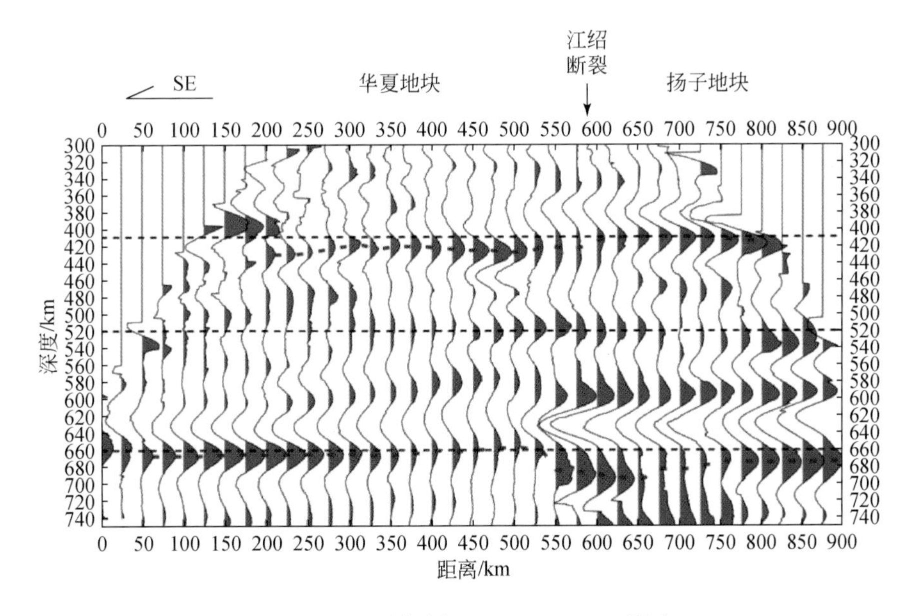

图 3.29　CCP 叠加剖面（300 ~ 750 km 深度）

如图 3.29 所示，沿剖面 *AB*，在江绍断裂以南的华夏地块下方，410 km 不连续面较 IASP91 速度模型深，在 420 ~ 430 km，而 660 km 不连续面没有偏离 IASP91 模型；江绍断裂以北的扬子地块，410 km 不连续面没有偏离 IASP91 模型，而 660 km 不连续面下沉到 670 ~ 690 km。即华夏地块下方的地幔转换带厚度较小，230 ~ 240 km；扬子地块下方的地幔转换带厚度较大，260 ~ 280 km。

研究认为，410 km 和 660 km 不连续面分别起因于橄榄石相变为 β 相尖晶石，γ 相尖晶石相变为钙钛矿，而前者的 Clapeyron 斜率为正，后者为负。因此，在较冷的环境，如冷的板片存在的情况下，410 km 不连续面将上升，而 660 km 不连续面则下降，地幔转换带厚度变大；在较热的环境，410 km 不连续面下降，而 660 km 不连续面上升，地幔转换带厚度变小。由此可见，华夏地块下方的地幔转换带处于相对较热的环境；扬子地块下方的地幔转换处在相对较冷的环境。同时，我们注意到，在寻乌－赣州－吉安－萍乡剖面下方，并没有观察到与冷俯冲板片和地幔柱相关联的“双凸”（410 km 局部抬升，660 km 局部下降）和“双凹”（410 km 局部下降，660 km 局部抬升）现象。

上述结构没有考虑速度横向变化的影响，因此还不能确定地幔过渡带的热状态的差异是由于华夏地块与扬子地块的物质组成不同引起的，还是由 IASP91 模型偏离两地块的实际模型所引起的，有待于进一步的观测数据约束。

4. 福建东山－三沙剖面和福建安溪－屏南剖面

利用已有的人工地震剖面的地壳结构数据修正 IASP91 模型，形成了一个本地一维速度结构模型用于时深偏移。叠加空间被划分成长 2 km（沿测线方向）、宽 150 km（垂直测线方向）、厚 0.5 km（深度方向）的若干单元。射线沿测线方向的叠加宽度通过计算菲涅尔带（Fresnel zone）得到，菲涅尔带的大小决定着成像的平滑程度，随着深度增大，菲涅尔带半径也增大，如一个自地表到地下成锥状的平滑窗。0 ~ 150 km 深度范围的 CCP 叠加是沿图 3. 30 中的 *AA′* 和 *BB′* 剖面进行的，结果如图 3. 31 所示。

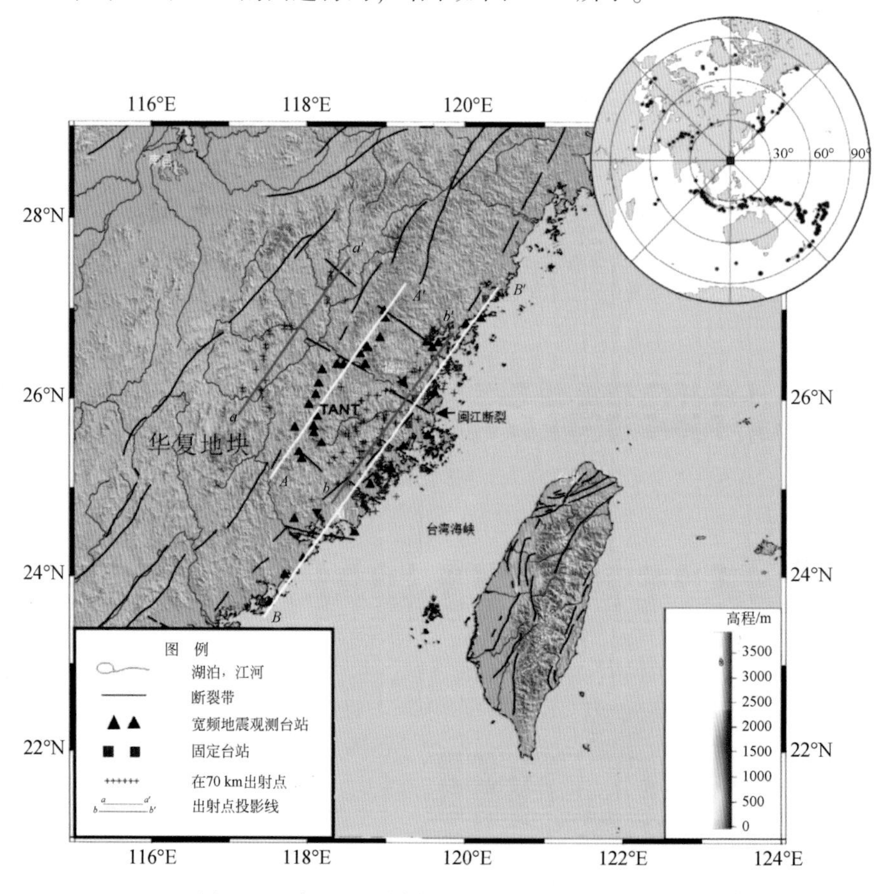

图 3. 30　东山－三沙剖面和安溪－屏南剖面位置图

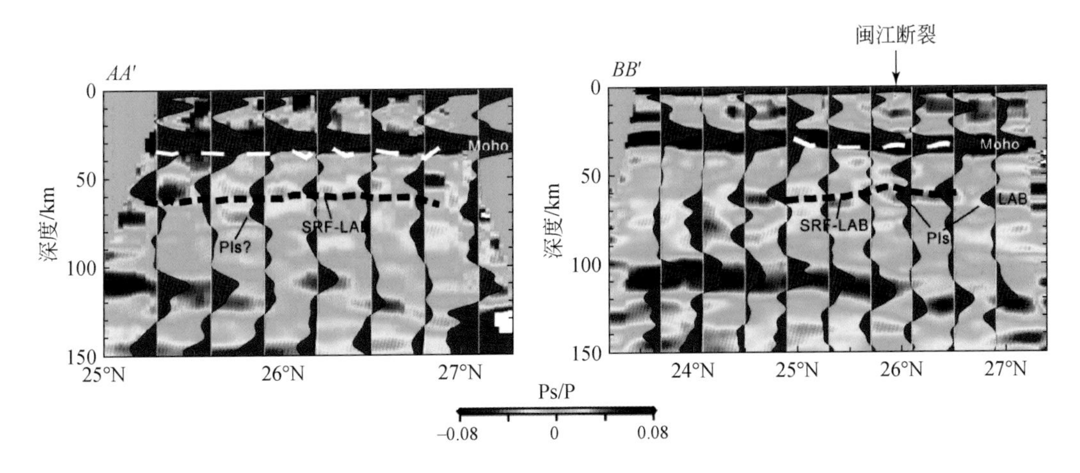

图 3.31　*AA′*和 *BB′*剖面 0 ~ 150 km CCP 叠加偏移图像（据叶卓等，2014）

剖面 *AA′*和 *BB′*的 CCP 偏移叠加剖面图显示，沿两条剖面下方的莫霍面都表现为连续且较强的转换震相正振幅，保持在 30 km 深度水平上小幅变化，且 *BB′*较 *AA′*起伏幅度略大。莫霍面形态总体特征为南西浅、北东深。两条剖面与闽江断裂相交处，都存在莫霍面突变迹象：*AA′*出现在约 26.4°N 处，不太明显，但其多次波有明显反映；*BB′*出现在约 26°N 处（与闽江断裂交汇）和约 26.7°N（宁德三都澳），可见较明显的莫霍面断错，莫霍面突然从 31 km 下降 2 ~3 km 后再缓慢抬升到 32 km。

*AA′*和 *BB′*剖面的 CCP 叠加偏移结果与 *H-k* 叠加结果反映的沿海地区莫霍面深度南西浅、北东深的变化趋势是一致的，且可与人工源地震探测结果对比，表明 CCP 偏移叠加剖面图显示的莫霍面形态特征是可信的。在 CCP 叠加剖面上还可见晋江断裂（25°N）到兴化湾断裂（25.5°N）之间，即泉州到莆田之间的莫霍面较其两侧略有抬升。

地壳厚度从内陆到沿海大致呈线性减薄，从闽西北山区的 33 km 减薄到沿海一带的不足 29 km，符合大陆地壳向大洋地壳过渡的一般特征；沿剖面地壳厚度向 NE 方向略有增大，主要与各地段所处板块动力环境差异有关。

地壳泊松比向海岸线方向增加趋势与前新生代地壳演化过程有关。沿海地带泊松比异常高可能是来自深部的铁镁质岩浆的底侵作用的结果。沿剖面的地壳泊松比相对高值区与断裂带的交汇区域具有很好的对应关系。区域性的主干断裂很容易成为岩浆上侵或喷出的通道，更多的基性物质自断裂交汇区深部添加到地壳中，造成了该处地壳泊松比异常高。

闽江断裂等 NW 向断裂深切莫霍面将中国大陆东南缘自南而北划分出不同的地壳块体，表明 NW 向断裂在中国大陆东南缘的现今深部动力学体系中也扮演着重要角色。闽江等 NW 向断裂对研究区的地震、地热、地壳应变等因素有着重要的控制作用。研究闽江等断裂如何向台湾海峡内部延伸，有助于更好地理解菲律宾海板块与欧亚板块碰撞如何向中国大陆东南缘过渡和传递。

0 ~700 km CCP 叠加，以 530 km 深度处的射线穿入点进行划分，窗宽为 200 km，沿测线步长为 50 km。*AA′*和 *BB′*剖面叠加偏移结果如图 3.32 所示。

为对上地幔转换带顶界面（410 km）和底界面（660 km）成像，对所有接收函数沿

叠加剖面 CC'进行叠加（叠加前已进行了 Pms 时差校正），叠加窗根据 530 km 深度处的射线穿入点进行划分，叠加窗宽度为 200 km，沿测线步长 50 km，穿入点分布和成像位置如图 3. 33（a）所示，选择叠加窗内接收函数数量大于 50 的叠加结果示于图 3. 33（b）。

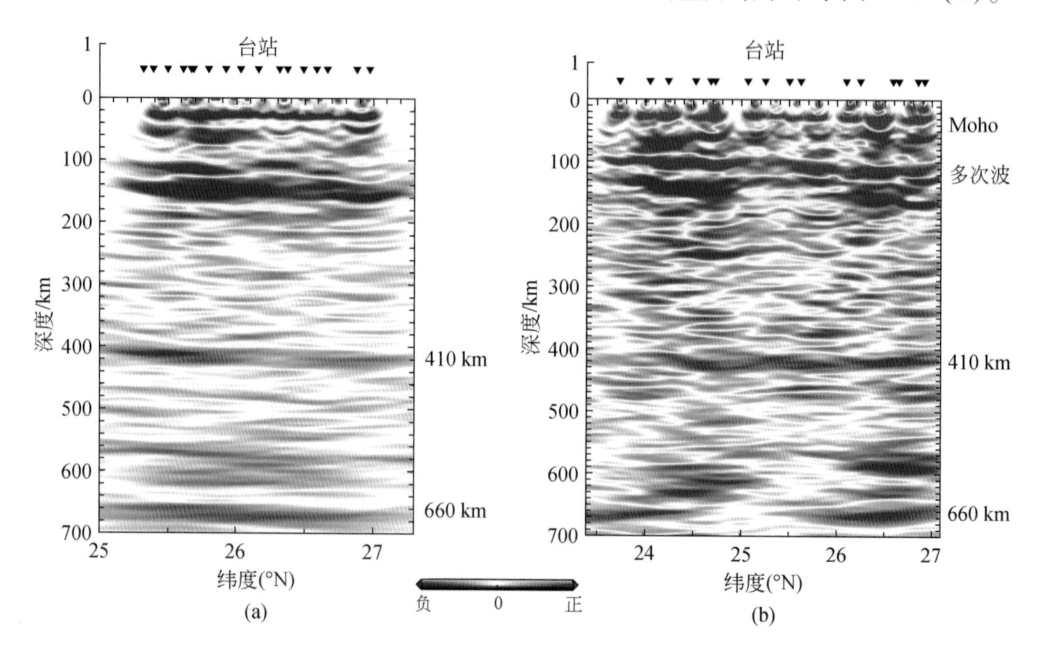

图 3. 32　沿海剖面（a）和内陆剖面（b）0 ~ 700 km CCP 叠加偏移图像（据 Li *et al.*, 2013）

如图 3. 33 所示，实际观测到的 410 km 和 660 km 转换被成像在略小于 IASP91 模型（如虚线所示）的深度。在剖面范围内未见 410 km 和 660 km 不连续面有明显起伏。即未发现与冷俯冲板片和热地幔羽有关的地幔过渡带异常现象。

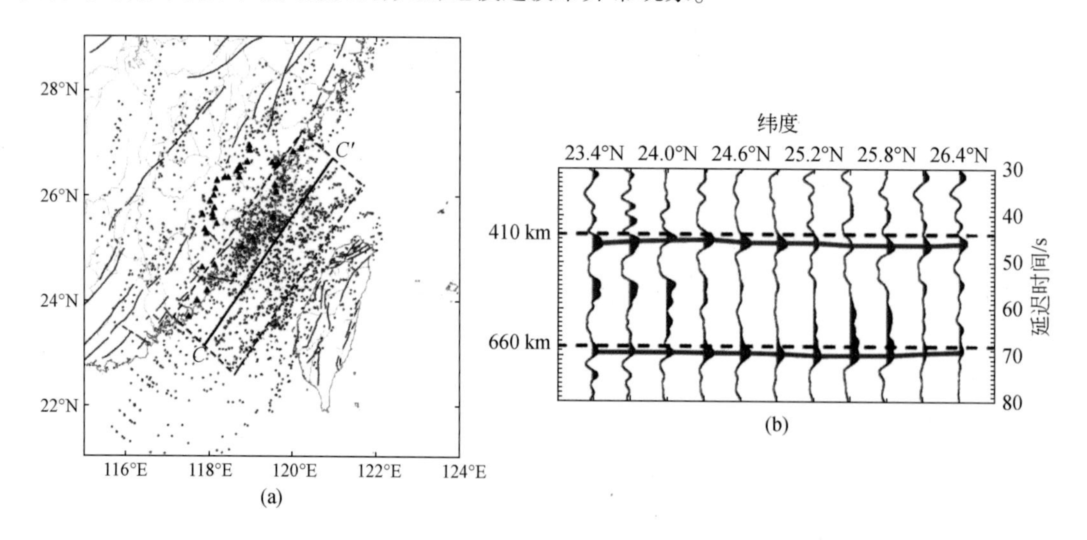

图 3. 33　所有接收函数在 530 km 深度处的穿入点分布（a）及沿 CC' 剖面的 410 km 和 660 km 的叠加剖面（b）

（三）岩石圈-软流圈边界（LAB）

LAB 成像研究只在东南沿海的两条剖面，即福建东山-三沙剖面和福建安溪-屏南剖面较系统开展。首先在 P 波接收函数时间剖面上发现了紧随 Pms 之后的连续负震相，进一步用 S 波接收函数确认了该负震相是在岩石圈-软流圈界面的转换震相。

1. 单台 P 波接收函数的提示

仔细观察单台原始接收函数剖面图 3.34，不难发现紧随莫霍面之后，有一明显的连续负极性震相（深蓝条带），其位置也不随带通滤波参数的改变而上下移动；放大观察其波形特征，虽与 Pms 相距很近，但波形也不与 Pms 成反对称关系；因此可以排除它是莫霍面转换震相 Pms 的旁瓣（也是负极性）。

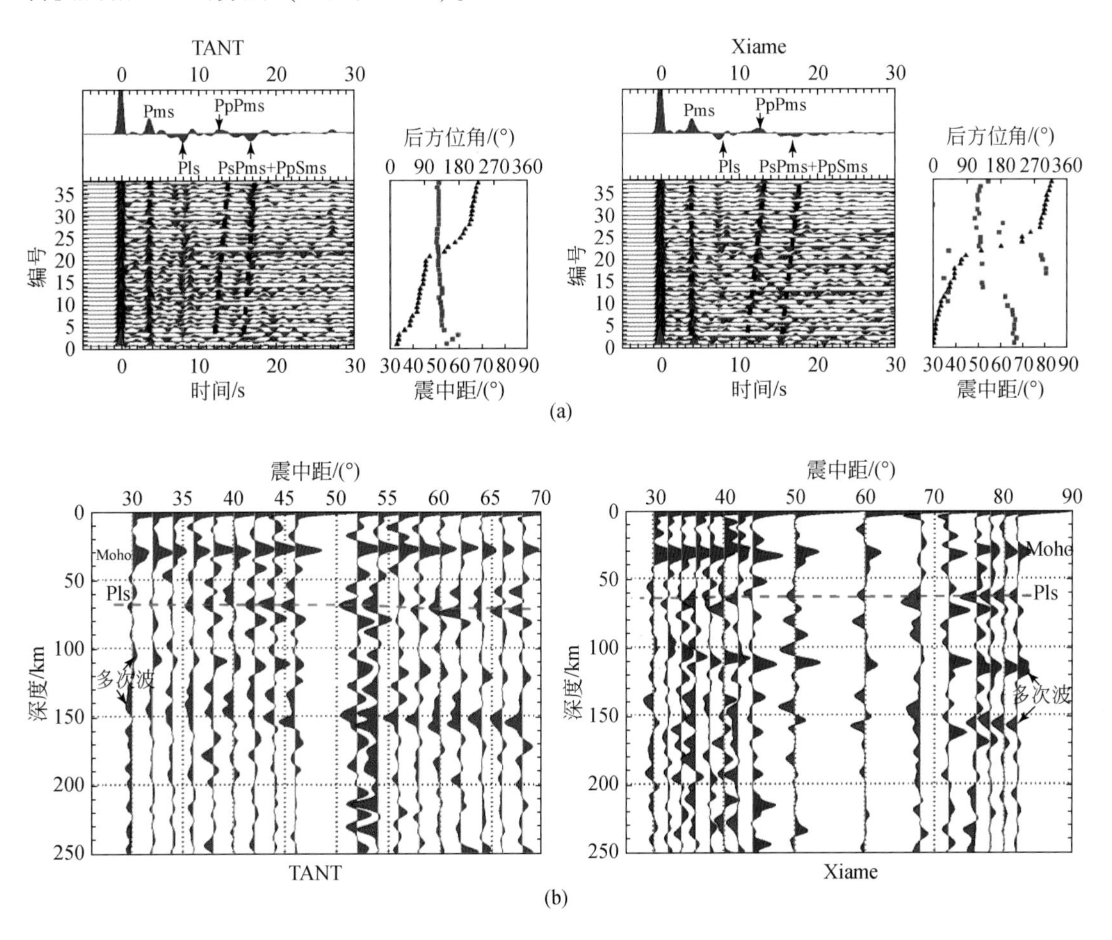

图 3.34 汤头（TANT）台站和厦门（Xiame）台站的 P 波接收函数排列（a）及其 P-S 一次转换波时深偏移结果（b）（据自叶卓等，2014）

图 3.34（a）是用修正后的 IASP91 速度模型对汤头（TANT）台站（内陆测线）和厦门（Xiame）台站（沿海测线）的接收函数按 P-S 一次转换波到时进行时深偏移，该震相

在 P 波后 7.5 s 处被对齐，并不随震中距的增大而增加（向右倾斜），因此可以排除它是壳内低速层多次波的可能性（即不具有多次波的到时特征，图 3.34 中两个单台接收函数的多次波 PsPms 和 PpSms 都随着震中距增加，到时增大）。

进一步对两个单台的接收函数按 2°步长进行归并叠加，上述各震相的特征更加突出，特别是 Pls 的幅值得到明显增强，如图 3.34（b）所示。

P 波接收函数分析结果指向性很明显，是上地幔内某个向下速度减小（即负速度梯度）界面的一次转换波震相，7.5 s 的弱负震相最大的可能性是来自岩石圈的底界面(Pls)。Pls 在 P 波接收函数剖面上被成像于 60 ~ 70 km 深度范围。

进一步对 TANT 台站和 Xiame 台站 P 波接收函数进行波形拟合计算，获得其台站下方的 S 波速度结构，并与天然地震面波频散分析得到的 S 波速度结构对比（Tsai *et al.*, 2000)，两者反映的地壳上地幔 S 波速度结构变化特征基本一致，如图 3.35 所示。为避免方位各向异性的影响，由 P 波接收函数波形拟合计算台站下方的 S 波速度结构时，只选用来自 ES 方向的地震事件对应的接收函数，且为保证接收函数的波形相似性，TANT 台站只选取震中距范围是 60° ~ 70°，Xiame 台站只选取震中距范围是 80° ~ 90°的事件的接收函数。

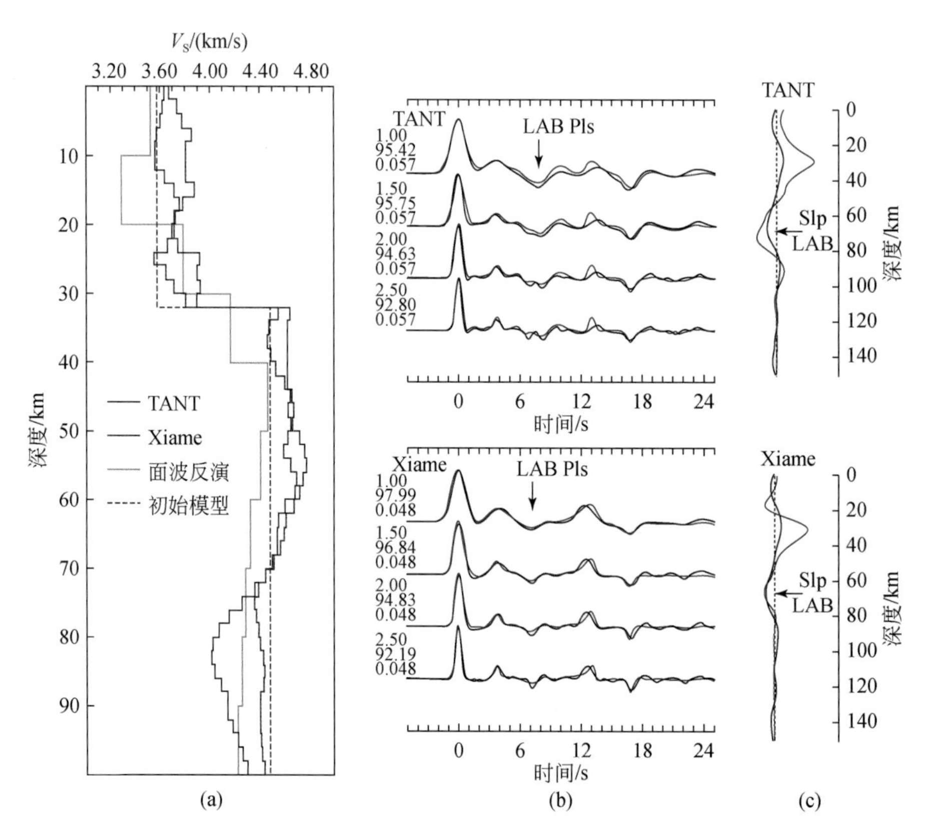

图 3.35 汤头（TANT）台站与厦门（Xiame）台站 P 波和 S 波接收函数的波形拟合、反演与对比（据叶卓等，2014）

由图3.35可知，面波和由P波接收函数反演的S波速度从深度约60 km开始出现明显的倒转（负梯度），在60～70 km表现为明显的上地幔低速层，低速层顶部（即LAB）埋深与时深偏移剖面上Pls负震相出现的深度范围一致。

2. S波接收函数

利用P波接收函数研究岩石圈-软流圈边界（LAB）难免受地壳多次波的干扰和限制（Rychert *et al.*，2007；Shen *et al.*，2011）。由于Sp转换震相早于S震相到达，而其多次波震相总是在S震相之后到达，S波接收函数方法能有效避免这个困扰（Farra and Vinnik，2002；Kumar *et al.*，2006；Yuan *et al.*，2006）。S波接收函数对于探测50～200 km深度范围内的LAB优势明显（Kawakatsu *et al.*，2009）。但S波接收函数的分辨率较低，对数据质量（信噪比）要求较高（Chen *et al.*，2006；Shen *et al.*，2011），在实际应用中，S波接收函数远不如P波接收函数使用普遍，但常用于进一步检验和约束P波接收函数成像的岩石圈-软流圈边界（LAB）的可靠性（Wittlinger and Farra，2007；Rychert and Shearer，2009）。

选取M_S>6.0，震中距在50°～85°的地震事件31个，采用0.05～0.2 Hz的Butterworth带通滤波器。获得了有效S波接收函数。

对接收函数进行归并叠加，叠加窗宽160 km，步长10 km，内陆和沿海剖面的叠加波形剖面如图3.36所示。对比图3.34和图3.36可知，虽然两条剖面的Pls和Slp震相传播速度不同，但成像在同一深度范围，平均深度为65～70 km。这只有一种解释是合理的，即图3.34、图3.35中的Pls和图3.36的Slp都是岩石圈-软流圈边界（LAB）上产生的转换波。

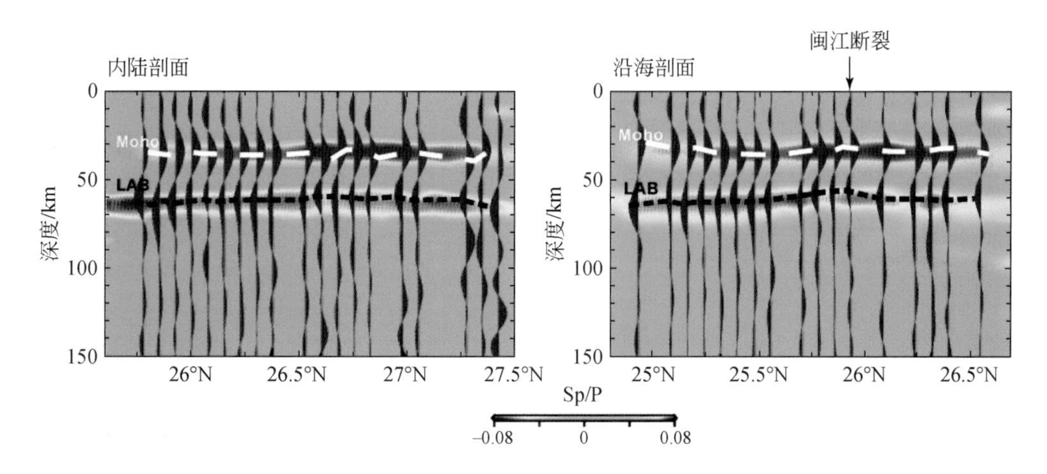

图3.36　内陆剖面和沿海剖面的S波接收函数偏移图像

蓝色表示正振幅（表示速度向下增加），红色表示负振幅（表示速度向下减小），LAB和莫霍面震相分别用白色虚线和黑色虚线标出，闽江断裂位置在图中用箭头标出

（四）S波速度结构反演

对福建厦门-江西宜丰测线的数据进行了S波速度结构反演研究。

接收函数对 S 波速度的垂向变化最敏感（Ammon，1991），以 S 波速度作为反演参数。把台站下方介质简化为水平分层模型，根据接收函数的分辨率，选取 2 km 等厚分层，构建深至 80 km 的初始模型。由于接收函数反演得到的速度界面比较可靠，而 S 波速度值可能存在一定误差，为尽可能克服反演的非唯一性，我们参照前人的研究结果（国家地震局永平爆破联合观测小组，1988；陈祥熊等，2005），确定初始模型的地壳厚度及地壳和上地幔的平均 S 波速度（图 3. 37、图 3. 38）。

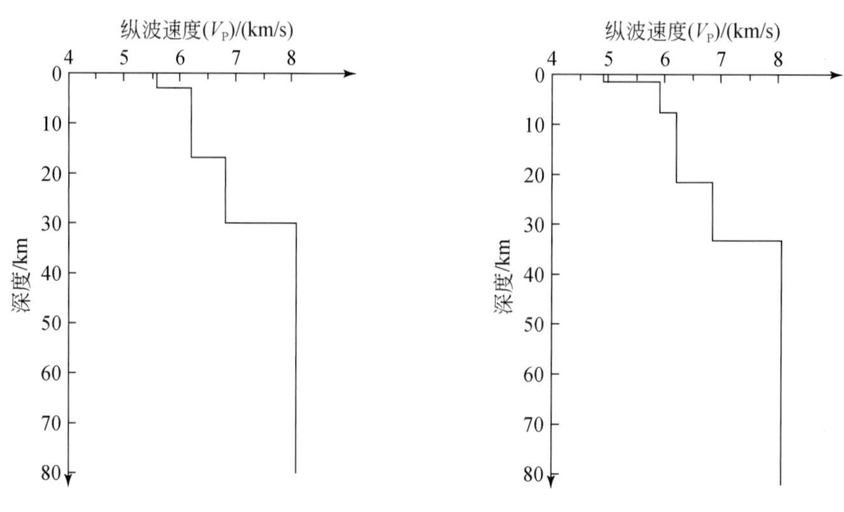

图 3. 37　江西地区地壳及上地幔速度模型　　图 3. 38　福建地区地壳及上地幔速度模型

其中江西地区取永平爆破人工地震得到的地壳及上地幔 P 波速度模型，再将 P 波速度按地壳取 V_P/V_S = 1. 73 转换为 S 波速度，构建初始模型（图 3. 37）。福建地区取福建省地震局陈祥熊等（2005）给出的综合一维平均速度结构模型，再将 P 波速度按地壳取 V_P/V_S = 1. 73 转换为 S 波速度，构建初始模型（图 3. 38）。由初始速度模型计算理论接收函数，用理论接收函数拟合远震 P 波波形提取的实测接收函数，以二者之间的均方根误差最小为准则，对 S 波速度模型进行反复修改，直至得到最终反演解。反演中采用 Kennett（1983）广义反射透射理论地震图方法来计算理论接收函数，利用 Randall（1989）发展的快速算法来计算微分地震图，同时引入跳动算法（Constable *et al.*，1987）和模型光滑度约束（Ammon *et al.*，1990），在波形拟合精度与模型跳动幅度之间取折中，以获得较为合理的 S 波速度模型。

在反演之前，我们将每个台站的接收函数做线性叠加，以提升信噪比，然后进行反演。江西修水到福建厦门测线各台站的接收函数（实线）及相应的拟合波形（虚线）如图 3. 39、图 3. 40 所示：

由波形拟合图可以看出，反演计算的理论波形与实测的接收函数波形拟合得比较好，表明结果相对可靠，但是值得注意的是，接收函数反演问题是非线性的，反演结果有很大的不唯一性，这值得以后进一步研究。图 3. 41 及图 3. 42 为反演得到的各台站 S 波速度结构图。

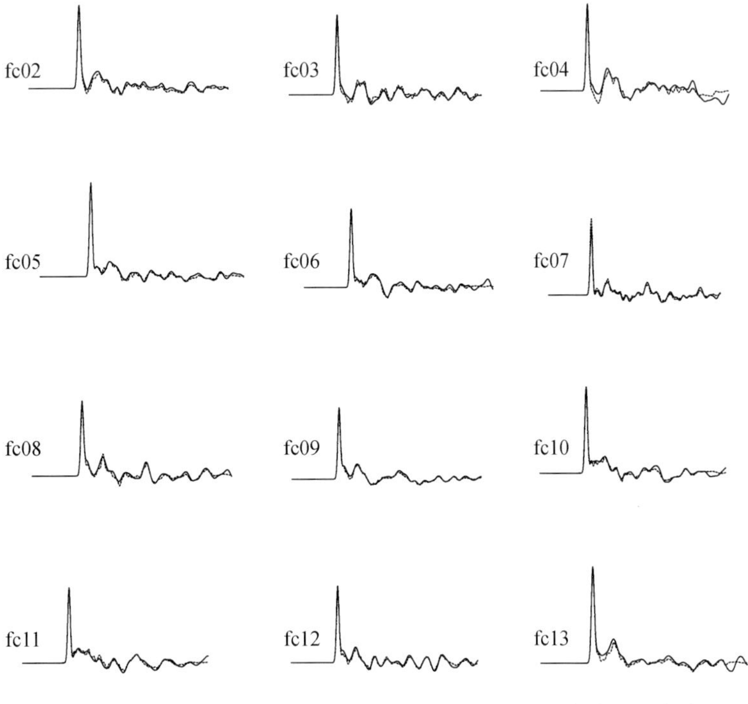

图 3.39　福建各台站接收函数（实线）及相应的拟合波形（虚线）

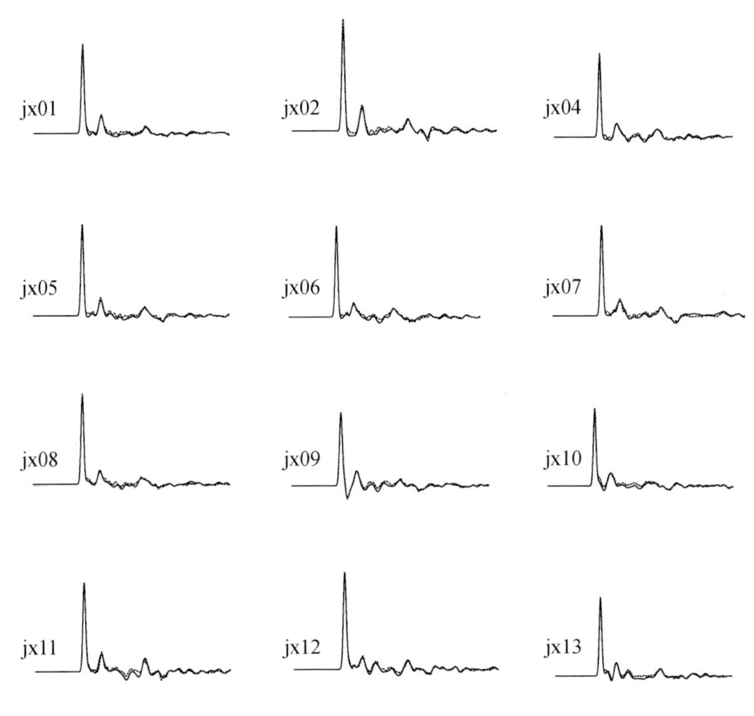

图 3.40　江西各台站接收函数（实线）及相应的拟合波形（虚线）

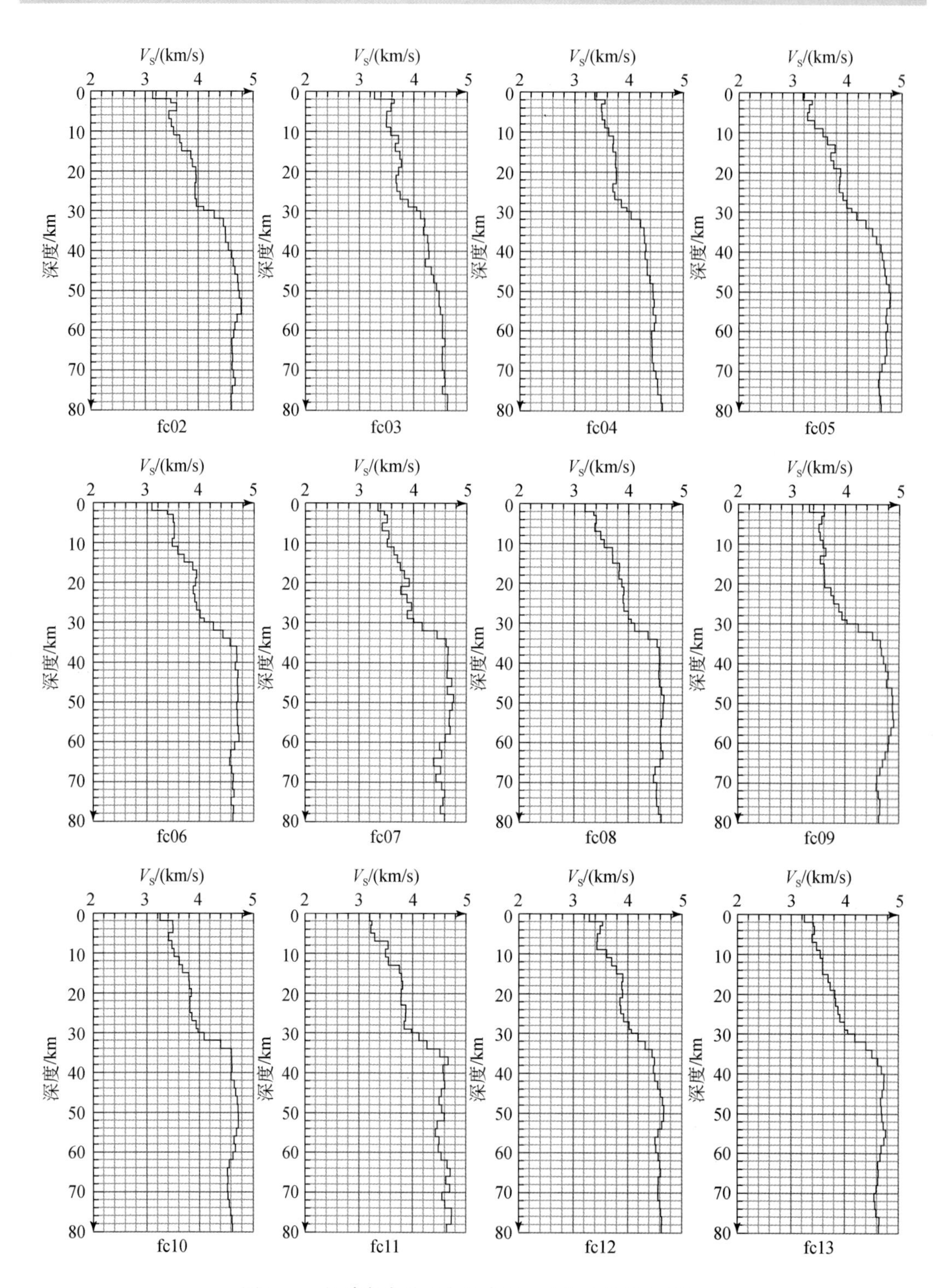

图 3.41 福建各台站下方地壳和上地幔 S 波速度结构

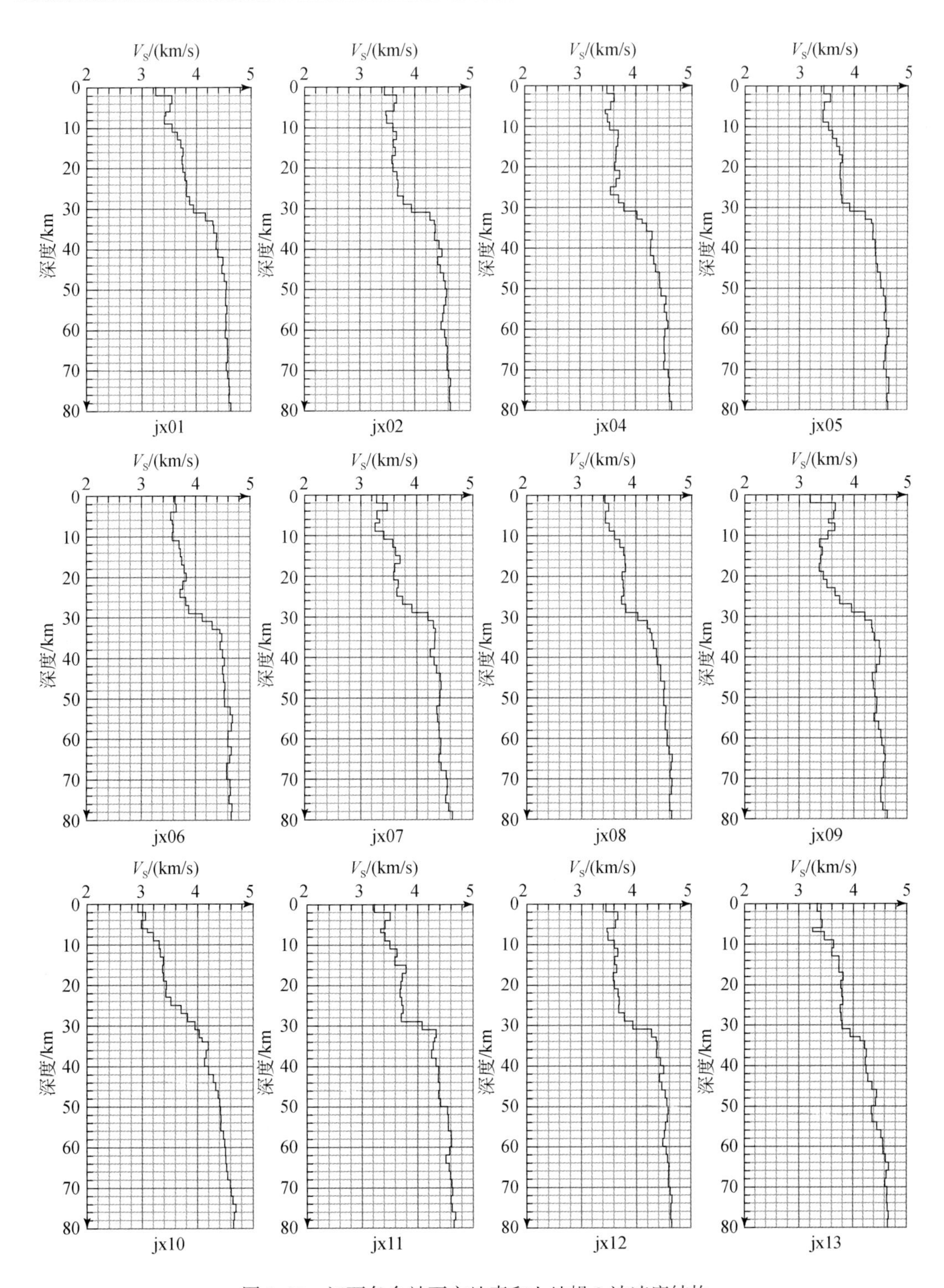

图 3.42　江西各台站下方地壳和上地幔 S 波速度结构

为了能更直观地显示出地壳及上地幔速度结构，我们将各台的速度结构数据进行横向插值四次，再网格化成图，得到测线方向 0～80 km 的 S 波速度剖面图，如图 3.43 所示。

由速度剖面图可大致将测区地壳分为上地壳和中、下地壳两层结构，上地壳S波速度一般小于3.6 km/s，厚度约10 km，中、下地壳从10 km左右到莫霍面，S波速度由3.6 km/s到3.9 km/s，其中，jx09和jx10台站下方10 km到超过20 km，有厚十几千米的低速区（S波速度3.5 km/s）。福建地区和测线的最西北端的中、下地壳速度达到3.8 km/s到3.9 km/s，高于江西中部和东南部地区中、下地壳的S波速度3.6 km/s到3.8 km/s。整个测线下方莫霍面基本都是清晰的速度间断面，S波速度由3.9 km/s突变到4.1 km/s，莫霍面深度在30 km左右，起伏平缓，在福建沿海fc02和fc03台站下方最浅，约29 km，在测线西北端的九岭山下方莫霍面最深，约34 km。整条测线的上地幔S波速度在4.1 km/s到4.9 km/s之间变化，其中fc05到fc13的武夷山地区上地幔35 km到65 km的S波速度普遍大于4.6 km/s，高出测线其他地区同样深度范围的S波速度；fc03和fc04台站的上地幔30 km到80 km范围内S波速度都较低，不超过4.6 km/s。

由S波速度结构反演结果获得以下主要认识：

（1）测线下方的莫霍面表现为清晰的速度间断面，地壳厚度变化不大，莫霍面起伏平缓，沿海最浅，约29 km，测线西北端九岭山地区莫霍面最深，约34 km。

（2）江绍断裂附近的中下地壳有厚十几千米的低速区，可能指示该地区中、下地壳的长英质岩石受到强烈的构造作用发生韧性变形。

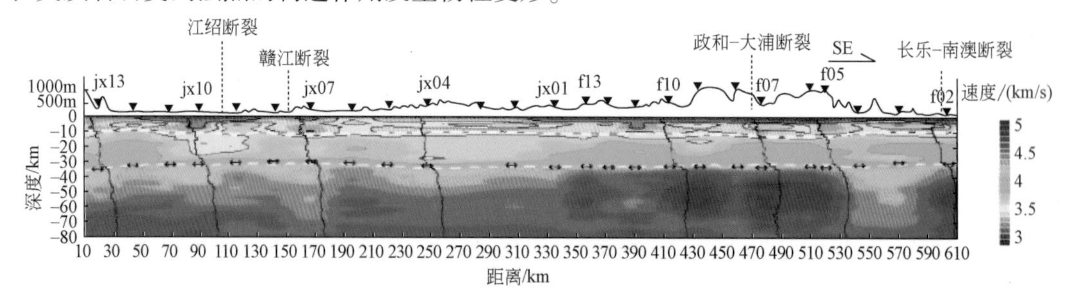

图3.43 福建–江西地壳及上地幔S波速度结构图

（3）江西中部和东南部地区的中、下地壳S波速度横向变化小，指示该区域构造作用较弱或构造作用集中在地壳浅层。而在测线西北端的江绍断裂以北地区，中、下地壳S波速度横向差异大，说明构造作用强烈，且深及中、下地壳。

（4）福建东部漳州及其以西的附近地区，下地壳及上地幔顶部有相对低速区域，可能是该地区上地幔热量较高，地幔物质侵入下地壳，使得下地壳发生部分熔融。

（五）远震P波层析成像

1. 福建厦门–江西宜丰剖面

利用福建厦门–江西宜丰剖面的26个宽频带流动数字台站（NJU-FJ和NJU-JX）记录到的地震数据，同时收集福建地震台网（FJ-NET）36个固定数字台及台湾宽频带数字地震台网（BATS）的七个固定地震台站的数据，共69个台站（图3.44），平均记录时间在八个月以上，进行了体波层析成像研究。

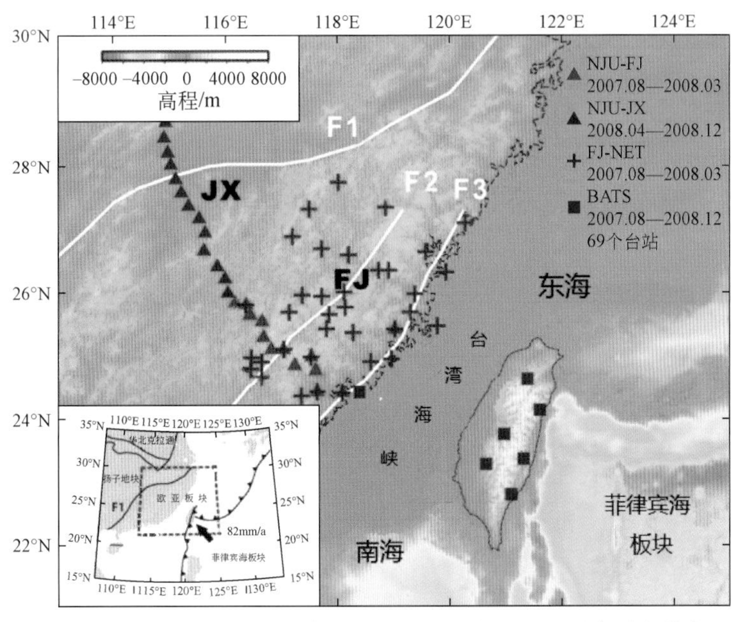

图 3.44 远震 P 波层析成像研究所用的 69 个地震观测台站的分布

F1. 江绍断裂；F2. 政和-大浦断裂；F3. 长乐-南澳断裂；JX. 江西省；FJ. 福建省

这些地震观测台站记录到的、震中距在 26°～90°范围的、震级大于 5.5 级（图 3.45），至少同时被五个台站记录到的地震事件被用于层析成像研究。通过对约 2 万条地震记录的手动筛选（图 3.46），最终获得了 257 个远震事件产生的 5671 个 P 波到时，拾取地震到时的误差约为 0.1～0.2 s。这 5671 条地震射线在研究区（≤700 km）交叉良好（图 3.47）。

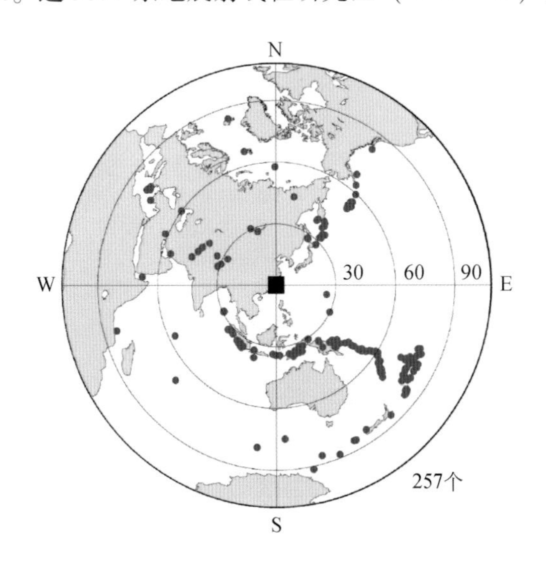

图 3.45 层析成像研究所用 257 个远震分布

黑色方框表示台站位置；蓝圈表示地震位置；大圆表示震中距

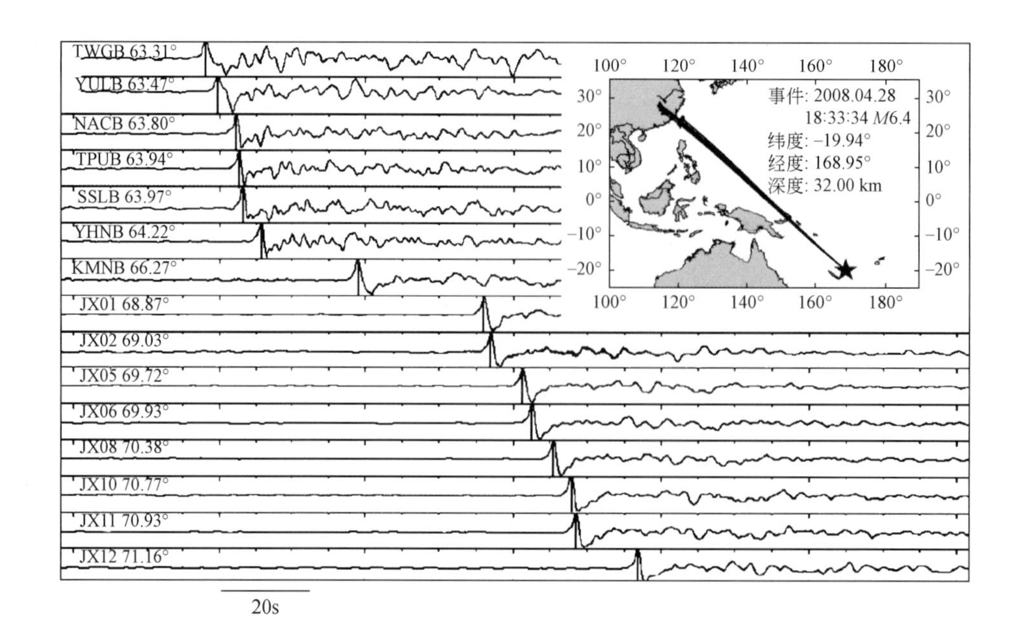

图 3.46 远震 P 波到时的手动拾取实例

地震和台站位置见插图，各个记录上标明了台站名称和相应震中距；黑色竖线标明一手动拾取的震相位置；时间标尺在图底部

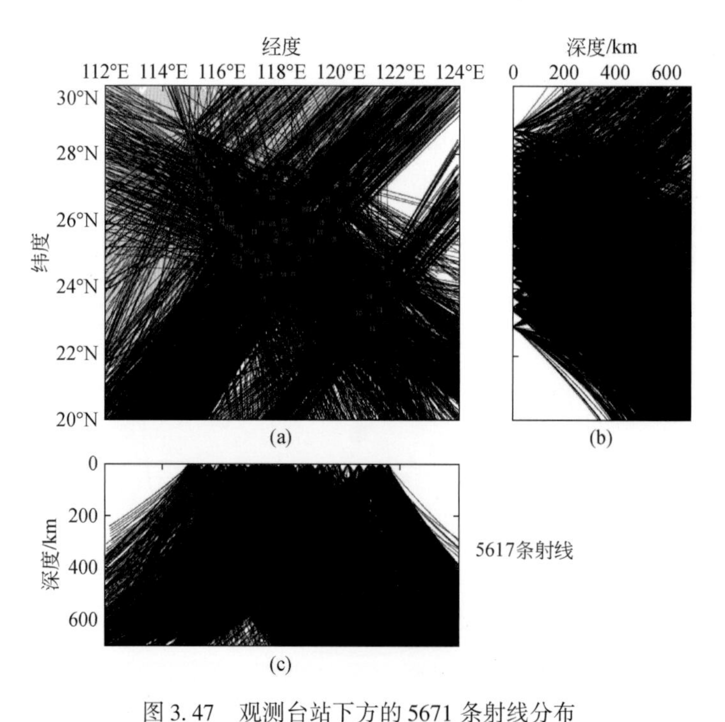

图 3.47 观测台站下方的 5671 条射线分布

（a）地震射线在水平面上的投影；（b）地震射线在南北向剖面的投影；（c）地震射线在东西向剖面的投影；红色方框表示观测台站位置

采用 Zhao（1994，2006）的方法由拾取的观测到时计算相对走时残差。首先，采用 IASP91 模型计算各地震射线的理论走时 t_{91}，并通过和实际观测走时 $t_{obs}=t_{arrival}-t_{origin}$ 的比较获得每个地震射线的走时残差 $r=t_{obs}-t_{91}$。对某一地震事件，将各个台站记录的走时残差减去所有台站走时残差的平均值，得到了各个台站记录的相对走时残差（图 3. 48）。

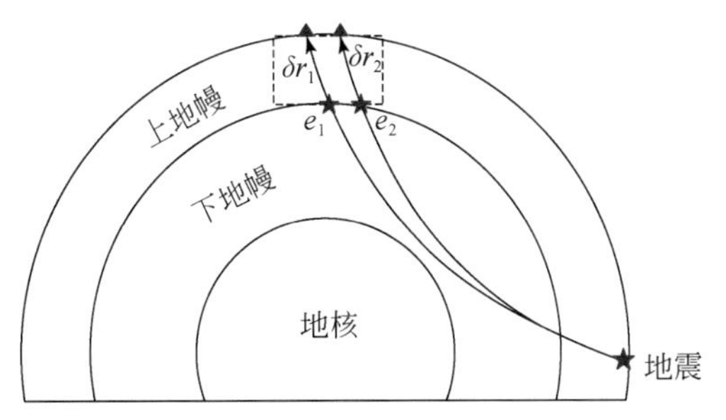

图 3. 48　远震相对走时残差的表示

设定待求的速度模型空间（图 3. 48 中的虚线框），将远震射线与模型空间底部或四周的交点作为虚拟震源（e_1，e_2）。每个地震产生的在各个台站的相对走时残差被认为是虚拟震源到相应台站的走时残差。这样，就把远震层析成像问题转化为近震层析成像反演。

如果仅采用远震相对走时残差进行地震层析成像的反演，地震射线在近地表（地壳内）都几乎是垂直入射而没有交叉，因此无法反演地壳内的速度结构。而在中国东南沿海，地壳厚度约为 30 ~ 36 km，具有较大的横向差异，并且地壳内的速度也有较强的横向变化，这可能会影响上地幔地震层析成像的反演结果。因此，我们这里采用 Crust 2. 0 速度结构对获得的地震到时进行校正，以尽量消减地壳厚度、速度不均一性对反演结果的影响。在用 IASP91 模型计算理论走时 t_{91} 时，对于地壳内的走时，用 Crust 2. 0 模型取代 IASP91 模型的地壳部分，即 $t_{91}'=t_{91}-t_{c91}+t_{c20}$（图 3. 49）。

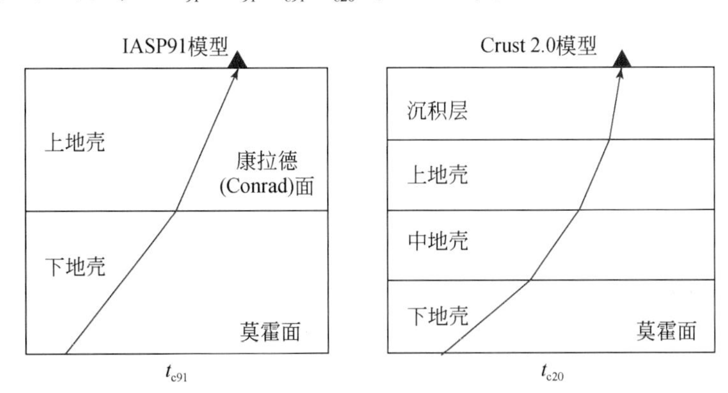

图 3. 49　Crust 2. 0 壳内走时校正

地壳校正前后各个台站的平均相对走时残差的分布如图 3. 50 所示。地壳校正前后，各台站记录到的平均走时残差整体样式保持一致，但很多台站平均走时残差的数值发生了较大变化。在地壳校正后，平均走时残差的分布规律和趋势相对更加明显。

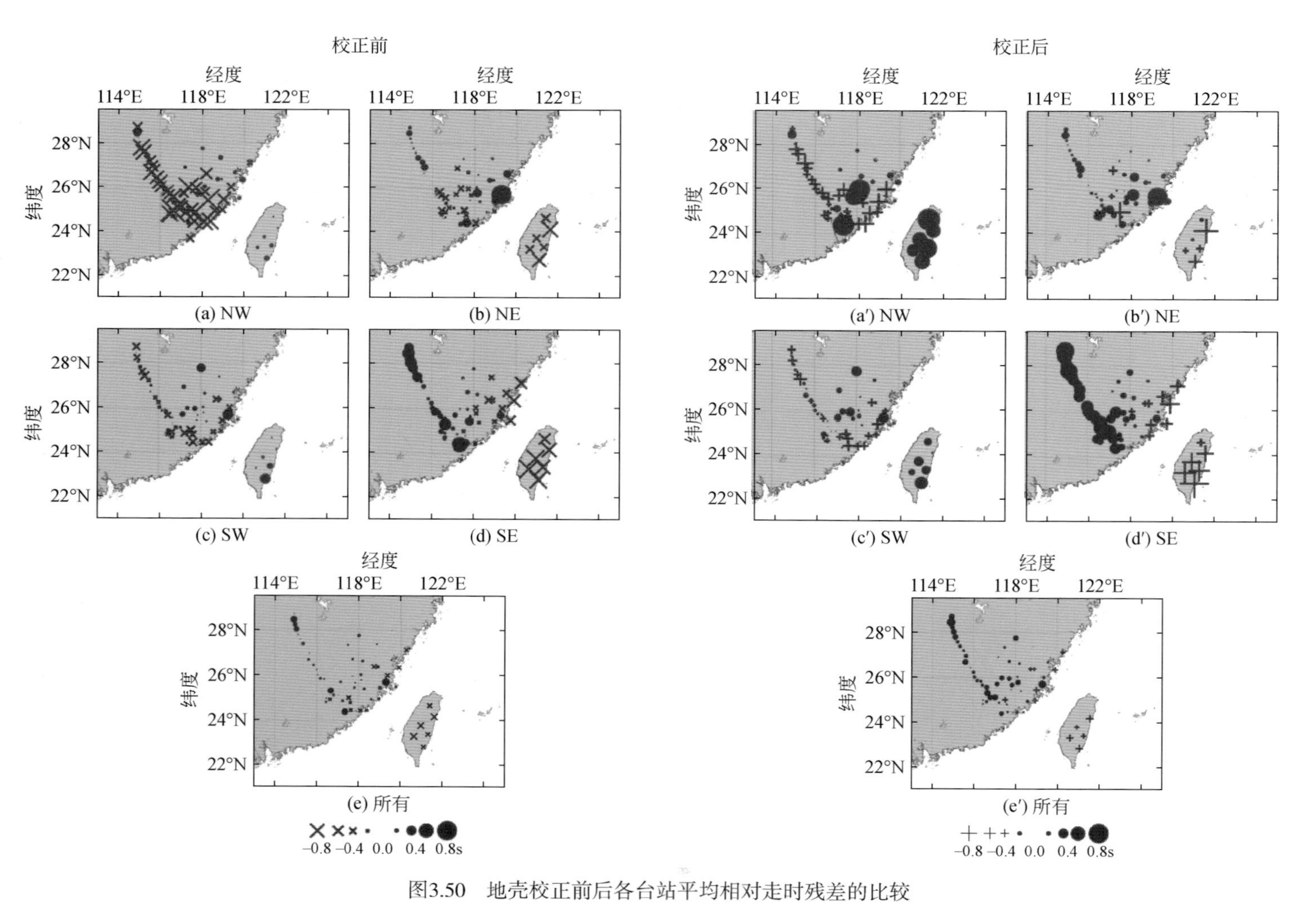

图3.50 地壳校正前后各台站平均相对走时残差的比较

（a）~（d）及（a′）~（d′）表示各个方向入射的地震射线的平均相对走时残差；（e）及（e′）表示所有地震射线的平均相对走时残差

整体上讲，从西边入射的地震射线，在靠近西侧的台站上的平均走时残差为负值，在东侧台站上为正值；从东边入射的地震射线则刚好相反，在东侧的台站上为负值，而在西侧的台站上为正值（图3.50）。这表明在研究区台站下方的速度结构具有强烈的横向差异。对于走时残差为负的，其地震射线路径上必定存在高速异常；而走时残差为正的，地震射线经过了低速异常。从我们的结果可以明显看出，在中国大陆内部和台湾下方，具有显著的高速异常物质，而介于两者之间的中国东南沿海及台湾海峡下方存在很强的低速度异常物质。

测试了一系列的阻尼系数和平滑系数，最终选择的阻尼系数为20（图3.51），这既保证了能有效地降低地震射线的走时残差，又确保了速度模型相对是平滑的，没有尖锐的速度异常出现。反演前后走时残差的分布的比较表明，我们的数据反演明显降低了走时残差的均方根（图3.52）。

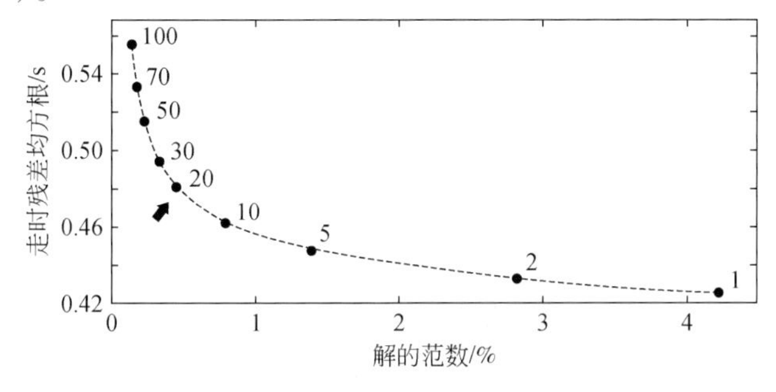

图3.51　Trade-off曲线

横轴表示速度模型的平滑度，纵轴表示反演后的走时残差的均方根。曲线上各数值表示相应的阻尼系数

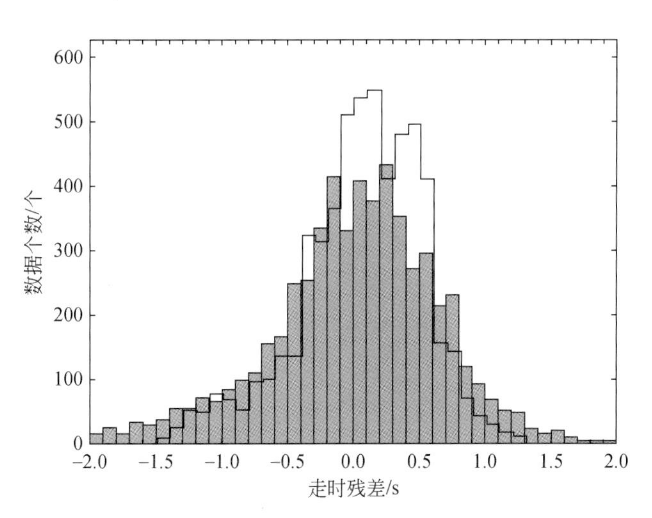

图3.52　层析成像反演前后的走时残差分布

灰色背景表示反演前，黑色线条表示反演后

为了确认反演结果的可信度，采用了两种分辨率测试方法：检测板分辨率测试（checker board resolution test，CRT）和还原分辨率测试（restore resolution test，RRT）。

检测板分辨率测试是很常用的一种理论测试。首先在设定的网格点上加入交错的±3%的速度异常，并用该速度模型计算各地震射线的理论走时。通过对理论走时的反演，我们观测各个网格点设定的速度异常是否被完好的恢复了。在测试的过程中，使用的地震台站、地震事件及记录数都与真实反演完全相同。这保证了检测板分辨率测试的结果真实地表明了上述反演结果的可靠性。我们进行了各种不同网格设置情况下的测试结果，最终选择了横向间距为约 100 km、深度上 50 ~ 100 km 为最终的网格设置。结果表明，在≥200 km 深度，原先的检测板样式被完好地恢复了；而较浅部，仅在台网下方的网格点得到了较好的恢复（图 3. 53）。

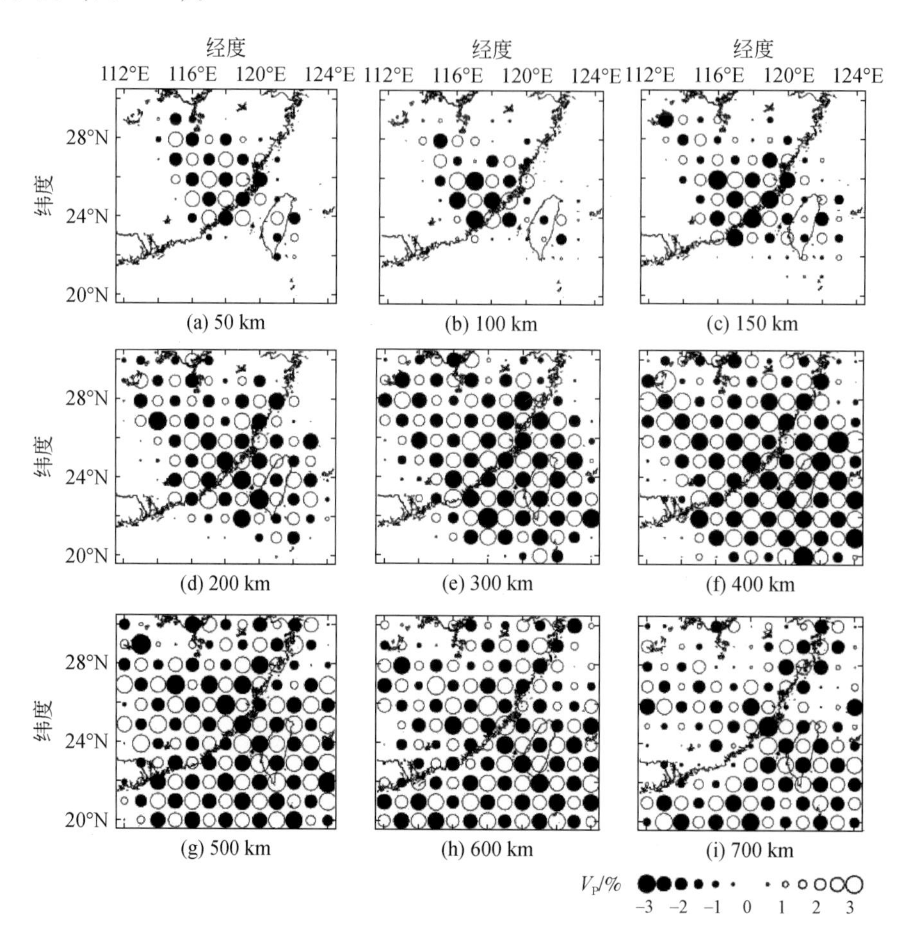

图 3. 53　检测板分辨率测试结果

黑色和白色分别表示低速和高速异常。速度异常的尺度见右下角

还原分辨率测试是另一种常用的理论测试方法。这个测试与检测板分辨率测试基本相同，只是真实的反演结果被当成输入的理论模型。反演结果中高于±1. 5% 的异常被设置成±3%，介于±1. 5% 之间的异常被归零。还原测试也表明反演结果中的主要特征都得到了很好的恢复（图 3. 54）。这些理论的测试表明通过上述地震层析成像反演获得的研究区上地幔速度结构的主要特征是可信的。

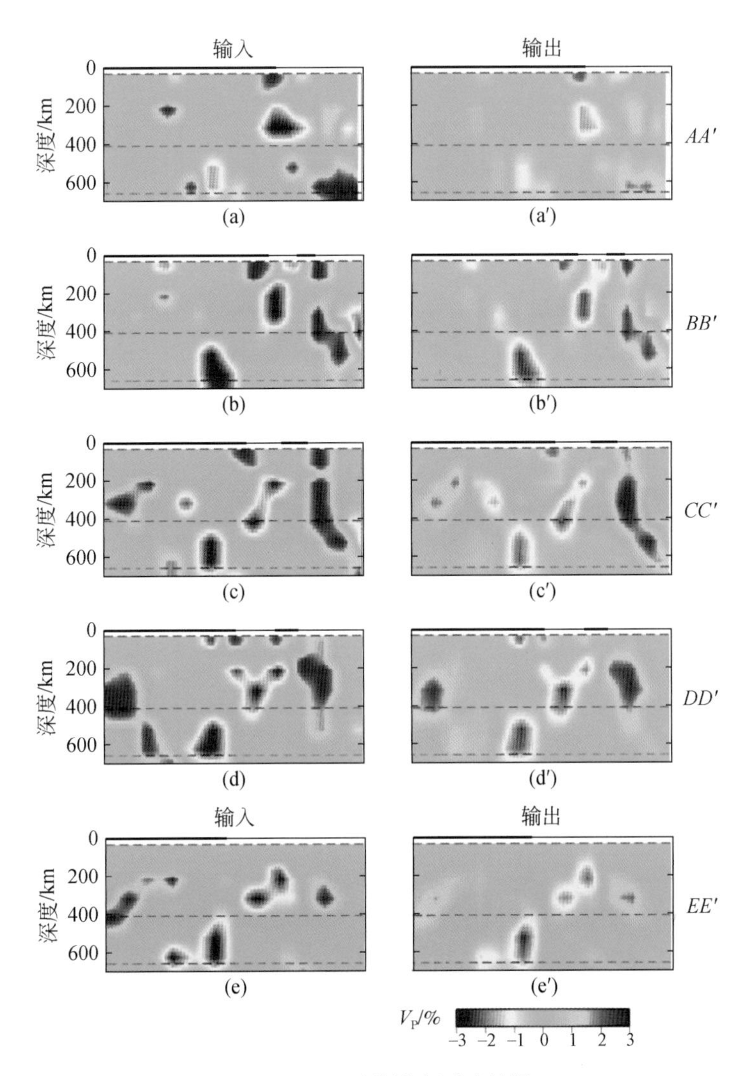

图 3.54　还原分辨率测试结果

速度标尺：红色代表低速，蓝色代表高速；顶部黑色粗线条表示陆地位置。剖面位置见图 3.56

图 3.55 和图 3.56 是通过远震地震层析成像反演获得的中国东南沿海及邻区上地幔速度结构。例如，通过对相对走时残差分布的分析，得到了华南大陆内部和台湾下方明显的高速异常及沿海、台湾海峡下方的低速异常。此外，沿海上地幔顶部表现为显著的高速异常。

华南大陆东南边缘的高速异常，存在于 50 km 和 100 km 两个平切片，在 150 km 基本消失，限定了岩石圈地幔的厚度。主要沿台湾海峡分布，出现于 200 ~ 400 km 深度范围的低速异常，限定了软流层的厚度。500 km 和 600 km 平切片显示，上述分布于台湾海峡的低速带，在更大深度范围深入华南大陆内部，在 700 km 平切片，武夷山下方存在孤立的低速异常。上、下两个低速异常区在平面上位置不完全对应，上下也不连续。

存在于 100 ~ 300 km 两个平切片的高速异常，限定了菲律宾海板块的空间位置和俯冲深度。上述结果可从剖面图 3.56 上进一步观察。

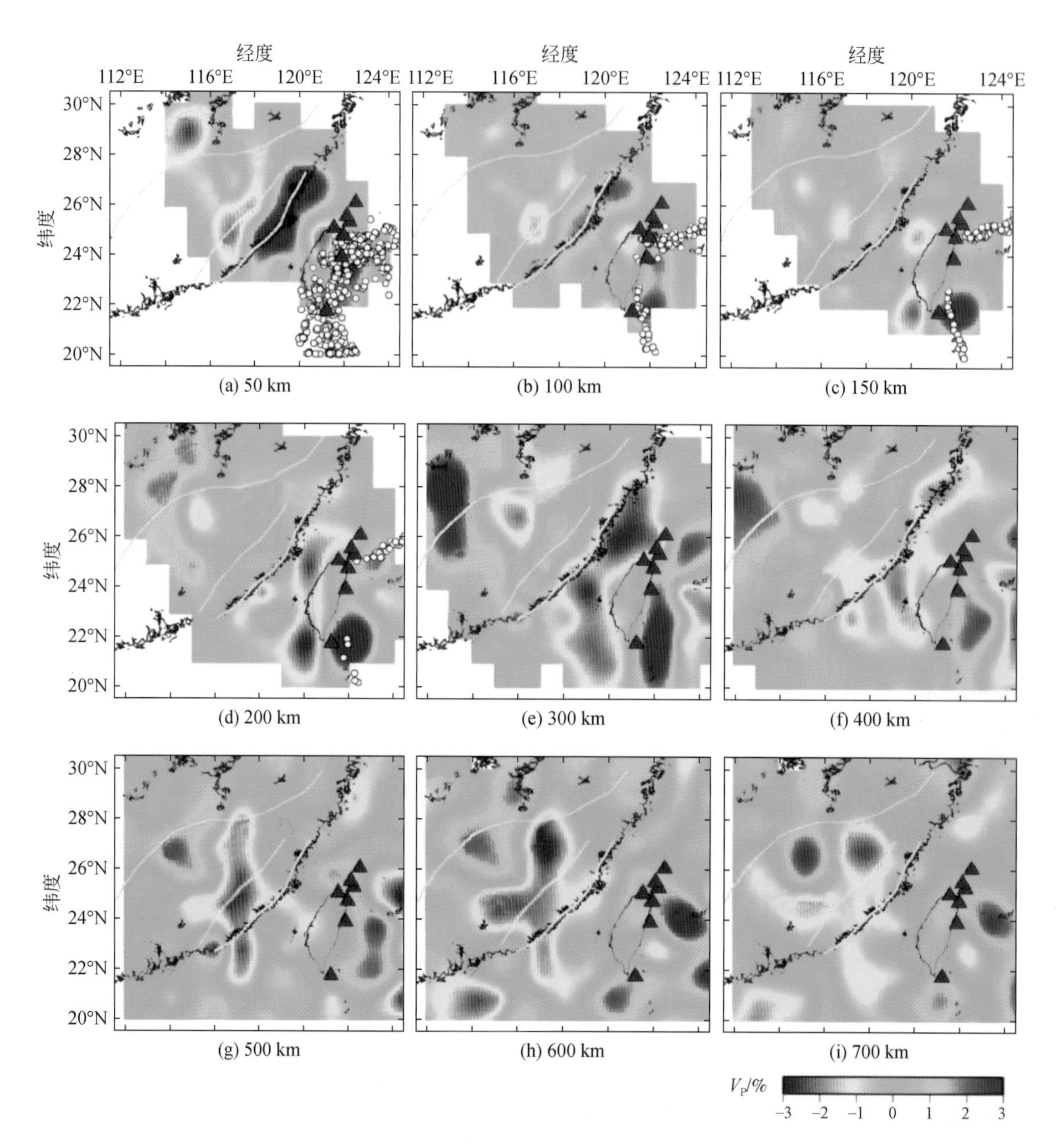

图 3.55　上地幔层析成像结果不同深度剖面结果

速度标尺在右下角，红色代表低速，蓝色代表高速；图中红色三角形表示火山，白色圆圈表示地震震中；黑色细线表示海岸线和省界，灰色粗线条表示主要断裂

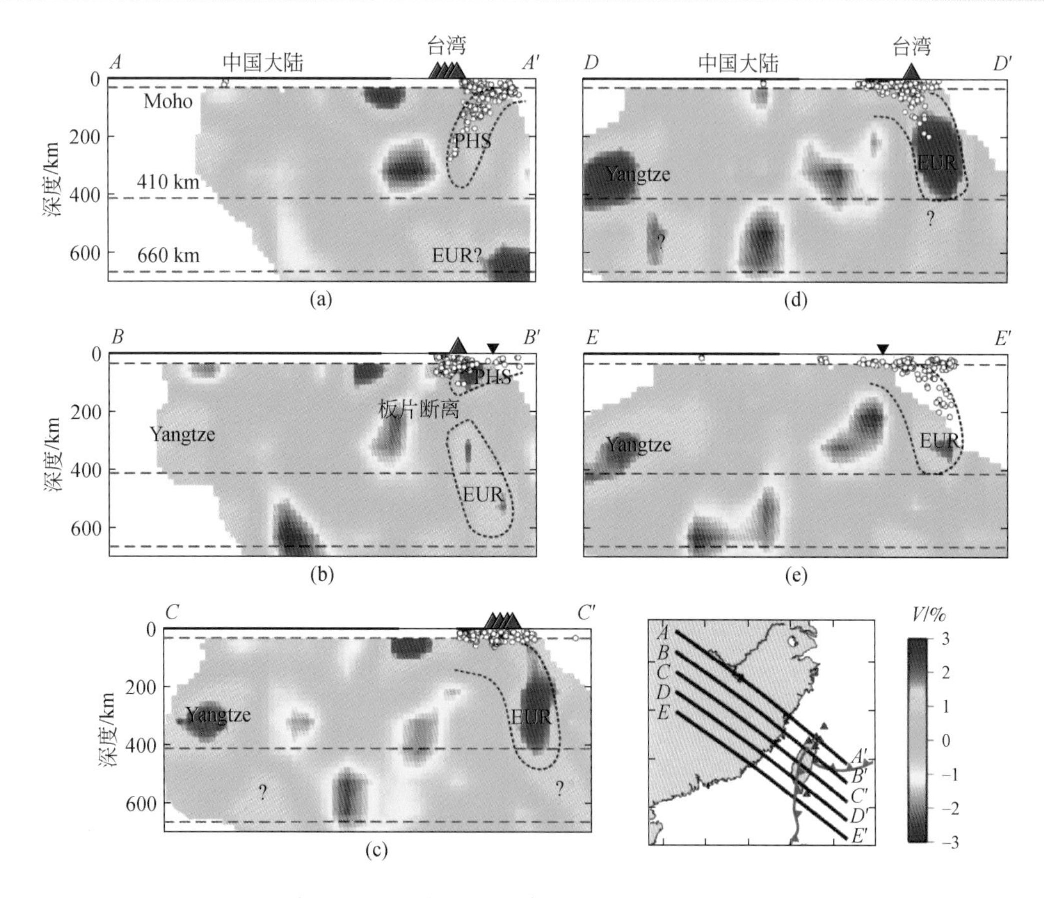

图 3.56 上地幔层析成像结果沿不同剖面的图像

速度标尺在右下角，红色代表低速，蓝色代表高速；红色三角形表示火山，白色圆圈表示地震分布；顶部黑色粗线条表示陆地位置。剖面位置在右下角。Yangtze. 扬子地块；EUR. 欧亚板块；PHS. 菲律宾海板块

2. 沿海剖面及台湾海峡邻区的层析成像

沿海剖面及台湾海峡邻区的层析成像使用赵大鹏的计算程序和基本相同的处理流程。

反演使用了沿海剖面宽频带流动观测台站和海峡两岸（福建地震台网和台湾地震台网）的固定台网记录到的天然地震波形数据，共计 258 个台站（图 3.57），包括 718 个远震事件（图 3.58）和 7553 个近震事件（图 3.59）。其中满足一个地震事件至少被五个台站接收，近震定位前后误差不超过 10 km 的地震事件才被选中参与反演，采取人工拾取 P 波初动到时的方法，共获得 P 波远震射线 9795 条（图 3.60），近震射线 29931 条（图 3.61）。

反演时采用的格点分布在研究区域内 1°×1°，而周缘采用 2°×2°格点设置。一维初始速度模型采用如图 3.62 所示的一维 P 波随深度变化的速度分布，速度模型参考了 Rau 和 Wu（1995）的文章。莫霍面设置参考了刘光夏（1990）及陈祥熊等（2005）的文章。

为了选取层析成像反演中最佳的阻尼参数，作者试用了不同的参数值来试验，其 Trade-off 曲线图，如图 3.63 所示。图 3.63 中空心圆圈示试验过程中采用的阻尼系数，实心圆圈示最终层析反演中采用的最佳阻尼系数，即阻尼系数为 20。

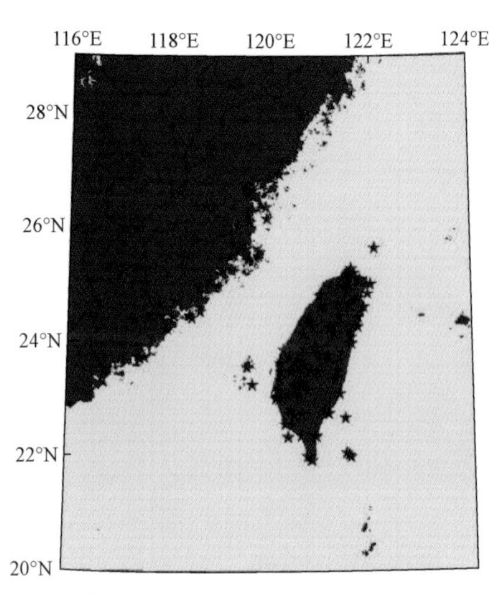

图 3.57　包括沿海 20 个流动台在内的 258 个台站分布图

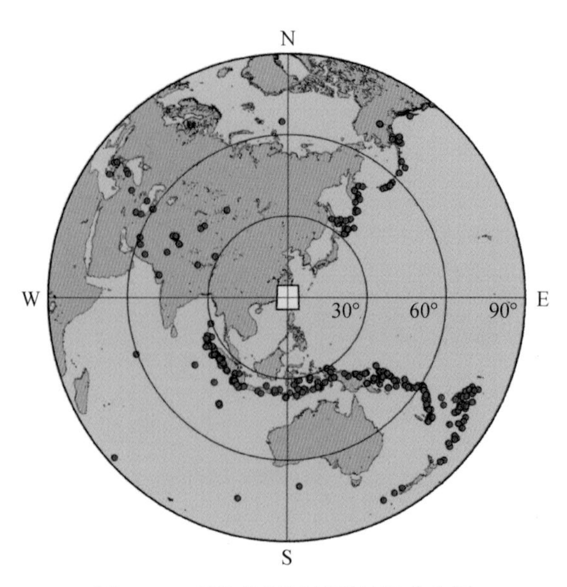

图 3.58　反演使用的远震地震分布图

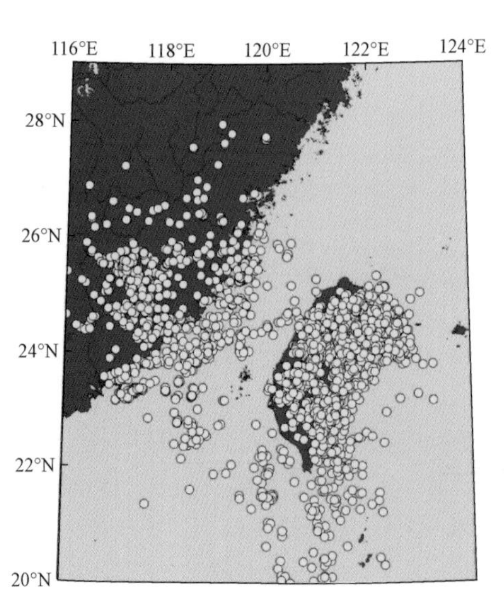

图 3.59　近震地震分布图

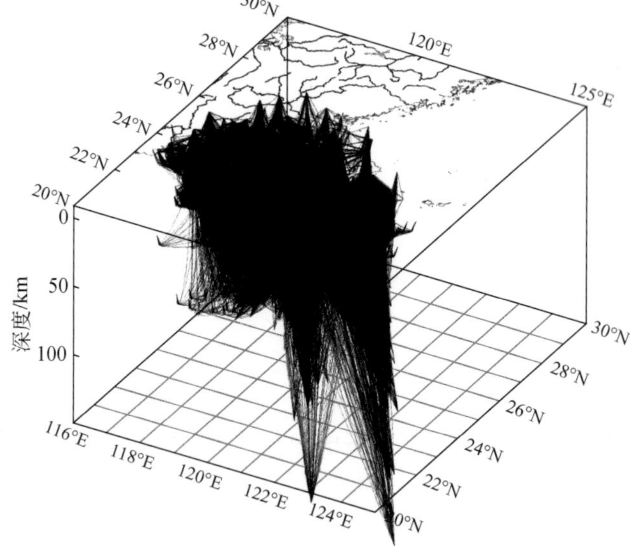

图 3.60　远震地震射线分布图

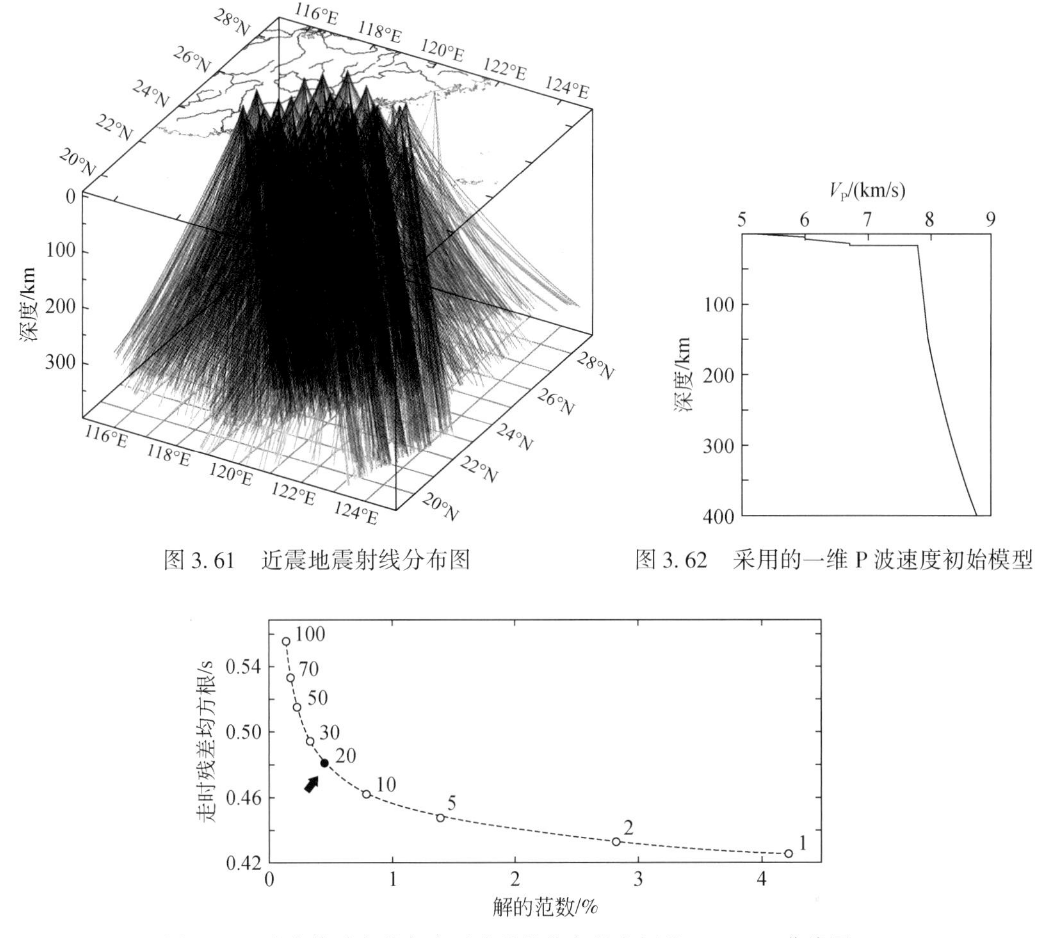

图 3.61　近震地震射线分布图

图 3.62　采用的一维 P 波速度初始模型

图 3.63　速度扰动变化与走时残差的均方根之间的 Trade-off 曲线图

分辨率测试使用检测板方法（Humphreys and Clayton，1988；Zhao *et al.*，1992）。在模型空间的 3D 格点处设置正负相间的速度扰动，即每一格点的速度扰动与其周围八个格点速度大小相等，正负相反。本研究采用了±3%的相对速度扰动。应用检测极分辨率检测方式，可以给出直观的检测效果。如果反演的速度扰动也是正负相间的，且相对速度扰动越接近±3%，则表明该地区的分辨率越高，否则，分辨率越低。

对输入模型的反演结果（即检测结果）表明，中国大陆和台湾岛的大部分地区都有较高的分辨率，尤其在浅部表现较明显。越往深，分辨率逐渐升高，并且区域逐渐扩大，到 400 km 深度分辨率整体水平降低，表明垂直穿过该层的射线数逐渐减少。

图 3.64 都分别给出了 10 km、25km、60 km、100 km、150 km、200 km、250 km、300 km、350 km 和 400 km 深度的水平切片。

图 3.64 显示，在 60 km 之上欧亚板块表现为高速异常块体，在 100～200 km 出现的高速异常块体对应菲律宾海板块，再向深部研究区总体显示了低速特征。这与 Huang 和 Zhao（2006）的体波层析成像结果在 110 km 深度以上的图像相似。而在深部，均以低速

特征为主，尤其在250 km深度以下，在台湾岛东部和北部表现得较为明显。

水平切片显示了以高速异常表征的欧亚岩石圈板块和菲律宾海板块的前缘位置、占据的空间范围和就位深度，从不同深度的平面切片图上可以看出，欧亚板块主体位于60 km之上，底界不超过100 km，菲律宾海板块在100～200 km。在250 km深度以下，至400 km深度（计算层析成像的最大深度），300 km、350 km及400 km切片均显示台湾海峡及邻区总体上以连片低速特征，表明已进入软流圈。

沿24°～27°N（纬向）垂直切片显示，欧亚板块向台湾岛西缘之下俯冲，而菲律宾海板块表现为水平向的高速异常，位于深度100 km到200 km之间。在越过26°N，即台湾岛以北，表征菲律宾海板块的高速块体逐渐消失，而代表欧亚板块的高速块体依然存在，但俯冲的趋势已不明显，如图3.65所示。

沿121°E和123°E的（径向）垂直切片显示。剖面121°E显示了，在台湾岛之下22°～25°N，100 km深度到200 km深度之间有一个高速体，推测它可能是俯冲到台湾岛之下的欧亚板块的一部分。再向北，100 km之上的明显的高速体，可能是太平洋板块（图3.65）。

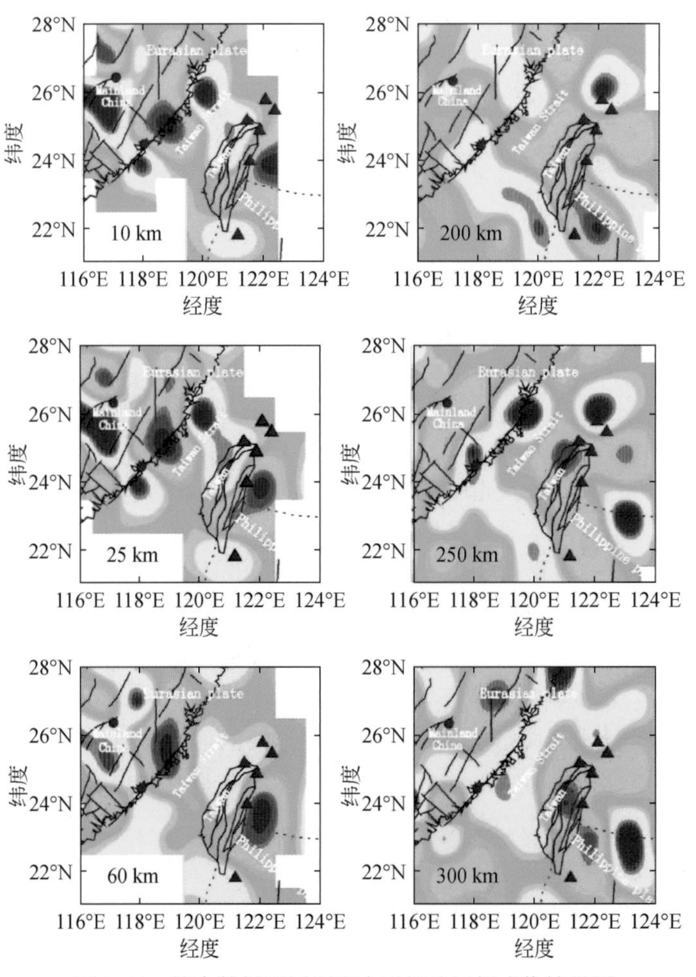

图3.64　综合数据不同深度水平切片层析成像结果图

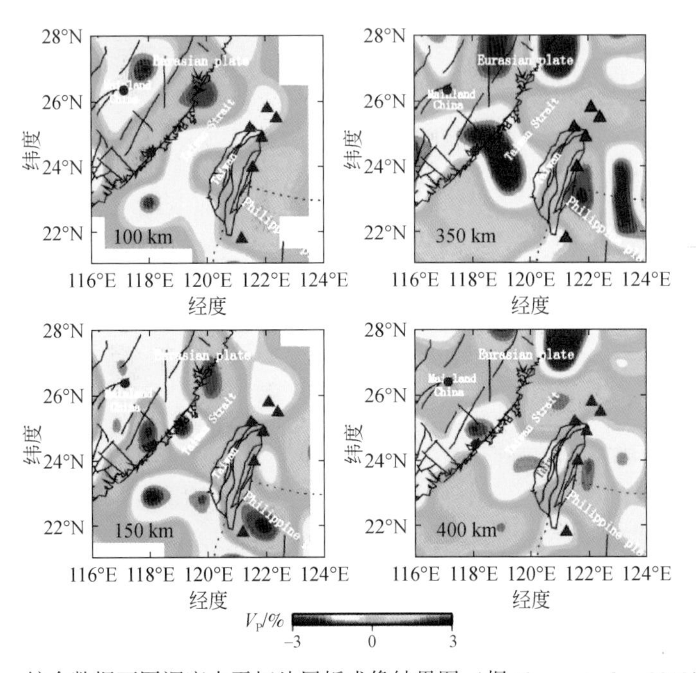

图 3.64 综合数据不同深度水平切片层析成像结果图（据 Zheng *et al.*，2013）（续）

Eurasian plate. 欧亚板块；Mainland China. 中国大陆；Taiwan Strait. 台湾海峡；Taiwan. 台湾岛；Philippine plate. 菲律宾海板块

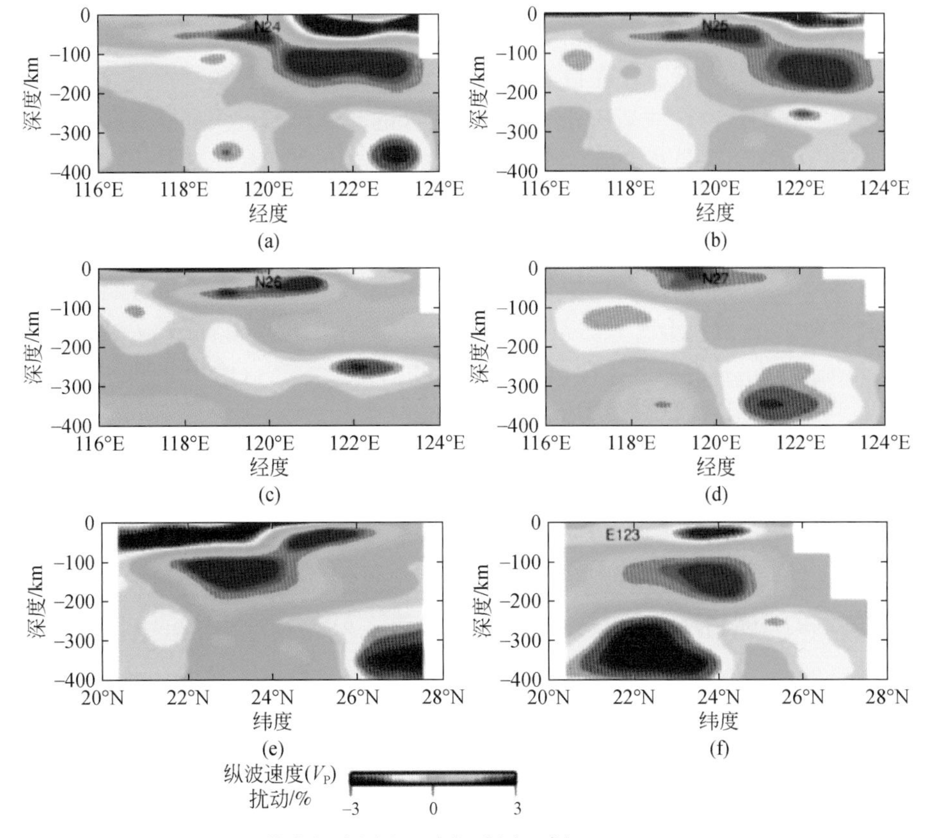

图 3.65 纬度切片图和经度切片图（据 Zheng *et al.*，2013）

（a）~（d）为东经 121°~123°剖面层析成像结果图；（e），（f）北纬 24°~27°剖面层析成像结果图

剖面 123°E 显示的位于台湾岛之下 100 ~ 200 km 深度范围的近水平高速块体可能是菲律宾海板块插入台湾岛下的部分。

中国东南沿海最显著的异常特征是上地幔广泛分布的低速异常。

在更大的空间尺度上，Huang 和 Zhao（2006）提供的 P 波地幔层析成像剖面显示研究区夹持于印度板块高速异常、菲律宾海板块（台湾岛东部下方）和太平洋板块高速异常之间（马里亚纳海沟下方）。这些高速异常指示俯冲板块前缘已经穿过了地幔转换带并进入了下地幔。俯冲板片的下插可能驱动了在中国东南部和菲律宾海下方的地幔上升流，从而导致这两个地区上地幔广泛的低速异常。

两条剖面的地震层析成像切片结果都显示中国大陆东南部上地幔中存在两个彼此独立的低速异常体，一个出现在内陆地区，另一个更显著地出现在沿海及台湾海峡下方。此外，在地幔转换带中还存在更大范围的低速异常体，并似乎可将较浅的两个低速异常连接起来。

这些存在于上地幔深度范围的低速异常在内陆地区埋深较大且不明显，向沿海方向变浅且相对明显。政和–大埔断裂以东的低速异常更为明显（100 ~ 350 km），政和–大埔断裂以西的内陆地区的低速异常较弱（位于 300 km 以下）。两个低速异常体可能反映了华南地区两期比较强烈的（早燕山期及晚燕山期）火山岩活动（内陆地区为 180 ~ 142 Ma，沿海地区为 142 ~ 67 Ma）的深部起源，并暗示中国大陆东南部的高热及薄岩石圈的形成有很深的、更大规模的地幔动力学背景。

台湾海峡及邻区三维速度结构图像直观显示了菲律宾海板块与欧亚板块汇聚的空间位置关系和俯冲板片的几何状态。在台湾下方的上地幔中存在明显的高速异常，结合台湾地区的地震分布，我们认为这些高速异常反映了俯冲的菲律宾海板块和欧亚板块岩石圈。将剖面（图 3.56）和沿北纬22° ~ 25°（图 3.65）的垂向切片联系起来看，在台湾南部，欧亚板块（南中国海海洋岩石圈）沿马尼拉海沟向东俯冲，俯冲板块连续延伸到 400 km；图 3.65 沿海剖面纬度切片显示的俯冲角度没有图 3.56 那样高陡。

在台湾中部位置俯冲的欧亚板块板片越过 410 km 间断面，再向北可能已经进入地幔转换带，由于 410 km 的抬升导致台湾东部造地幔转换带的增厚（Ai *et al.*，2007）。

图 3.56 提供了欧亚俯冲板片在台湾下方折断的证据。在台湾中北部，菲律宾海板块向 NW 俯冲，与缓角俯冲的欧亚板块大陆岩石圈发生强烈碰撞，引起欧亚板块断裂，并驱使折断的俯冲板片下部继续下沉（图 3.66）。前面提及，中国东南部上地幔的低速异常可能在晚中生代就已经存在，它一直烘烤上覆的欧亚板块岩石圈，降低了岩石圈强度。所以在与菲律宾海板块的相互作用中，很容易会发生断裂。欧亚俯冲板块折断造成台湾东北部岩石圈出现一个缺口，菲律宾俯冲板片沿这个弱化带俯冲到了欧亚板块下方。该缺口还作为上涌通道将来自更深源区的地幔热物质向台湾东部输送，高热流支撑台湾造山带的快速隆升。

（六）横波分裂与各向异性

各向异性是地球内部介质变形过程的直接反应，这在全球范围内都普遍存在（Silver and Chan，1996；Long and Silver，2009）。各向异性的形成机制在上地壳、中下地壳与上

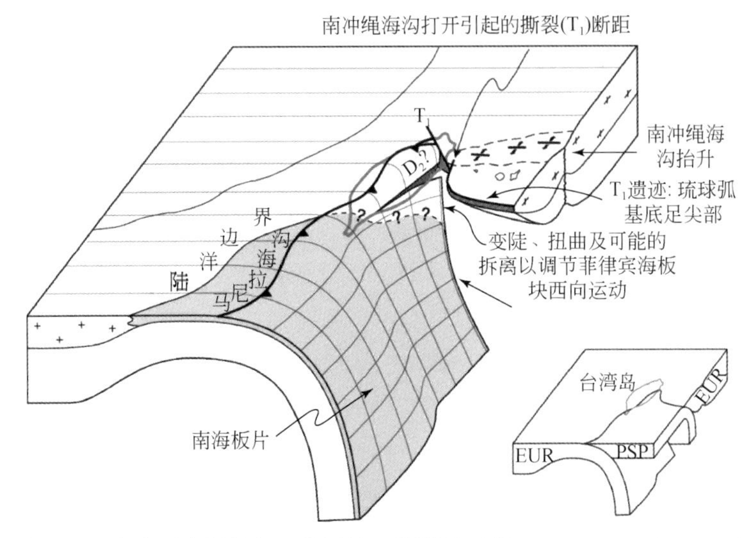

图 3.66　台湾下方板块相互作用的三维模型（据 Lallemand *et al.*，2001）

灰色区域表示欧亚板块的海洋岩石圈（南中国海板块）。EUR. 欧亚板块；PSP. 菲律宾海板块

地幔各有不同。上地壳各向异性通常是由于微裂隙或者流体的定向排列造成的（Crampin，1984），通常与上地壳的应力状态有关；中下地壳及上地幔各向异性则主要由于在应变的条件下矿物的优选定向排列造成（LPO），如云母、长石、橄榄石，通常与地幔的流动方向有关（Zhang and Karato，1995）。正是由于各向异性与应力或者应变的关系，各向异性能够有效地指示构造变形过程。横波分裂（shear-wave splitting）是指 S 波在各向异性介质中传播时发生的类似光的双折射的现象，横波会分裂成沿着快轴方向偏振的快波（有较快的速度）和沿着慢波方向（与快波方向相差 90°）偏振的慢波（有较慢的速度）。在实际的地震观测中，如果台站下方没有各向异性，那么将地震记录旋转到径向和切向分量后，切向能量应该近于零，也就是说 S 波信号是沿着径向线性偏振的。相反，如果切向分量有明显的能量，那么表明介质是各向异性的或者有速度结构不均一性。在各向异性情况下，通常能观测到 S 波时窗内椭圆的运动轨迹。通过测量分裂参数（快波方向和快慢波时差）能够很好地描述各向异性的几何形态及强度大小。S 波分裂反映了从地震源区到接收台站整个路径的积分，而通过研究 P-S 转换波分裂，可以将观测到的各向异性约束在转换点到接收台站一侧。

1. 福建厦门–江西宜丰测线

参照美国地震学研究联合会（Incorporated Research Institutions for Seismdogy，IRIS）公布的全球地震目录，首先挑出观测期间发生的震级在 6.0 以上的所有地震，然后根据地震目录寻找观测数据中的地震波形。选取震中距在 85°～145°范围内、波形清楚的 SKS 或者 SKKS 震相（震级一般在 6.5 级以上），或者震源深度超过 180 km，震中距在 40°～82°范围内的直达 S 波。作为对比，也利用震源深度较小的震中距在 40°～82°范围内的直达 S 波来计算分裂参数。一般挑选信噪比大于 4 的地震波形，在计算之前进行滤波，使用无限脉冲响应滤波器，经过双线性变换（一种可以保证模拟滤波器的稳定性的变换）转换为数字滤波器。使用最通用的 Butterworth 带通滤波器，它有由通带到阻带的较为尖锐的转换和缓和的群延时响应。采用的参数是拐角频率 0.05 Hz 和 1 Hz，极数为 4。通过滤波消除不需要的噪音，可以提高计算结果的精确度。

采用切向最小能量方法（SC 方法；Silver and Chan，1991）来获得 SKS 波的快波偏振方向（φ）和快慢波之间时间延迟（δt）。由于 SKS 波接近垂直出射，剪切波分裂的观测具有方位各向异性的特征。SKS 波分裂是由地幔中的橄榄石的优势方向引起的，地幔中的橄榄石具有优势方向的原因在于岩石圈地幔的变形或者软流圈的流动，而快波方向就指示流动的方向。用最小化切向分量能量 E_t 的方法来估计分裂参数。为了获得最优值，以 φ 的增量为 1°，δt 的增量为 0.05s，对 φ-δt 空间进行网格搜索，测试所有可能的值。

对于所有类型的剪切波震相来说，分裂参数也可以用最小化校正的水平质点运动的二维协方差矩阵的较小本征值 λ_2 来确定。这第二种方法等于是找出最线性的质点运动。把这种方法应用在 SK（K）S 上，则允许存在这样的可能性，即切向分量的能量由大圆射线路径的偏离（如由于一个倾斜层的原因）或者水平分量的定向误差所引起。在用深源地震的直达 S 波来计算分裂参数时，我们采用的最小化较小本征值 λ_2 的反演方法。对于所有的 φ 和 δt，将选择使 λ_1/λ_2 最大化的那一对，λ_1 和 λ_2 是测试的协方差矩阵的两个本征值。从物理意义上讲，λ_1 和 λ_2 是地震图中椭圆质点运动的纵横比。当 SK（K）S 震相可以用这两种方法获得的时候，我们选择具有最小误差的测量。在 Silver 和 Chan（1996）提供的程序来计算时在反演方法选项中就分别输入“t”和“e”，表示分别选择最小化切向分量能量 E_t 和最小化较小本征值 λ_2 方法。

对于单独一个分裂测量来说，只有符合了下面四个标准，我们才认为测量结果是可靠的：①快波和慢波的波形具有很强的相似性；②误差椭圆得到很好的约束；③未校正时的质点运动是清晰的椭圆形；④对 SKS 和 SKKS 震相来说，采用两种不同的方法，以及采用略微不同的时间窗，能得到一个稳定的结果。

在剪切波分裂测量中经常会碰到一种称为“空”（Null）结果的情形，“空”结果就是不能确定剪切波分裂是否存在或者可能存在但是不能确定其分裂参数。对于具有“空”结果的数据，当观测数据具有较好的质量，其 R 分量可见清晰的 SKS 震相且 T 分量能量近乎没有时，可以认为结果有意义，反映有两种可能情况存在：①上地幔物质无各向异性（或水平各向同性），因此不能观测到横波分裂现象；②事件的反方位角平行于或垂直于快波方向，导致只有快分量或慢分量，此时无法描述横波分裂的强度，也无法确定快波方向平行还是垂直于反方位角方向。这时候可通过观测反方位角不同的地震事件来解决这种不确定性。

在存在“空”结果的情况下，可以根据同一台站的其他具有不同反方位角的地震事件结果来进行判断。对于密集台站，也可以根据相邻台站的结果来推测。

用不同的远震事件的剪切波计算同一台站的分裂结果并不完全一致，除了台站周围的噪音影响外，地震波的传播途径可能也会对分裂参数有所影响。Silver（1996）和 Savage（1999）证实，在水平的两层各向异性结构中，SKS 分裂参数会随着入射方位角表现为 90°的周期变化。这样，单个台站的单个地震事件的测量结果就不一定能准确地反映该地区的剪切波分裂情况。因此，对一个台站来说，应尽可能多地选择符合要求的地震事件来计算分裂参数，这样可增加数据的健壮性（robustness）。利用多个地震事件，在计算分裂的快波方向结果相差不大的情况下，采用堆叠方法求出的分裂参数就能得到一个“平均”的结果。这个结果相对稳定和精确，能最大限度地反映该地区的远震剪切波各向异性的总体情况。

根据 IRIS 公布的全球地震目录，福建厦门-江西宜丰流动地震台阵观测期间共发生了146 个 6.0 级以上的远震事件，其中绝大部分都有观测记录。在这些地震当中，27 个符合用于计算台站下方各向异性的要求（即深源地震的震中距为 40°~82°的直达 S 波，震中距在 85°以上的 SKS 波或者 SKKS 波）。

福建厦门-江西宜丰剖面的 26 个台站中，有 25 个台站可观测到符合剪切波分裂要求的地震事件，其中七个台站记录到一个符合要求的远震事件，其余 18 个都可通过堆叠方法求出东南陆缘地区的剪切波分裂参数。这些测量结果汇总在表 3.2 及图 3.67 中。

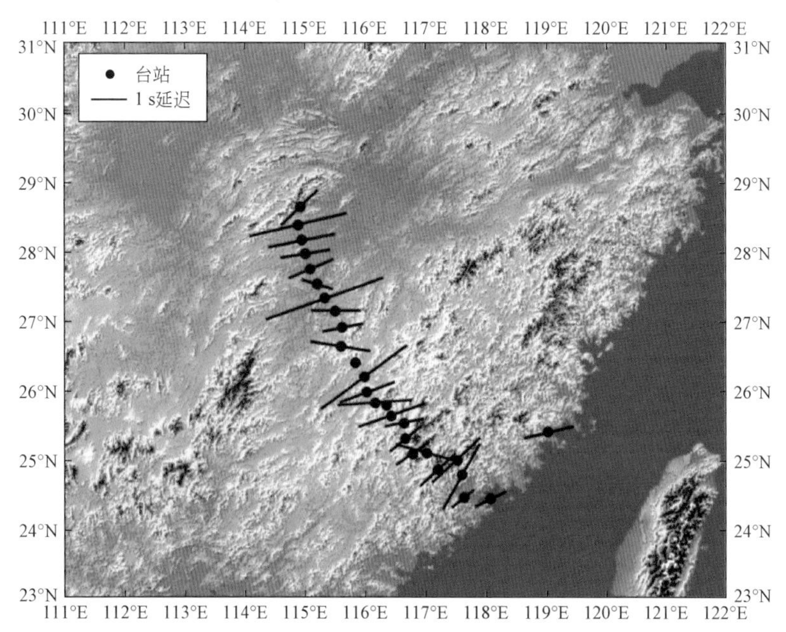

图 3.67　福建-江西地区剪切波分裂结果

线段长度表示慢波延迟大小，指向表示快波偏振方向

剪切波分裂测量结果显示，东南陆缘地区地震波各向异性参数具有较强的规律性。快波偏振方向（φ）在总体上呈现 NE-SW 方向，与本地区的构造方向基本一致。

计算的快波偏振方向总体上呈近 NE-SW 方向，与东南陆缘的构造走向相一致，与现时地壳运动速度方向垂直（图 3.67），这意味着该地区下面的地幔变形直接与其上覆盖的地壳缩短耦合。这种内在的垂直耦合变形在活动构造地区是经常见到的（Silver，1996）。

表 3.2　福建-江西测线各台站剪切波分裂测量结果

台站	φ/(°)	δt/s	σ_φ	$\sigma_{\delta t}$	地震数
fc01	77	6	1.27	0.29	3
fc02	64	20	0.82	0.35	5
fc03	52	22	0.70	1.28	2

续表

台站	$\varphi/(°)$	δt/s	σ_φ	$\sigma_{\delta t}$	地震数
fc04	30	11	1.85	0.73	1
fc05	48	22	1.60	0.50	2
fc06	48	12	1.20	0.46	2
fc07	-75	11	1.70	0.40	1
fc08	56	6	1.00	0.23	1
fc09	52	16	0.45	0.21	1
fc10	79	9	0.73	0.12	2
fc11	—	—	—	—	—
fc12	71	22	1.77	1.74	1
fc13	86	6	1.85	2.69	1
jx01	70	6	1.45	0.35	5
jx02	54	4	2.65	0.5	8
jx03	—	—	—	—	—
jx04	-81	6	1.52	0.44	2
jx05	79	11	1.02	0.27	4
jx06	-90	15	1.23	0.49	1
jx07	71	6	3.10	2.58	1
jx08	-74	6	0.80	0.20	5
jx09	67	8	1.20	2.35	4
jx10	81	5	1.25	0.20	3
jx11	7	4	1.70	0.21	3
jx12	77	4	2.50	0.34	3
jx13	47	8	1.2	0.44	4

注：φ 是快波偏振方向，以正北为参考，顺时针为正，逆时针为负；δt 是延迟时间；σ_φ 和 $\sigma_{\delta t}$ 分别是 φ 和 δt 的 1σ 误差。“—”表示不确定的台站。

傅容珊等（2000）对中国大陆形变所做的数值模拟表明，东边界需取固定边界而不取自由边界才能较为符合 GPS 测量结果，这意味着菲律宾海板块对中国大陆有推挤的作用。周硕愚等（2001）进一步得出结论（图 3.68），认为东南陆缘及其邻近海域直接受到西太平洋俯冲带中菲律宾海板块对欧亚板块的碰撞推挤作用，而印度板块对欧亚板块的碰撞其影响也可能达到东南沿海。

观测到的远震剪切波现象说明，东南陆缘岩石圈符合垂直连贯变形模型，地壳和下岩石圈地幔在造山作用期间耦合变形。其下面的上地幔物质在菲律宾海板块和欧亚大陆的碰撞挤压这种构造应力长期的作用下，发生了 NE-SW 方向的变形和流动。

2. 浙江台州–安徽建德测线

在晚中生代到新生代，中国东部经历了 NW–SE 拉张应力背景下的岩石圈的再活跃过程，华北克拉通东部及扬子克拉通东部的岩石圈均经历了减薄作用。华南块体在中生代则经历了多期的岩浆作用，地球化学及岩石学表明，华南东南部（尤其是在东南沿海地区）出露了广泛的具有时空分布规律的火山岩及花岗岩（Zhou and Li，2000；Zhou *et al.*，2006）。

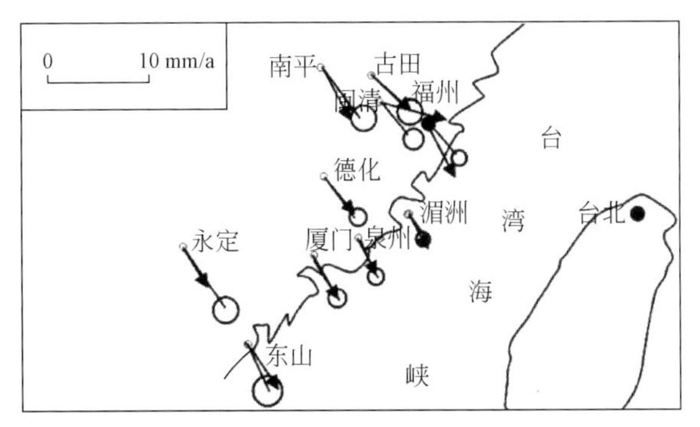

图 3.68　福建邻近海域现时地壳运动速度场（以台北为参照点）示意图（据周硕愚等，2000）

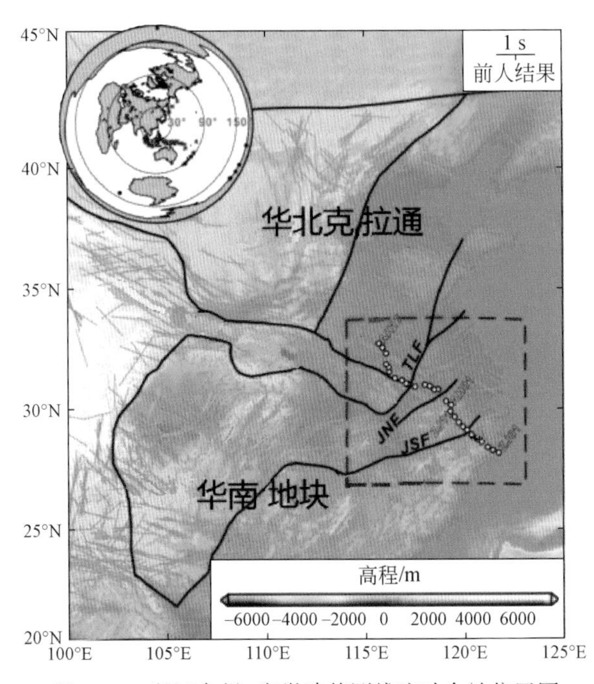

图 3.69　浙江台州–安徽建德测线流动台站位置图

黄色圆点代表流动台站位置。左上角图示用于 XKS 波分裂（蓝色圆点）及接收函数 Pms 波分裂所用事件（红色十字）分布。橙色短线示前人 XKS 分裂结果。JSF. 江绍断裂；JNF. 江南断裂；TLF. 郯庐断裂

对于 XKS（SKS 或者 SKKS）波，我们采用切向最小能量方法（SC 方法；Silver and Chan，1991）和旋转互相关方法（RC 方法；Bowman and Ando，1987）来分析其分裂特

征，这一过程是在 SplitLab 软件（Wüstefeld *et al.*，2008）里执行的（图 3.70）。在参考 IASP91 模型给出的核幔边界转换波（如 SKS）理论到时并选取一定时窗波形后，可以同时利用两种方法得到结果，时间移动的步长为 1°（从−90°到 90°）、时差移动的步长为 0.05 s（两倍的采样率，从 0 到 4 s），误差采用 Silver 和 Chan（1991）引入的 F-test 方法给出。通过比较 RC 和 SC 方法得到的同一事件的结果的一致性来判断结果的可靠性（图 3.70；Wüstefeld and Bokelmann，2007）。滤波参数通过手动调节（在 0.02～0.08 Hz 到 0.125～1 Hz 之间）以达到波形的信噪比和结果的可靠性的最优化，通过 Wüstefeld 和 Bokelmann（2007）的判断结果质量的准则，保留那些相对来说更可靠的结果。在分析过程中，一些无效（Null）结果（图 3.71）也保存下来，用来与有效（non-Null）结果进行比较。

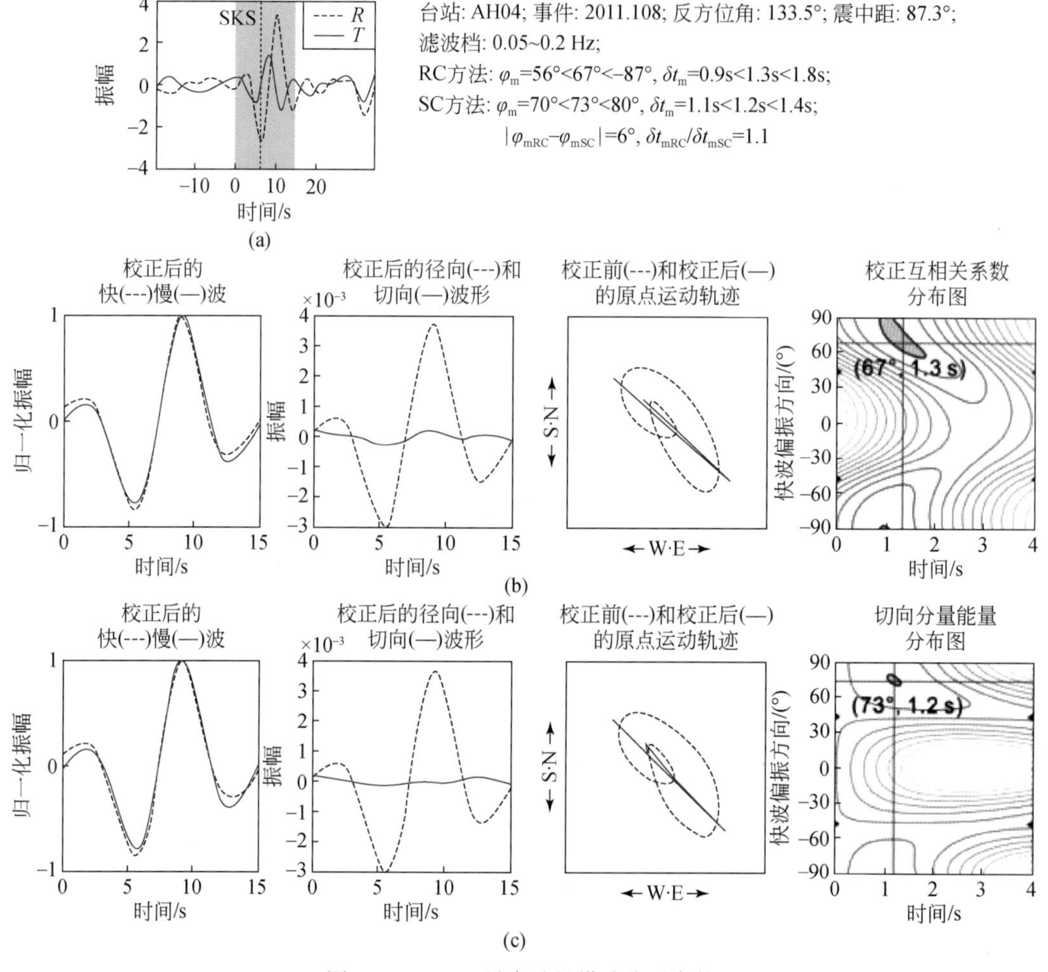

图 3.70　AH04 号台站的横波分裂参数

（a）原始的径向和切向分量，明显的切向能量表明了 SKS 波经过了各向异性介质；（b）RC 方法得到的横波分裂参数，从左到右分别为：校正后的快慢波、校正后的径向和切向波形、校正前和校正后的质点运动轨迹及校正互相关系数分布图；（c）类似于（a），不同的是最右面的为校正过的切向分量能量分布图

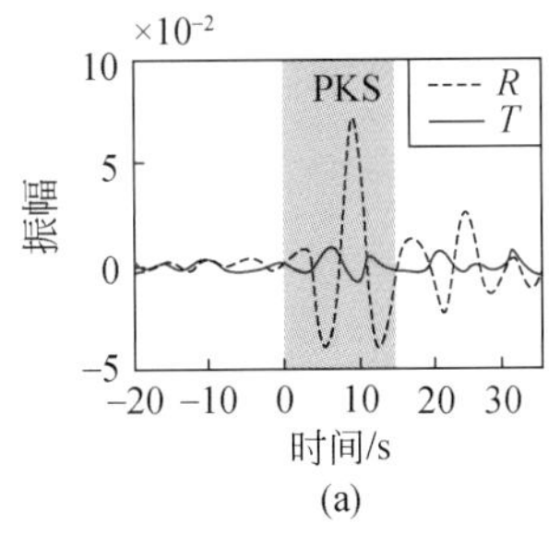

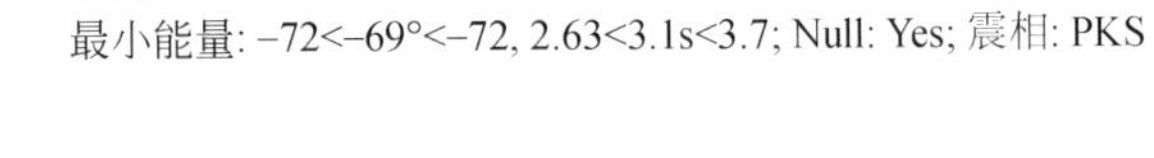

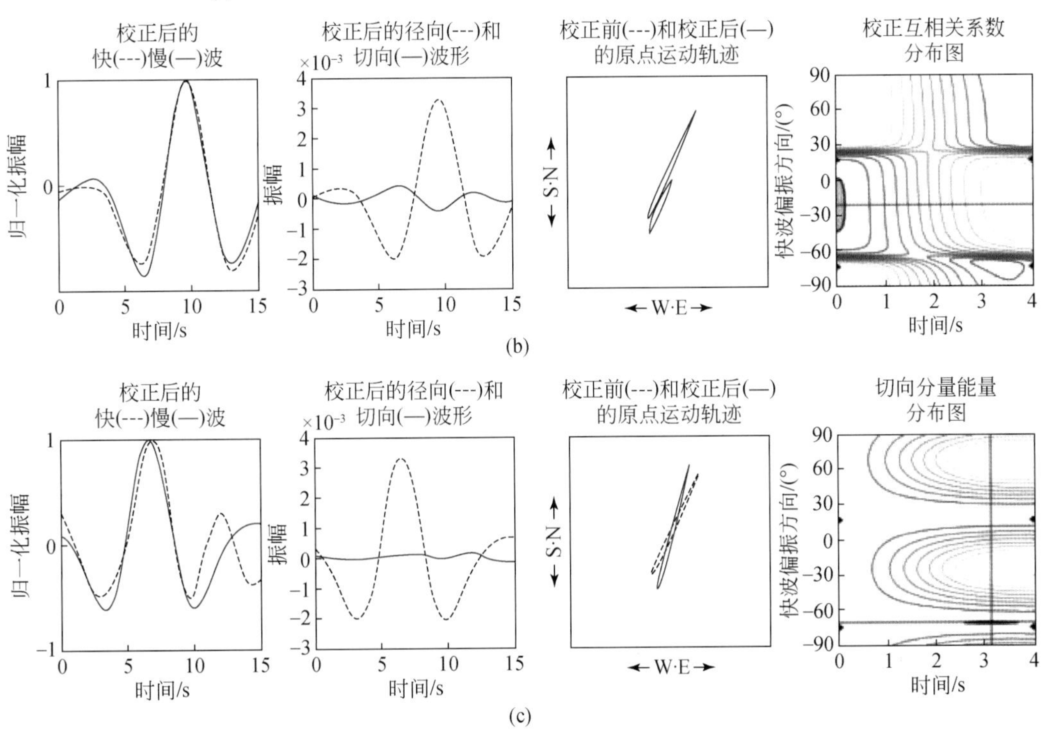

图 3.71　ZJ04 号台站测量的 Null 结果

(a) 原始的径向和切向分量，切向能量较弱；(b) RC 方法得到的横波分裂参数，从左到右分别为：校正后的快慢波、校正后的径向和切向波形、校正前和校正后的质点运动轨迹及校正互相关系数分布图；(c) 类似于 (a)，不同的是最右面的为校正过的切向分量能量分布图。注意质点运动轨迹在校正前后均为线性

对于 Pms 信号，由于其切向能量可能有很多其他因素，如倾斜和壳内的散射，若采用切向最小能量（SC）方法，可能会有很强的不稳定性。因此只采用较为稳定的 RC 方法来计算地壳分裂参数（图 3.72）。

为了区分出 Pms 信号的切向分量的能量是来自各向异性、界面倾斜还是壳内的散射，在挑选过程中检查径向的时间导数（dR/dt）与切向波形的相似性（图 3.72b），这一相似性被认为是各向异性的指示（Chevrot，2000）。而且能区分出各向异性和壳内散射，因为虽然散射也可能造成椭圆的运动轨迹，却不能造成 dR/dt 与切向波形的相似性（Alsina and Sneider，1995）。用上述方法发现部分台站观测到了地壳各向异性（如 AH01 台站，图 3.72）。

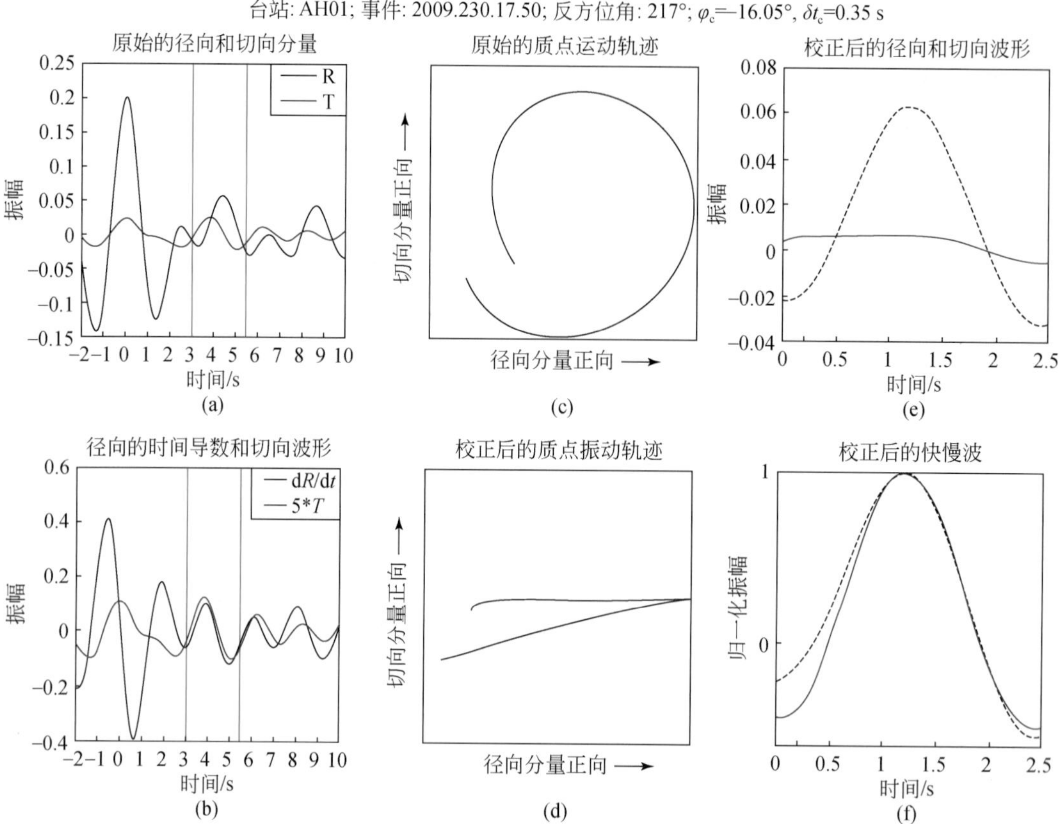

图 3.72　应用 RC 方法来获得 Pms 波的分裂参数

(a) 原始的径向和切向分量，绿色竖线指示了分析的时窗；(b) 径向的时间导数和切向波形，切向能量被放大了五倍用于视觉比较相似度；(c) 原始的质点运动轨迹；(d) 校正后的质点运动轨迹；(e) 校正后的径向和切向波形；(f) 校正后的快慢波

图 3.73 显示了所有的 Pms 和 XKS 结果，XKS 结果中有 33 个有效（non-Null）结果和 14 个无效（Null）结果。大部分台站的 XKS 波的 Null 结果的方向与 non-Null 结果快波方向平行和垂直，而在华南造山带（SCOB）地区，部分台站的 Null 结果的方向与 non-Null 结果快波或慢波方向都不太吻合，这表明了 SCOB 地区可能存在复杂各向异性。各向异性结果显示了华南地块东部地壳和地幔快波方向具有明显的横向变化和分块特征(图 3.73)，这表明了地幔变形过程明显的具有区域断裂分块特征。

我们测量的 XKS 快慢波时差（δt_m）在 0.65 ~ 1.9 s 范围内，一个附加的对结果精确性的约束条件是 XKS 初始偏振方向与快波方向的夹角 | φ_m −Baz | （Baz 为反方位角）大小（投影到 0° ~ 45°）。图 3.73 中带有黄色轮廓的蓝色短线为 | φ_m −Baz | >25°的那些结果，这些结果的平均 δt_m 为约 1.0 s，这与全球大陆地区的平均值一致（Silver，1996）。

我们的 Pms 分裂结果共有 57 个（16 个台站观测到）。φ_c 在一些台站较为分散，为了取得更可靠的估计，我们按照 XKS 的分区对每个子区域内所有台站的 Pms 分裂结果进行平均（Audoine *et al.*，2004）。图 3.73 玫瑰图中的橙色短线为每个子区域内的平均结果。

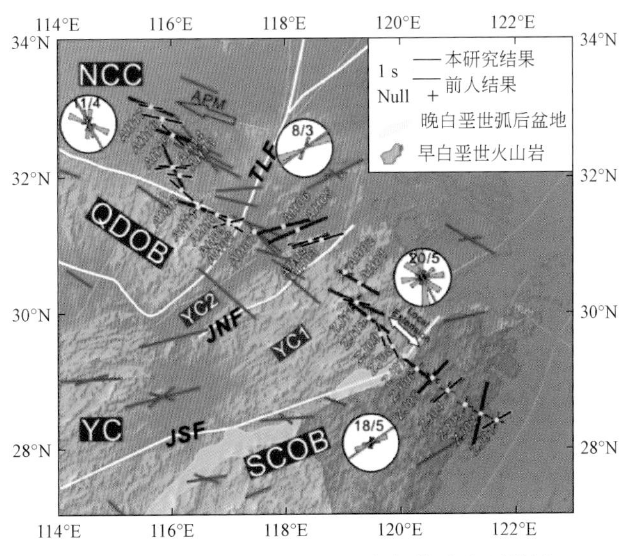

图 3.73　华南东部和华北东南部横波分裂结果

绿色玫瑰图代表每个区域利用 Pms 得到的地壳快波方向统计，其中橙色短线表示各区的平均快波方向；APM. 板块绝对运动方向。NCC. 华北克拉通；QDOB. 秦岭-大别造山带；YC. 扬子克拉通；YC1. 扬子克拉通南部；YC2. 扬子克拉通北部；SCOB. 华南造山带；TLF. 郯庐断裂；JNF. 江南断裂；JSF. 江绍断裂

δt_c的平均大小小于 0.3 s。可以看出，地壳和地幔快波方向较为一致，这暗示了地壳和地幔在最近一期的构造活动中（晚中生代到新生代）具有耦合的特点。

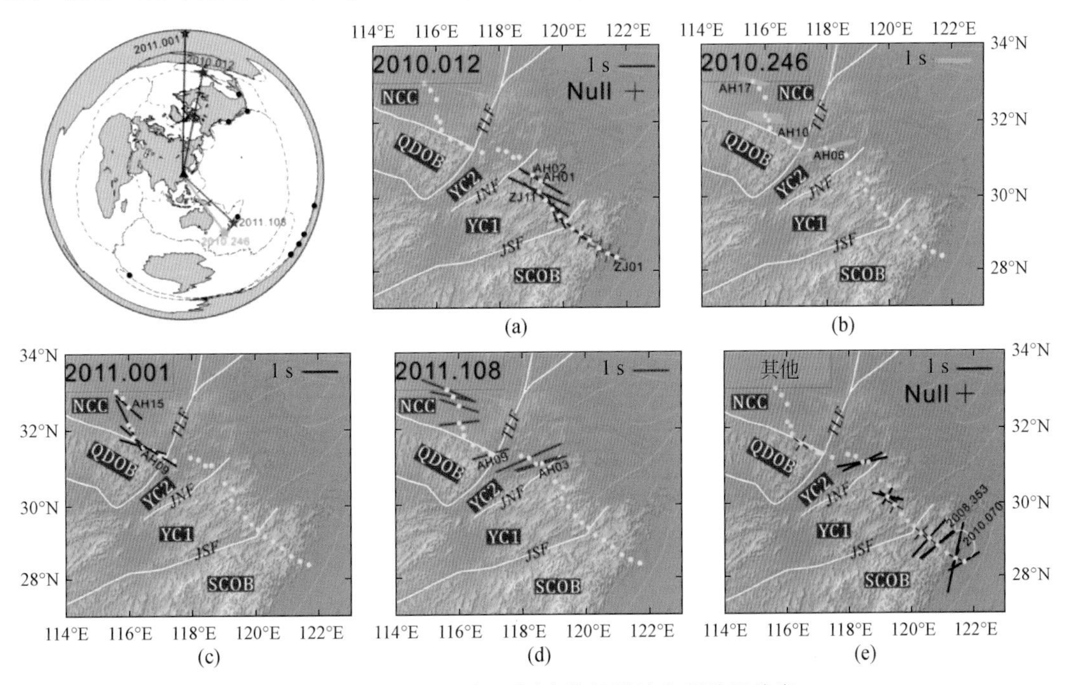

图 3.74　研究区根据不同事件的横波分裂结果分类

绿色玫瑰图代表每个区域利用 Pms 得到的地壳快波方向统计，其中橙色短线表示各区的平均快波方向；APM. 板块绝对运动方向。NCC. 华北克拉通；QDOB. 秦岭-大别造山带；YC. 扬子克拉通；YC1. 扬子克拉通南部；YC2. 扬子克拉通北部；SCOB. 华南造山带；TLF. 郯庐断裂；JNF. 江南断裂；JSF. 江绍断裂

根据以上结果，地壳内的快慢波时差（<0.3 s）是小于地幔内的时差（约1 s）。因此主要的各向异性来自地幔。然而由于岩石圈地幔、软流圈地幔及下地幔等均有可能存在各向异性，因此很难区分出是哪些部分起主导作用。我们将同一事件在不同台站测得的XKS分裂参数进行分类（图3.74）。根据图3.74的分类，不同事件在不同的研究区的结果有明显的横向变化［图3.74（a）、（b）、（d）］。一个可以用来估计各向异性层深度的方法是利用菲涅尔带分析（Alsina and Sneider，1995）。如图3.75（a）所示，如果同一个台站来自不同方位的事件的横波分裂参数不同，在排除了多层各向异性的前提下，可以用来估计各向异性层来自于大于 Z_1 的深度；相反，如图3.75（b）所示，不同的相邻台站记录到的同一个事件的横波分裂参数不同，则可以估计各向异性层来自于大于 Z_2 的深度。

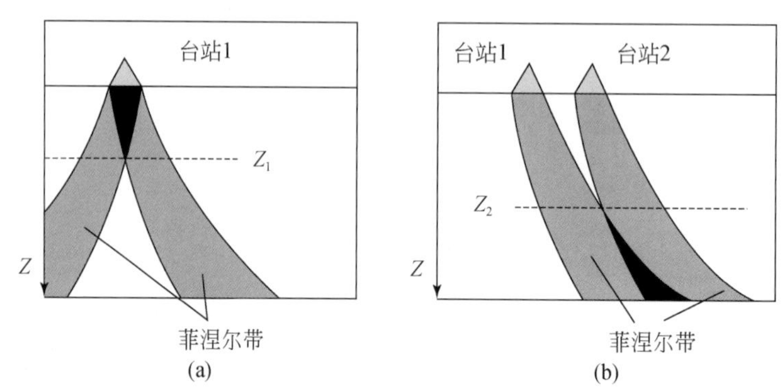

图3.75　菲涅尔带分析的两种情形（灰色区域表示菲涅尔带）
（据Alsina and Snieder，1995；Margheriti *et al.*，2003）

同一事件2010.012在相邻台站的分裂参数发生变化［图3.74（a）］，图3.76显示了相应的质点运动轨迹变化。可以发现，在SCOB地区（台站ZJ01～ZJ05），质点运动轨迹为线性，而在YC1地区，质点运动轨迹为椭圆或近椭圆，这表明了各向异性发生了明显的横向变化。根据公式 $\sqrt{T_{\mathrm{XKS}} \cdot v \cdot z}$（Chevrot *et al.*，2004）来计算第一菲涅尔带在不同深度的宽度（图3.77）。图3.77（a）表明华夏到扬子的各向异性变化在浅部，大概小于100 km，根据前人研究结果，研究区岩石圈厚度小于100 km（An and Shi，2006），因此认为我们观测到的PKS波形［2012.012事件，图3.77（a）］的分裂参数的横向变化对应了华夏和扬子地块岩石圈各向异性的横向变化。这一推论被地壳各向异性的横向变化支持（图3.77）。

由于研究区在新生代以来的构造活动不强烈，从华夏地块到扬子克拉通，岩石圈各向异性的横向变化可能显示了最近一期构造活动中保留的“冻结”各向异性。尽管这两个块体是在寒武纪拼贴之后可能保留自身更古老的各向异性，然而这种差异性很可能已经被晚中生代强烈的构造活动“擦掉”。

有趣的是最新一期的晚白垩世盆地的走向与附近的台站（ZJ06、ZJ08和ZJ09）的测量的快波方向近似垂直，推测这些台站下方的岩石圈各向异性是由于该盆地形成时候的局部拉张的应力条件下形成的（图3.78）。而且推测华夏到扬子克拉通的岩石圈各向异性的变化与晚中生代古太平洋板块的俯冲机制变化有关联。图3.78中玫瑰图统计的快波方向

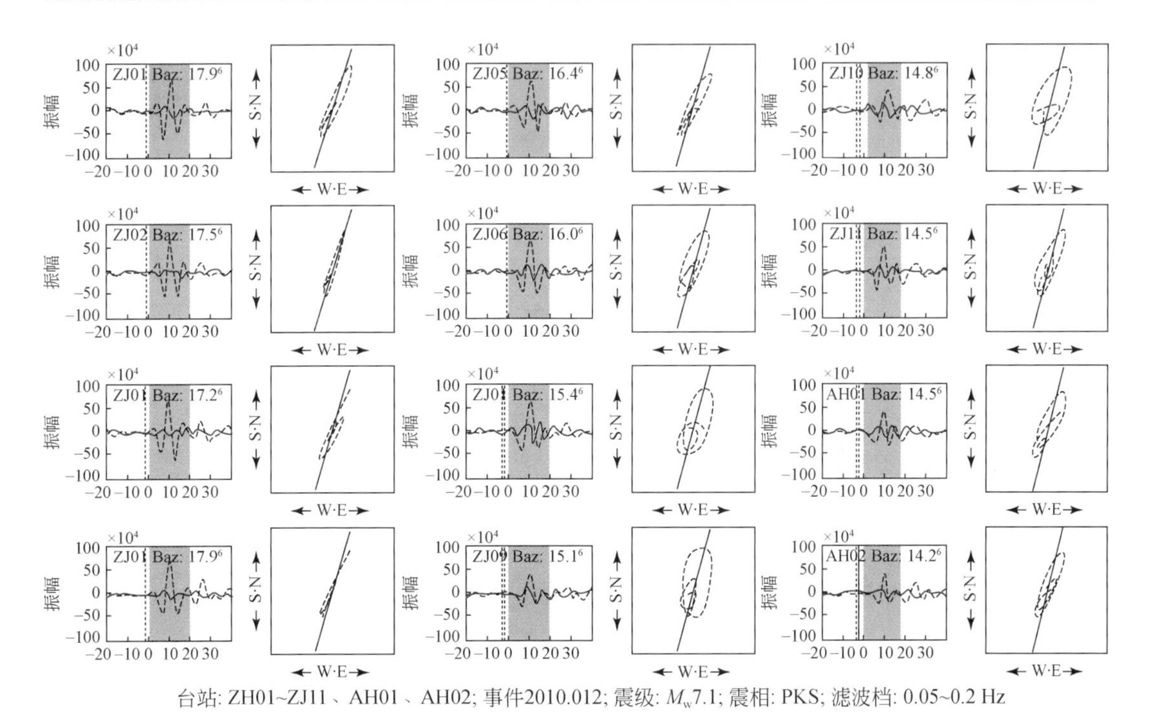

图 3.76　同一事件在台站 ZJ01 ~ ZJ11、AH01、AH02 初始的径向、切向波形及质点运动轨迹变化

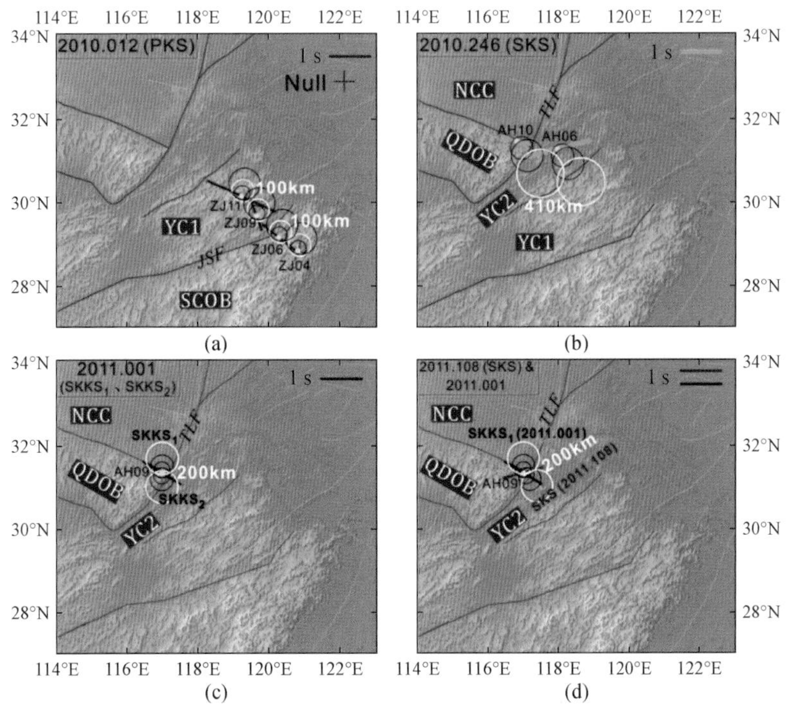

图 3.77　（a）PKS 震相（2010.012）、（b）SKS 震相（2010.246）、（c）两个 SKKS 震相（2001.001）在 50 km、100 km 和 200 km 的菲涅尔带位置及（d）SKS 震相（2011.108）与 $SKKS_1$ 震相在 50 km、100 km 和 200 km 的菲涅尔带位置的比较

NCC. 华北克拉通；QDOB. 秦岭-大别造山带；YC1. 扬子克拉通南部；YC2. 扬子克拉通北部；TLF. 郯庐断裂；JSF. 江南断裂

台站：AH09；事件 2011.001；震后 M_W 7.0；滤波档 0.05 ~ 0.2 HZ

及每个区的 Pms 平均快波方向与 XKS 快波方向接近，这可能表明了下地壳和上地幔耦合变形的特点，支持了岩石圈垂直连贯变形的模型（Silver，1996）。我们推测 SCOB 与 YC1 地区在晚燕山期岩浆活动中，下地壳与岩石圈地幔经历了相似的应力条件，从而有相似的快波方向，而且下地壳很可能处于较热的环境下，这样才能够因为应力积累而造成矿物的晶格优势排列（lattice-preferred orientation，LPO）的形成。

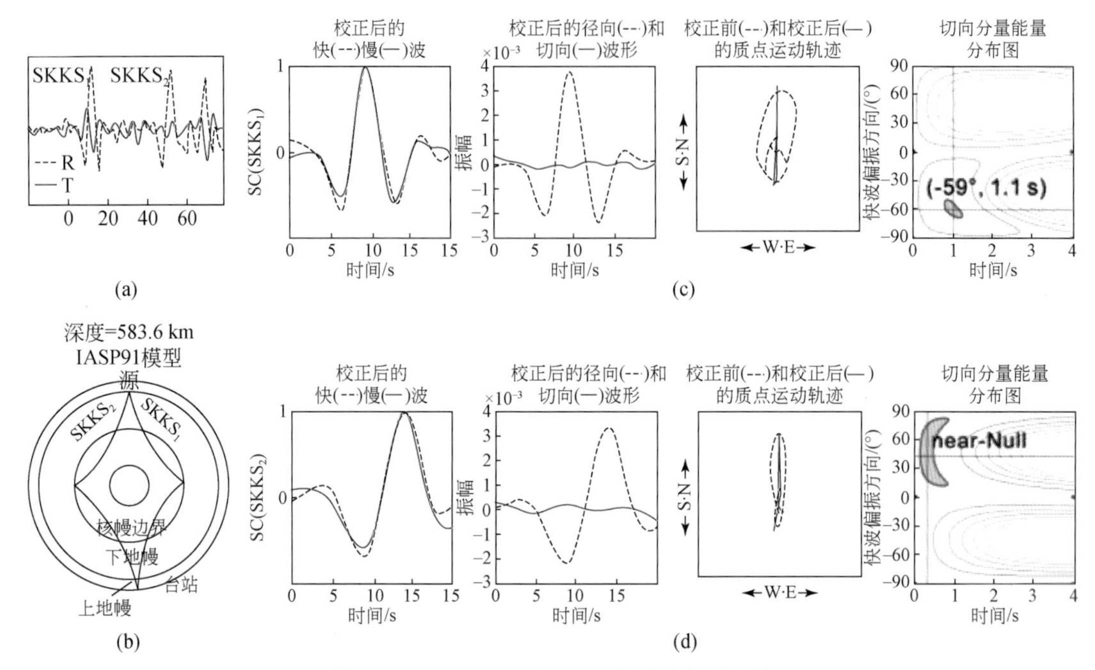

图 3.78 两个极远震 SKKS 波形的分裂差异

（a）两个 SKKS 原始波形；（b）两个 SKKS 波的传播路径简略草图；（c），（d）两个 SKKS 波形的分裂特征差异。near-Null. 几乎无效

第四节 地质意义

在中生代，中国东部岩石圈演化十分活跃，华南东部作为其东南组成部分，其显著特征是该时期形成了超过 1000 km 宽的陆内造山带（Li and Li，2007）、广泛发育的多期构造-岩浆-热事件和巨量、爆发式的成矿作用（王德滋等，2002；毛景文等，2003，2004，2005，2007，2008，2011），与之相联系的是深部物质状态调整和热对流。

中国大陆东南缘从内陆到沿海 250 km 宽的条带状区域内，未见上地幔 410 km 和 660 km间断面有可分辨的起伏，虽然两者的深度略大于 IASP91 模型，但地幔转换带厚度与全球平均值（250 km）保持一致，暗示地幔转换带未受到俯冲板片滞留或地幔柱活动的扰动，或被扰动的地幔温度场已回归正常，如果是前者即说明地幔转换带对岩石圈演化的参与度有限。

中国大陆东南边缘及沿海地区，岩石圈厚度在 70 km 左右。结合前人在下扬子地区

(Shi *et al.*, 2013)、秦岭-大别山地区(Sodoudi *et al.*, 2006)及闽台地区(Ai *et al.*, 2007; Tkalčić *et al.*, 2011)等的结果,可知华南东部的岩石圈整体较薄,已经发表的结果都不超过100 km,与整个中国东部(Ma and Zhou, 2007; Chen, 2010)的岩石圈厚度值是一致的。岩石圈与软流圈是成对出现的概念,两者相互作用和影响。中国东部这种薄的岩石圈表明华北克拉通失去了稳定性,也导致包括华南东部在内整个中国东部软流圈发育充分和极度活跃。其动力学背景是特提斯构造体制向太平洋构造体制的转换。岩石圈减薄的机制可能包括燕山早期(175±5 Ma)古太平洋板块向华南大陆之下低角度俯冲对其岩石圈底板的刮削作用,侏罗纪至早白垩世古太平洋(伊泽奈奇)板块俯冲引起的地幔(软流圈)上涌和对流对岩石圈的侵蚀作用(Zheng *et al.*, 2013),并伴有机械拉伸,共同导致了岩石圈已经大幅度减薄。

地壳厚度30±2 km,无论相对于全球地壳厚度平均值(35 km),还是中国大陆地壳厚平均值(39.2 km),都表明中国大陆东南缘的地壳经历了减薄。沿赣江断裂的莫霍面凸起带,在赣东北(德兴、朱溪)下方5~10 km的部分熔融性质的局部低速(高导)体,以及长江中下游地区下地壳而显示出的方位各向异性(Shi *et al.*, 2013),都反映了岩石圈伸展和软流层对流对地壳的影响;SKS快波方向的规律性改变,则给出了与俯冲板块后撤有关的软流圈对流方式的信息。

第四章　青藏高原板块汇聚、高原隆升及扩展动力学研究

印度–亚洲大陆碰撞和青藏高原隆升是新生代以来全球最为壮观的地质事件。青藏高原以其巨厚的地壳和处于冈瓦纳古陆与欧亚大陆碰撞造山的关键地带成为公认的研究和验证陆–陆碰撞过程的最佳天然实验基地（曾融生等，2007）。对青藏高原形成、演化和隆升的研究，一直是造山带演化和大陆动力学研究的前沿领域，还涉及矿产资源、全球气候变化、灾害和生态环境等人类生存、发展的若干重大问题。地球物理学通过观测获得壳幔的波速结构、密度结构、电性结构及各向异性图像等，间接研究青藏高原岩石圈变形、物质运移调整、隆升及扩展的动力学机制。其中，宽频带地震流动观测以探测深度大、成本相对低廉的特点得到越来越多的应用。

第一节　青藏高原宽频地震研究背景

1991 年 4 月至 1992 年 7 月，中国地震局地球物理研究所与美国纽约州立大学 Binghamton 分校合作，在青藏高原实施了首次宽频带地震流动观测，沿拉萨—格尔木青藏公路及高原内部布设了 11 个观测站（曾融生等，1992，1998；丁志峰等，1992；Owens *et al.*，1993；Ding *et al.*，1999），此后大约 15 年时间里，一系列国际合作项目，如 INDEPTH、Hi-CLIMB 和 ASENT 等（Zhao *et al.*，1993；Nelson *et al.*，1996；Zhao W. *et al.*，2001）和国内科研项目相继实施，推动了青藏高原宽频带地震观测研究的发展，青藏高原及邻区的宽频带地震台站覆盖率空前提高。截至 2009 年，除了自然条件最为恶劣的可可西里地区台站稀疏仍有观测空白区外，青藏高原南部、中部和东部基本都有剖面穿过或台阵覆盖。

随着宽频带地震流动观测在青藏高原的大规模应用，获得了更多的高原下岩石圈结构和软流圈状态的信息，在高原内部分布的观测台站数增加显著提升了天然地震成像结果的分辨率，约束了接收函数等方法结果的不确定性。在国内外发表的数千篇论文，不断刷新着印度–欧亚板块碰撞造山过程和动力学机制的认识。

印度岩石圈北向俯冲模式得到观测证实并进一步细化。在藏南［印度河–雅鲁藏布江缝合带（IYS）以南，喜马拉雅带］为陡俯冲（Tilmann *et al.*，2003；Haines *et al.*，2003；赵文津等，2004），在拉萨地体转换为近水平俯冲（苏伟等，2002；Zhou and Murphy，2005；Schulte-Pelkum *et al.*，2005；郑洪伟等，2007；Li *et al.*，2008；Zhao *et al.*，2010）。印度板块和欧亚板块岩石圈汇聚的位置，随着印度板块北向俯冲的角度从西向东逐渐变大，俯冲前缘

到达的纬度逐渐变小。在高原西部（<85°E）印度大陆岩石圈近水平俯冲，其前缘与塔里木岩石圈相遇（Zhou and Murphy，2005；Zhao *et al.*，2010；Zhao *et al.*，2011）。中部（大约85°～90°E）为中等角度，前缘到达拉萨地体中央（32°N）（Kosarev *et al.*，1999；Kind *et al.*，2002；Schulte-Pelkum *et al.*，2005；Nábělek *et al.*，2009）或羌塘地体中部隆起（34°N）之下（郑洪伟等，2007）；东部（>90°E）特别是东构造结附近印度岩石圈板片俯冲角度很大，俯冲方向顺时针旋转了一个角度（Li *et al.*，2008）。北向俯冲过程中，印度大陆的岩石圈与地壳发生了拆离（Kosarev *et al.*，1999；Kind *et al.*，2002；Schulte-Pelkum *et al.*，2005；Nábělek *et al.*，2009），岩石圈刚性挤入拉萨地体之下较远的距离，而印度地壳并未大规模底垫高原地壳之下，而是在喜马拉雅-藏南多次俯冲叠置加厚（曾融生等，2000）。

欧亚大陆岩石圈与印度大陆岩石圈相向俯冲的模式有了一些观测证据。依据路线地质调查（Dewey *et al.*，1989；Matte *et al.*，1996）数值模拟（England and Houseman，1986；Molnar *et al.*，1993），以及羌塘北部新生代火山岩起源和羌塘中央隆起变质核杂岩成因的研究（Kapp *et al.*，2000；Yin and Harrison，2000），地质学家们认为存在亚洲岩石圈的南向俯冲。较早的体波和面波层析成像结果显示在高原南部和北部分别存在向高原内倾斜的高速构造（吕庆田等，1996，1998；姜枚等，1996），PASSCAL 和 INDEPTH 宽频带地震剖面的接收函数图像显示印度和亚洲岩石圈相向倾斜（吴庆举等，2004；曾融生等，2007）。Tapponnier 等（2001）提出一个构造模式，其中除了雅鲁藏布江以南印度大陆岩石圈为北向俯冲之外，高原北部的班公-怒江缝合带（BNS）、金沙江缝合带、昆仑断裂带北侧的地体都被假设向南俯冲并伴随着走滑。沿拉萨—格尔木公路的接收函数剖面结果显示欧亚岩石圈沿东昆仑断裂（KLF）向南俯冲到班公-怒江缝合带北侧（Kosarev *et al.*，1999；Kind *et al.*，2002；Zhao *et al.*，2011）。但是，显然代表北侧亚洲岩石圈的接收函数震相的可靠性较低。欧亚大陆岩石圈与印度大陆岩石圈相向俯冲模式是否成立，关键在于欧亚大陆岩石圈向南俯冲的行为能否得到更充分的地球物理探测证据支持。

基于 INDEPTH-I、II 和 PASSCAL 数据的远震接收函数（Kosarev *et al.*，1999）和远震体波层析成像结果（Tilmann *et al.*，2003；Li *et al.*，2008）揭示北向俯冲的印度大陆地幔岩石圈在拉萨地体中部（班公-怒江缝合带南侧）断离并坠入深部地幔（100～400 km 深度），从而诱发了软流圈热物质上涌和侧向流动。这就可以解释高原北部羌塘地块、松潘-甘孜之下 Pn 波速度低（8.0 km/s）且伴随高频 Sn 波传播低效的现象（丁志峰等，1992，1999；McNamara *et al.*，1997；Zhou and Murphy，2005；Liang and Song，2006；Barron and Priestley，2009）。但是，由于高原北部的宽频带地震流动观测台站增加不多，仅有一条 INDEPTH-III 剖面延伸到较高的纬度，覆盖率远不如中南部，主要基于固定台网数据的成像结果分辨率有限，高原北部上地幔低速异常的三维空间分布还未得到精确限定。

多条南北向宽频带地震台阵剖面的地幔各向异性分析结果表明（McNamara *et al.*，1994；Sandvol *et al.*，1997；Huang *et al.*，2000；Chen W. P. *et al.*，2010），青藏高原主体上地幔 SKS 快波优势方向以 NEE 向为主，雅江缝合带附近及其南部地区慢波延迟很小或不确定，而拉萨地体北部和羌塘地体显著增大，各向异性该分布特征目前倾向于用印度岩石圈俯冲形态和向北俯冲距离解释，拉萨地体北部和羌塘地体的各向异性增大被认为反映了亚洲地幔岩石圈处于部分熔融状态，剪切应力在其南边界（BNS）和北边界（KLF）集中（*Huang et al.*，2000）。

拉萨地体南部地壳厚度约75km，高原中部羌塘地体下方地壳厚度仅60 km左右（丁志峰等，1999；Tseng *et al.*，2009）。天然地震宽频带地震流动观测数据的接收函数对莫霍面、岩石圈-软流圈边界等不连续面敏感，不仅约束其深度和起伏形态特征，还某种程度上反映界面的性质。莫霍面的接收函数三维图像与人工源地震剖面的插值结果一致性较好（李秋生等，2004b；高锐等，2009）。在整个青藏高原下莫霍面形态呈不对称的盆底状。喜马拉雅带的莫霍面最为陡峭，随纬度增大深度急剧增大。拉萨地体北部、羌塘地体之下相对平缓，因此有人推测其下地壳接近“流体”状态。从班公-怒江缝合带向北，莫霍面呈台阶状抬升（Tapponnier *et al.*，2001），地壳厚度在北昆仑断裂以北100 km处（比前人指出的由北昆仑断层切穿地壳引起的莫霍面台阶位置更靠北）出现跳变，从松潘-甘孜和东昆仑山下的70 km变到柴达木盆地下的50 km（李秋生等，2004a；Karplus *et al.*，2011）。松潘-甘孜和东昆仑地体70 km的莫霍面是根据一反射震相识别认定的，而柴达木莫霍面则下伏于一个6.8～7.1 km/s的壳幔转换带之下。

青藏高原莫霍面性质复杂，呈现一级间断面、正梯度层、双莫霍（Moho Doublet，莫霍面双层结构）等多种精细结构样式。拉萨地体南部（冈底斯带）存在“双莫霍”现象，其成因可能与下地壳部分榴辉岩化有关。

青藏高原地壳平均速度6.2～6.3 km/s，低于克拉通大陆地壳的平均速度（6.4～6.5 km/s），总体刚性较差、对地震波衰减强烈。根据对反射亮点（Brown *et al.*，1996）及顺带广角资料P-S转换波振幅分析（Makovsky *et al.*，1996）结果，发现上地壳底部广泛存在部分熔融层（Kind *et al.*，1996；Nelson *et al.*，1996）。由于该软弱层的存在，地壳上部的变形往往与岩石圈变形脱耦。

青藏高原下地壳表现为低电阻率特征（Chen *et al.*，1996；Bai *et al.*，2010）和低速特征，据此Royden等（1997）和Clark、Royden（2000）提出了地壳流概念，得到相当多的人支持（Klemperer，2006；Harris，2007）。但是也有人对其普遍意义提出质疑。理由是高原内部IYS、BNS等大断裂多数延伸至下地壳，与莫霍面错断（offset）明显相关（Hirn *et al.*，1984b；高锐等，2011），低速、低电阻率异常的分布受到块体边界断裂限制，区域连通性较差（Yao *et al.*，2006，2010）。近垂直反射地震探测发现，青藏高原东北缘下地壳及莫霍面广泛发育叠瓦状反射特征，意味着下地壳存在明显的脆性变形（Wang *et al.*，2011，高锐等，2011），中下地壳的物质能否全域、长距离流动，还存在较大争议。

尽管后来的精细探测结果印度河-雅鲁藏布江缝合带（IYS）、班公-怒江缝合带（BNS）和东昆仑断裂（KLF）等大型边界断裂的断距达不到曾经估计的尺度（Hirn *et al.*，1984a；吴庆举和曾融生，1998；Zhu and Donald，1998），但是两侧地壳结构和性质的差异是明显的，表明大型断裂带在高原生长与扩展过程中起到了重要的控制和协调作用。

简而言之，SinoProbe之前，南部和中部的宽频带地震台站有了较好的覆盖，对青藏高原的壳幔结构和物理状态有了较多的了解，在陆-陆碰撞造山带岩石圈变形、高原隆升扩展的动力学机制上达成了一些共识，如印度大陆岩石圈主动俯冲方向、前缘位置及不同部位俯冲角度和形态转换等。

但是明显缺少东西向的探测剖面以评估南北向“裂谷”的影响以回应对已有的地球物

理探测结果和地球动力学解释普遍意义的质疑；更为紧迫的是，高原北部的大片空白，甚至还从未有一条南北向剖面横穿可可西里无人区到达塔里木盆地南缘作为青藏高原岩石圈结构的几何学约束，制约了青藏高原动力学研究的深入，也影响着青藏高原油气远景的评价和认识。致使欧亚大陆岩石圈与印度大陆岩石圈汇聚模式，藏南南北向裂谷、藏北新生代火山岩形成的深部背景，地壳流的普遍性等，以及龙木错-双湖缝合带的构造性质等关键科学问题和重大基础地质问题，还存在较大争议。针对上述问题，根据有限目标和问题需求的原则，SinoProbe-02-03 课题分别在藏南、藏北和东北缘部署了五条实验剖面（图 4.1）。

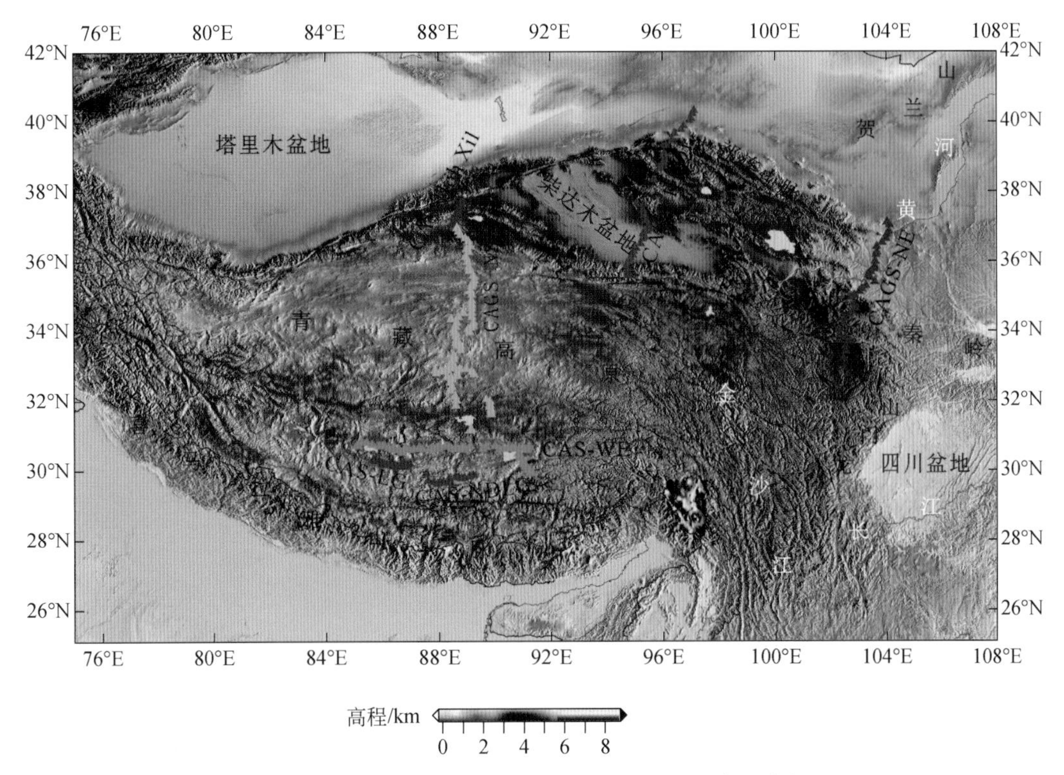

图 4.1　青藏高原 SinoProbe 宽频带地震实验台站分布

粉红三角示中科院青藏高原所完成的可可西里剖面（CAS-Hoh Xil）、东昆仑-祁连（CAS-EKL-QL）剖面和藏南裂谷观测实验（CAS-LG，NDLG）实验台站；橘黄色三角和红色三角示中国地质科学院地质所完成的青藏高原南北向剖面（CAGS-NS）和青藏高原东北缘剖面（CAGS-NE）实验台站；天蓝色三角示中科院地质与地球物理所完成的冈底斯东西向剖面（CAS-WE）实验台站

第二节　青藏高原板块汇聚前缘和新生代火山岩源区探测研究

（一）研究背景：关键科学问题

高原北部可可西里地区，自然环境恶劣，交通、后勤保障困难，严重限制了地球物理工作的开展。INDEPTH-III 剖面仅到达龙尾错，刚刚进入可可西里无人区，距离完整穿越高原

尚有大约 1000 km 距离。因为观测空白，欧亚岩石圈是否南向俯冲与印度岩石圈在羌塘南部汇聚？羌塘中央龙木错-双湖缝合带构造属性？羌塘新生代火山岩深部背景和形成机制等青藏高原隆升-扩展动力学的关键问题，难以取得实质性进展。如何在现有后勤保障条件下，跨越可可西里无人区实现宽频带地震观测南北贯通？就成为能否解决上述科学问题的关键。

（二）观测实验技术方案

针对上述问题，SinoProbe 宽频带地震观测实验遵循安全第一、力争突破的原则，选择关键构造部位，部署了两条实验观测剖面。根据实际的后勤保障条件，分别从双湖向北、塔里木向南挺进，目标是将观测空白压缩到最小。

1. 青藏高原北部近南北向剖面

近南北向剖面以双湖为基地向北挺进，从 2008 年始至 2012 年止，逐年分段实施，累计测线长度在 1000 km 左右，几乎贯穿了青藏高原北部（图 4.2）。

图 4.2 SinoProbe 青藏高原北部实验区宽频带地震台站分布

浅蓝圆圈表示 INDEPTH-III 台站，绿五星、深蓝钻石、红实心圆点、橘黄三角、白三角和蓝色三角 SinoProbe 逐年分段布设的实验台站，底图为青藏高原北部 SinoProbe 实验剖面沿线的地形图，等值线标注数字为高程，单位：m

观测实验使用 Reftek-130-1 数据采集器配置 CMG-3ESP（60 s）地震计，采样率为 50 Hz，流动台站的间距为 10 km 左右，在羌塘中央隆起带附近的台站间距 5 ~ 10 km。野外实验分三期进行，I 期（2008 ~ 2009 年）38 个台站；II 期（2009 ~ 2010 年）63 个台站；III 期（2011 ~ 2012 年）44 个台站。实验采用周期巡视的方式维护台站运行和下载数据，累计回收原始连续记录数据 150 GB。

2. 青藏高原北部可可西里剖面

原计划的可可西里剖面从塔里木南缘开始向南穿越可可西里无人区与双湖向北的剖面对接，实际野外工作中分别尝试从阿尔金路线、北祁连—祁漫塔格路线穿越可可西里，均遭遇洪水、极端天气等不可抗力，无法实现原计划，实际完成了跨过阿尔金断裂和东昆仑缝合带的三条短剖面（剖面位置如图 4.1 所示）。实验由 SinoProbe-02-03 和其他项目联合资助，SinoProbe-02-03 资助完成 35 个台站的数据采集，于 2010 ~ 2013 年分期完成实验观测，每期观测时间长度为 12 个月，使用的传感器是 STS-2 英国产 Guralp CMG 或 3ESP，记录器型号为 Reftek-130-1，累计获得原始连续记录数据 75 GB。

（三）分析方法与结果

青藏高原北部近南北向剖面

1）远震 P 波接收函数分析

H-k 叠加剖面（图 4.3）显示，班公–怒江缝合带附近（32° ~ 33°N）存在一个南深北浅、断距约 10 km 的莫霍面陡台阶，而羌塘中央隆起带（33°N）位置也存在一个不大的莫霍面深度变化。南羌塘莫霍面深度约 65 km，北羌塘莫霍面深度平均在 60 km。南羌塘盆地 $V_P/V_S(k)$ 变化平缓，北羌塘地壳的 V_P/V_S 变化剧烈，给出的沿东经 88.5°共转换点倾斜叠加（slant-stack）剖面也显示了 *H-k* 叠加剖面相近的莫霍面深度和起伏形态，与羌塘中央隆起带较为平整的莫霍面反射特征（卢占武等，2009；Gao *et al.*，2013a）一致。

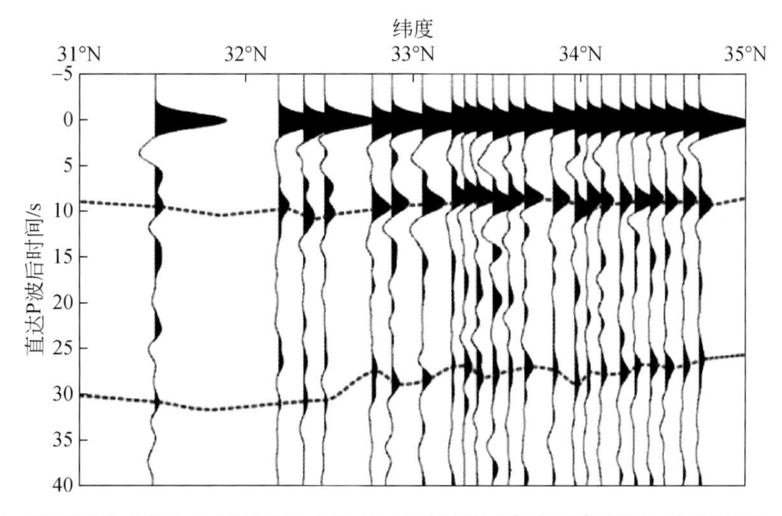

图 4.3 利用接收函数方法得到的沿东经 88.5°共转换点倾斜叠加剖面（据刘国成，2014）

远震P波接收函数S波结构反演用到27个宽频地震流动台站的数据（图4.4）。数据记录时间从2008.09至2010.11的远震事件。地震事件目录从美国地质调查局（USGS，http://www.usgs.gov）下载。选取远震事件的M_S震级不小于5.5，震中距在30°~90°。共挑选出338个符合要求的地震事件的738条远震P波波形记录数据。数据预处理首先对原始的三分量地震事件数据以20 Hz采样频率重采样，使用SAC数据分析软件对数据去均值、去线性趋势，做坐标旋转，采用0.05~2 Hz带通进行滤波处理，然后用时间域迭代反摺积方法（Ligorria and Ammon，1999）提取接收函数。接收函数截取从直达P波起跳前10 s开始，滤波系数α为1.5。其中Ps震相出现在直达P波震相之后10 s左右，近水平展布。

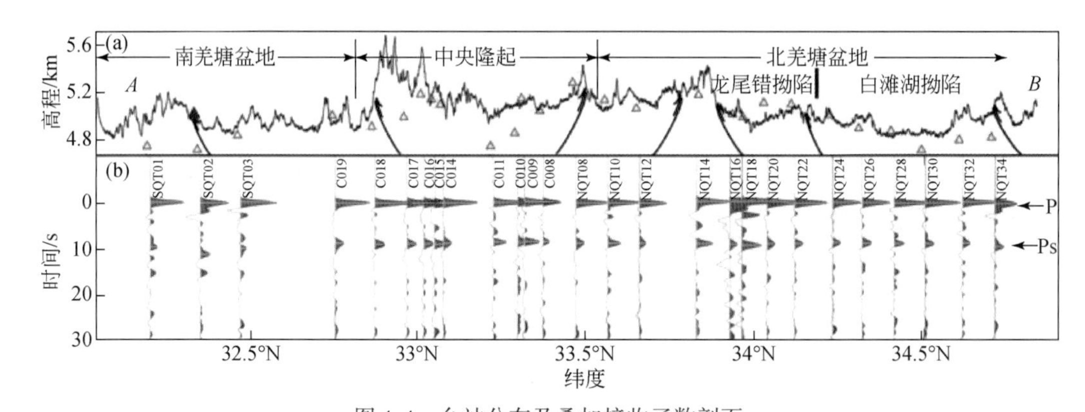

图4.4 台站分布及叠加接收函数剖面

（a）地形线、台站位置（空心三角）与构造单元（黄继均，2001）；（b）台站名、径向分量接收函数叠加结果（吴蔚等，2017）

接收函数S波速度结构反演采用复谱比非线性方法（刘启元等，1996），该方法不仅收敛快，且因为巧妙地引入了时间域接收函数垂向（Z分量）与径向（R分量）初值振幅比，有效降低了反演结果的多解性（刘启元等，1997；刘启元和Kind，2004；陈九辉等，2005；Li *et al.*，2007；王俊等，2009），克服了由于接收函数径向分量不包含传播介质的绝对信息（Ammon *et al.*，1990；Ammon，1991；Ammon and Zandt，1993）所导致的接收函数径向分量反演结果较严重依赖初始模型的缺点。经过多次迭代，选取最佳拟合波形，得到反演结果，沿88.5°E测线下方接收函数S波速度结构剖面如图4.5所示。

2）远震P波层析成像

数据与预处理。除了SinoProbe实验采集的数据，还利用了INDEPTH-III的走时数据（图4.6）。在数据解编过程中，对台站位置参数采取了月平均处理，同时也考虑了GPS的高程与地震计之间的高差。所选用的远震事件M_S震级不小于5.5，震中距介于30°~90°（尽量避免核幔边界和下地幔中的复杂构造对地震波走时的影响），地震事件的震源参数源自美国地质调查局网站（USGS，http://www.usgs.gov），以每个地震事件至少被10个台站接收为标准，共挑选出506个地震事件（图4.7），共拾取到9532个远震P波到时数据，对原始数据进行去平均及0.5~1 Hz的带通滤波，利用波形互相关技术拾取所有地震台站接收的P波到时，精度可以达到0.1~0.2 s。

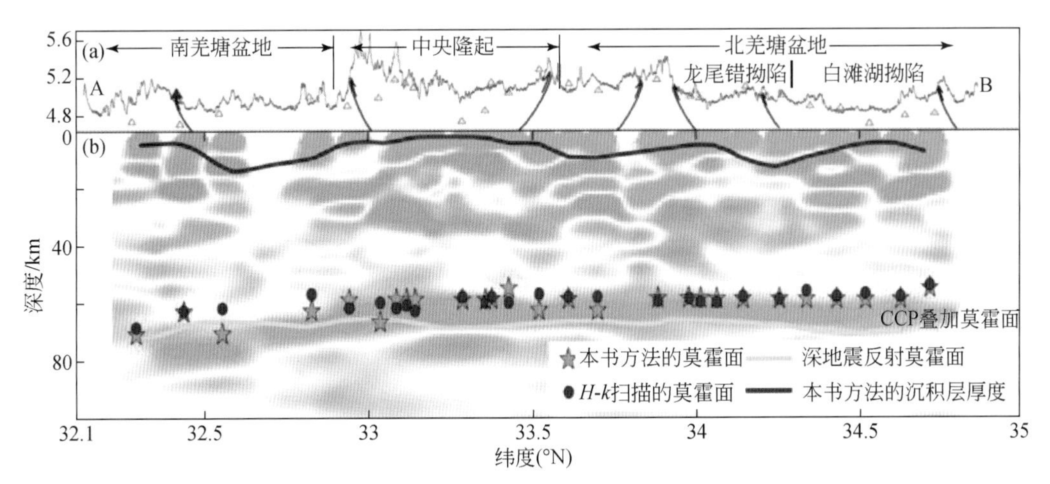

图 4.5 沿 88.5°E 测线下方接收函数 S 波速度结构剖面

(a) 地形线、台站位置（空心三角）与构造单元（黄继均，2001），实心三角示温泉位置；(b) 台站名、径向分量接收函数叠加结果（吴蔚等，2017），引自刘国成（2014）接收函数 CCP 叠加图，蓝实线示沉积层厚度，绿色星型示接收函数 S 波速度结构反演获得的莫霍面深度，蓝色实心圆示 *H-k* 扫描莫霍面深度（刘国成，2014），黄色实线示深反射地震剖面确定的莫霍面深度（Gao *et al.*，2013a）

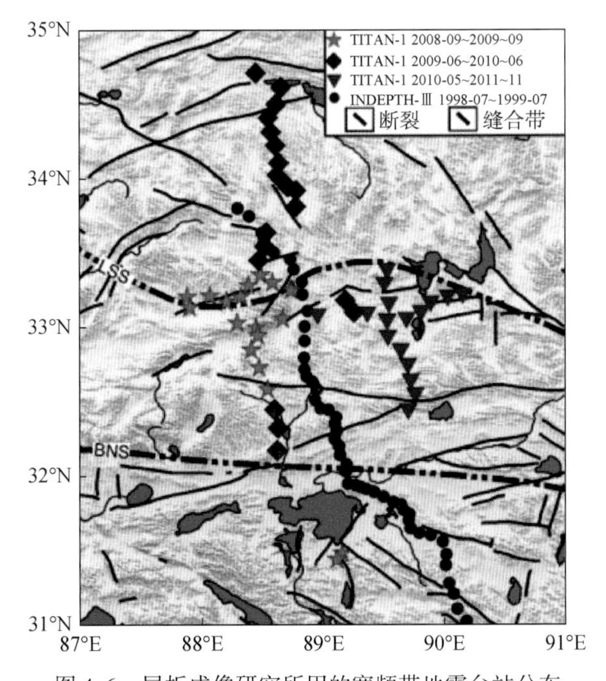

图 4.6 层析成像研究所用的宽频带地震台站分布

五星、钻石、倒三角和圆点示意不同年度部署的台站位置。细实线为断裂，短点划线为缝合带。BNS. 班公-怒江缝合带；LSS. 龙木错-双湖缝合带

走时残差计算。利用一维的 IASP91 地球模型（Kennett and Engdahl，1991）可以得出 P 波的理论走时并根据地球的椭圆率对其进行校正（Dziewonski and Gilbert，1976）。考虑

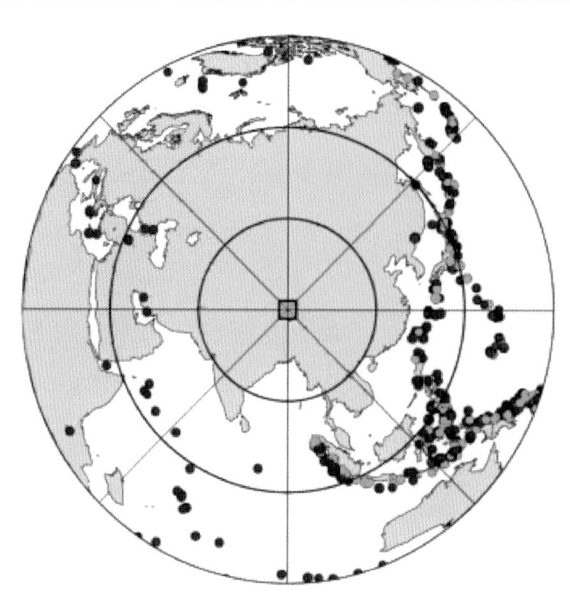

图 4.7　地震层析成像用到的地震事件分布

中心的绿方块示意研究区位置，红绿蓝实心圆点示意不同震源深度（红色<33 km<绿色<100 km<蓝色）的远震事件的分布

到羌塘盆地深部构造的复杂性，射线追踪（Rawlinson *et al.*，2006；郭飚等，2009；张风雪等，2011）采用球坐标下的 FMM（fast marching method）算法（Sethian and Progoviciz，1999；Popoviciz and Sethian，2002；Rawlinson and Sambridge，2004；Rawlinson *et al.*，2006），该算法的核心思想是利用由节点组成的窄带模拟波前曲面的演化，再利用后差分求取程函方程的弱解。

尽管青藏高原地壳横向不均匀性较强，但是相对走时残差幅值不超过 2.0 s 反演结果没有进行地壳校正。地壳初始参考速度模型的建立主要参考了前人邻区层析成像文献和重磁反演结果（苑守成等，2007；郑洪伟等，2007；王喜臣等，2008），地壳以下的深层速度结构由 IASP91 模型得到。

在模型空间内进行了网格划分。横向上网格格点为 0.5°×0.5°，垂向网格间距为 40 km，节点间的速度值利用 B-样条插值获得。反演计算采用了带阻尼的 LSQR 算法（Paige and Saunders，1982a，1982b），选取的阻尼系数为 10。反演前后相对走时残差分布的统计结果表明，经 10 次迭代后，反演残差绝大部分落于在-0.3 ~0.3 s 区间内。

对反演结果的检测板测试结果表明，所用模型空间与网格剖分合理。因为远震射线出射角大，在地壳内部交叉不够好，上地壳（深度≤20 km）分辨率较低。远震射线在研究区大部分的下地壳和上地幔内部（200 km 以上）能很好地交叉，分辨率较高。

图 4.8 为不同深度的水平层切片（20 km、60 km、100 km、140 km 和 200 km）。由图 4.8（a）、(b）可见，成像结果对地壳结构的约束不理想，在 60 km 深度平片上，隐约可以高速、低速较明显的界限向班公-怒江缝合带（BNS）以北偏移将近 1°，可以认为南羌塘的下地壳性质与拉萨地体北部存在某种程度上的相似性。图 4.8（c）、(d）则显示在 100 ~140 km 深度范围，龙木错-双湖缝合带（LSS）北侧相对高速，南侧相对低速。而图 4.8（e)显示，在 180 km 深度这种差异消失，在 LSS 下方被大范围低速所占据。

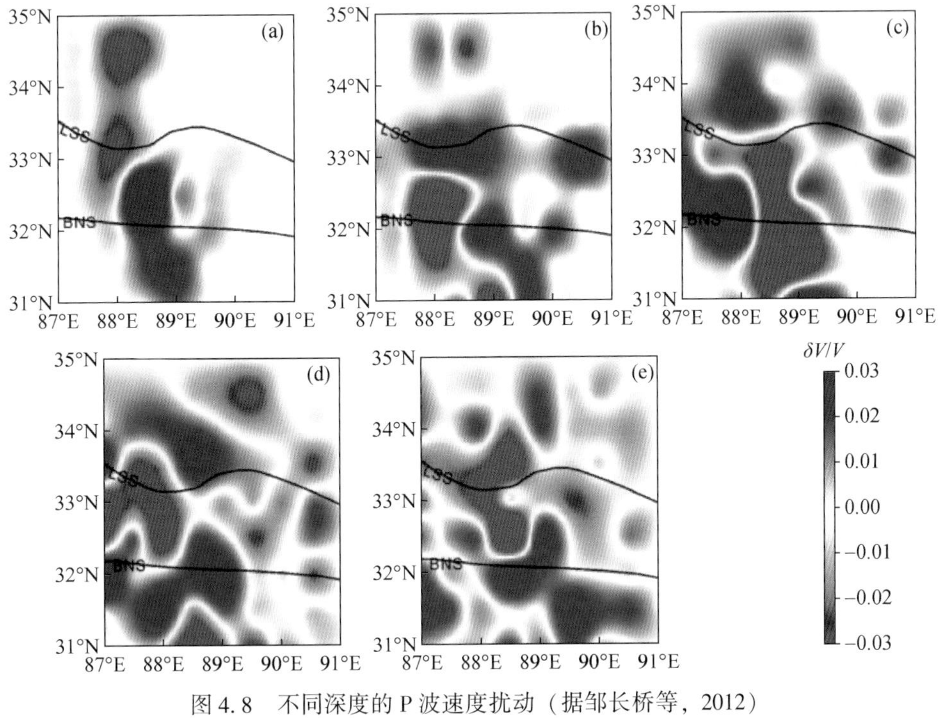

图 4.8 不同深度的 P 波速度扰动（据邹长桥等，2012）

（a）20 km；（b）60 km；（c）100 km；（d）140 km；（e）180 km

为了便于展示 P 波速度结构异常垂向变化特征，分别近平行于羌塘中央隆起带走向和垂直于其走向，各选择两条剖面。东西向剖面 *AA′*沿 33°N 位于隆起带南侧，*BB′*沿 33.5°N 位于隆起带北侧；南北向剖面 *CC′*沿（88.5°E，32.1°N）—（88.5°E，35°N）和 *DD′*沿（89.5°E，32.1°N）—（89.5°E，34.1°N）四条剖面 P 波速度扰动图像如图 4.9 所示。

对比 *AA′*与剖面 P 波速度扰动图像，可见 *AA′*剖面 0～100 km 高速异常占据的面积明显大于 *BB′*，即北羌塘南缘的岩石圈 P 波平均速度高于南羌塘北缘。而在不同位置南北纵向穿过羌塘中央隆起带的 *CC′*和 *DD′*剖面上，P 波速度结构异常特征相似，在羌塘中央隆起带下方为向北陡倾的高速异常。

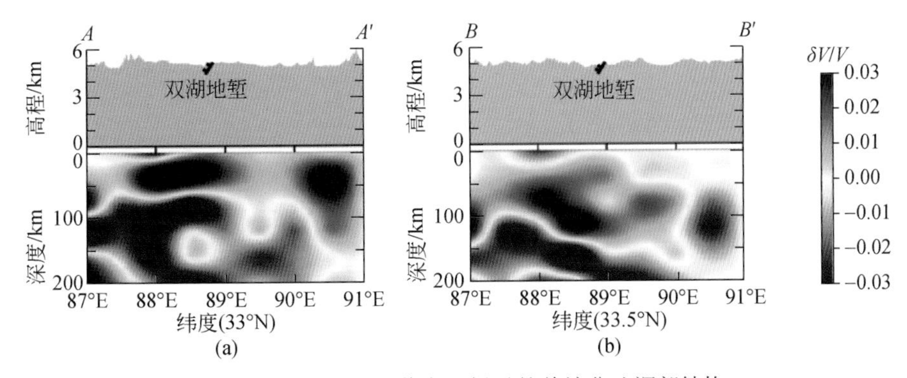

图 4.9 远震层析成像方法揭示的羌塘盆地深部结构

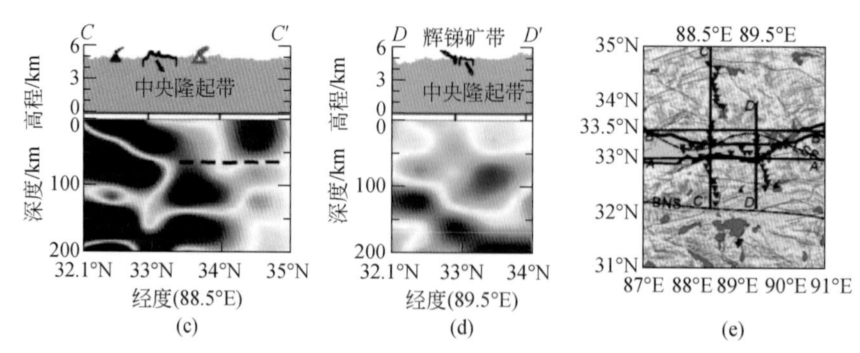

图4.9 远震层析成像方法揭示的羌塘盆地深部结构（据邹长桥等，2012）（续）

（a）台站分布及剖面位置图；（b）*AA'*剖面P波速度扰动图像；（c）*BB'*剖面P波速度扰动图像；（d）*CC'*剖面P波速度扰动图像；（e）*DD'*剖面P波速度扰动图像

（四）主要进展：结果讨论与结论

1. 欧亚岩石圈是否南向俯冲与印度岩石圈在羌塘南部汇聚？

如前所述，在SinoProbe之前，没有一条横穿藏北到达塔里木盆地南缘的地球物理探测剖面作为青藏高原岩石圈动力学的几何学约束。

尽管接收函数图像（Kosorev *et al.*，1999；Kumar *et al.*，2006）显示北向俯冲的印度板块岩石圈前缘越过雅鲁藏布江缝合带于拉萨地体中部拆沉到上地幔乃至影响到上地幔过渡带。但是He等（2010）基于INDEPTH-I、II、III和中美合作PASSCAL数据的远震P波层析成像结果显示印度板块岩石圈北进的更远，俯冲前缘能到达南羌塘之下。Zhao等（2010）对分别沿东经83°、85°、90°（拉萨—格尔木）的观测结果进行了对比，指出北向俯冲的印度板块岩石圈前缘位置及其与亚洲岩石圈汇聚的几何图式在东西方向上都是变化的。

宽频带地震流动台及固定台层析成像结果也支持俯冲在高原下的印度板块岩石圈前缘位置和形态（俯冲角度）随着经度变化的认识，在85°以西，高原最狭窄的部位，俯冲前缘可能已达到西昆仑山下，大致在150 km深，与亚洲岩石圈地幔相遇；在阿里-改则地区，其俯冲前缘位于至少在33.5°E，深度大致在200 km（Hung *et al.*，2010；Chen Y. *et al.*，2010b）；在高原中部剖面（大致89°~91°）其前缘恰好位于羌塘中央隆起之下，深度约在300 km（郑洪伟等，2007；He *et al.*，2010）；沿青藏公路一带下的俯冲前缘则位于大唐古拉山下，深度约在250 km，且发生了断离（郑洪伟等，2007，2010）。

俯冲到青藏高原之下的印度岩石圈地幔总体上表现为高速，但并非“铁板”一块，其内部也有高低速相间分布。总体上，北向俯冲至青藏高原之下的印度岩石圈顶面并不平整，而是呈中间下凹的“铲状”，且西浅东深（郑洪伟等，2007）。

越来越多的证据支持青藏高原隆升与其南北两侧大陆的双向俯冲有关（吴功建等，1991；Roger *et al.*，2000；Tapponnier *et al.*，2001）。尽管模式众多，然而关于亚洲板块南向俯冲的观测图像并不多，这限制了我们对陆-陆碰撞和青藏高原隆升的深入认识。

Kind 等（2002）的接收函数成像结果突出了亚洲岩石圈的前缘位置从北（柴达木）延伸到羌塘盆地之下，此结果引起不小的轰动，Kumar 等（2006）的接收函数成像结果（图 4.10）显示的亚洲岩石圈厚度和前缘位置与 Kind（2002）相近。也有人提出质疑，同样是处理 INDEPTH-Ⅰ、Ⅱ、Ⅲ 和中美合作 PASSCAL 宽频带地震观测数据，为什么 Kosarev 等（1999）的结果没有显示亚洲岩石圈向南俯冲的形态。

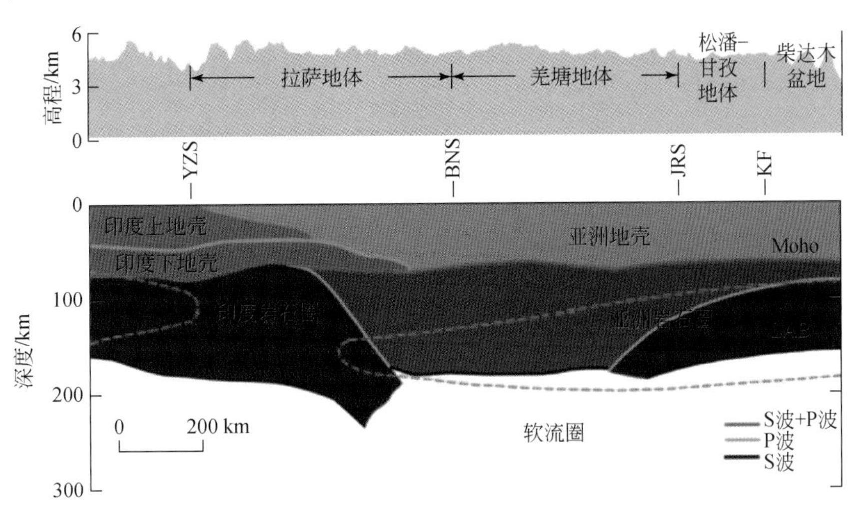

图 4.10　INDEPTH-Ⅰ、Ⅱ、Ⅲ 和中美合作 PASSCAL 宽频带地震数据接收函数约束的印度-欧亚岩石圈汇聚样式（据 Kumar *et al.*，2006）

YZS. 雅鲁藏布江缝合带；BNS. 班公-怒江缝合带；JRS. 金沙江缝合带；KF. 昆仑断裂；Moho. 莫霍面；LAB. 岩石圈-软流圈边界

SinoProbe 宽频带地震数据的远震 P 波层析成像结果显示，以 1%～3% 高速异常体代表的印度岩石圈向北俯冲了更远距离的模式，其前缘已经穿过了 BNS（郑洪伟等，2007），在 34°N 以南达到 400 km 深度（He *et al.*，2010）。可能与亚洲岩石圈汇聚于羌塘中央隆起带之下（邹长桥等，2012）。

青藏高原中南部宽频带地震台站增加以后，分辨率提升，有限频体波层析成像结果显示，有两个高速异常体。在拉萨地体北部（30°～32°N）之下，深度约 100 km 独立的局部高速异常，被解释为早期印度岩石圈曾经平俯冲到达 BNS 南侧，在 30°N 断离以后，印度岩石圈板片后撤，断离部分以较大的角度下沉 200～400 km 地幔更深处（Liang *et al.*，2011，2012，2016）。

Zhao 等（2011）系统整理了 INDEPTH-Ⅰ～Ⅳ 及 PASSCAL 宽频带地震数据，获得的接收函数图像如图 4.11 所示。由图 4.11 可知，印度板块以较陡的角度向北俯冲，到达拉萨地体腹地；而亚洲（柴达木）岩石圈先是以高角度俯冲到昆仑带之下，然后以平缓的角度楔入青藏高原北部之下（见图 4.11 中 AP）。俯冲前缘位置不受班公-怒江缝合带的限制，向南深入拉萨地体腹地与印度岩石圈汇聚（未接触），其俯冲的深度小于印度岩石圈并以平缓的角度深入到高原腹地。这与 Zhao 等（2010）的接收函数结果是一致的。

截至目前，研究者对印度岩石圈曾经平俯冲到达 BNS 南侧的认识在一定程度上达成了共识。但是对是否存在昆仑-柴达木岩石圈向南俯冲的问题，从事接收函数成像的研究者

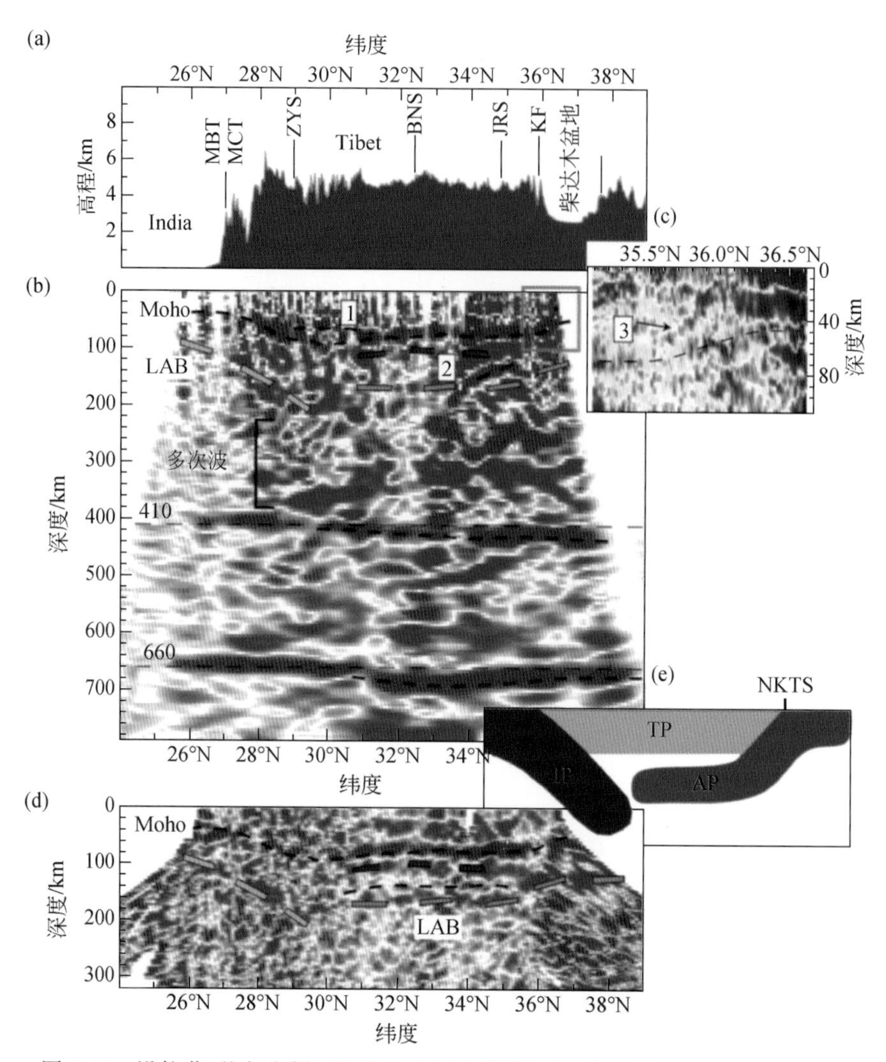

图 4.11　沿拉萨-格尔木剖面印度-亚洲岩石圈汇聚形态（据 Zhao *et al.*，2011）

（a）地形；（b）P 波接收函数 CCP 剖面；（c）莫霍面局部放大显示；（d）S 波接收函数剖面；（e）印度岩石圈与亚洲岩石圈汇聚形态卡通图。India. 印度大陆；MBT. 主边界冲断裂；MCT. 主中央冲断裂；ZYS. 雅江缝合带；Tibet. 青藏高原；BNS. 班公-怒江缝合带；JRS. 金沙江缝合带；KF. 昆仑断裂；Moho. 莫霍面；LAB. 岩石圈-软流圈边界；1. 双莫霍；2. 亚洲板块莫霍；3. 壳内倾斜结构

（Kind *et al.*，2002；Zhao *et al.*，2011）与层析成像的研究者（Liang *et al.*，2012，2016；Nunn *et al.*，2014；Wang *et al.*，2019）意见不一。层析成像结果显示昆仑-柴达木地体向南俯冲距离有限。印度岩石圈与亚洲岩石圈汇聚的动力学模式的争议还将持续一定时期。

INDEPTH 和 PASSCAL 数据 S 波分裂研究揭示青藏高原的中东部快波方向和大小都发生了突然的系统性变化（快波优势方向改变，快慢波时间延迟增大），最明显的转折发生在班公-怒江缝合带附近（图 4.12），Huang 等（2000）将其解释为坚固的印度岩石圈俯冲到喜马拉雅和西藏的南部，以及较软的亚洲岩石圈地幔进入到青藏高原中部的标志。

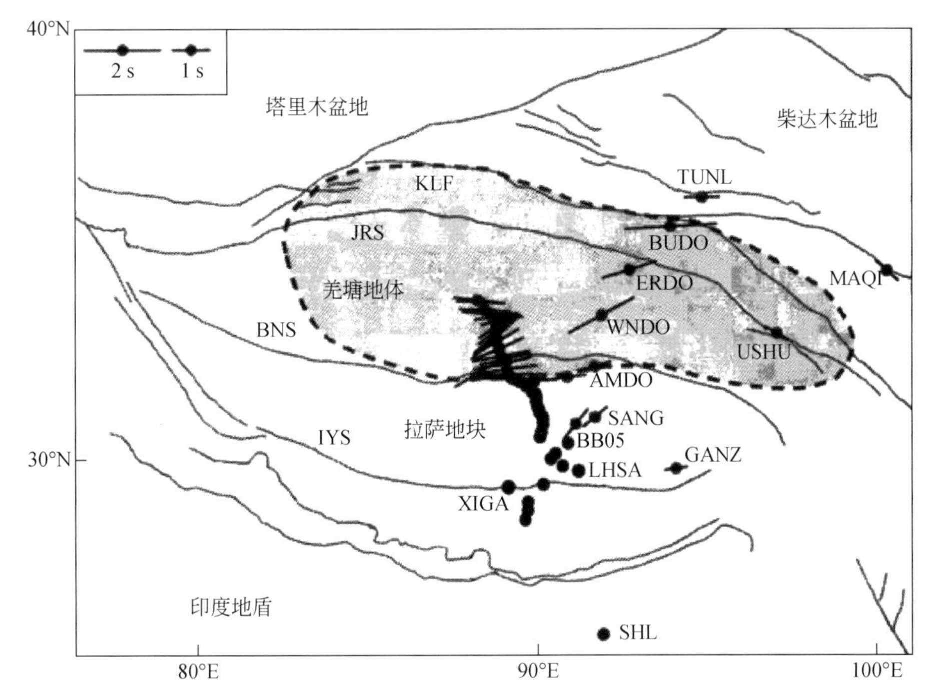

图 4.12　横穿青藏高原的 INDEPTH 剖面 SWS 观测结果（据 Huang *et al.*，2000）
图中阴影区域表示高 Sn 衰减区。IYS. 印度河-雅鲁藏布江缝合带；BNS. 班公-怒江缝合带；JRS. 金沙江缝合带；KLF. 东昆仑断裂

2. 羌塘盆地中央隆起（龙木错-双湖缝合带）的构造属性

羌塘盆地内的中央隆起主要是指冈玛错、玛依岗日、查桑至西雅尔岗，近东西向横亘于羌塘地体中央的前侏罗系隆起区。区域重磁场（滕吉文等，1996；刘池洋等，2002；郑洪伟等，2010）、大地电磁测深（郭新峰等，1990；秦国卿和李海孝，1994；孔祥儒等，1996；鲁兵等，2003；魏文博等，2006）、深地震测深结果（孔祥儒等，1996；Zhao W. *et al.*，2001；Haines *et al.*，2003）等已有的地球物理资料成果显示，羌塘中央隆起两侧块体地壳-上地幔的地球物理属性有明显差异，李才（1987）命名为龙木错-双湖缝合带（LSS）。

目前，对羌塘盆地中央隆起的成因机制的认识有两种完全相悖的观点：

第一种观点认为伸展环境下形成的。如前泥盆系的变质杂岩（吴瑞忠等，1985）、裂谷作用后隆升（王成善和张哨楠，1987；王成善等，2001），或者是在金沙江洋关闭时形成的增生楔（Sengor，1990）或变质核杂岩（Kapp *et al.*，2000，2005；尹福光，2003；Kapp and Guyun，2004）。这样，中央隆起把羌塘分为南、北羌塘盆地或称南、北羌塘凹陷，因而南、北羌塘盆地有着统一的基底（黄继钧，2001；王成善等，2001）。

而与第一种观点截然不同的是，第二种观点认为羌塘中央隆起为古特提斯缝合带，即冈瓦纳古陆的北界（李才，1987；李才等，2006）。主要依据是在中央隆起区内发现了蓝片岩带、榴辉岩及蛇绿岩套（Hening，1915；李才，1987；李才等，1995，2001，2006；胡克等，1995；鲍佩声等，1999；邓希光等，2000，2002），其两侧的沉积建造古生代以来有明显差异。上述观点对传统的青藏高原大地构造格局认识提出了挑战，传统上的羌塘地体被该缝合带分为北羌塘地体（又称昌都地体或者羌北-昌都地体）和南羌塘地体（又称羌塘地体或者羌南-保山地体）（任纪舜，1997；李才等，2006）。

SinoProbe 宽频带地震接收函数研究发现，南羌塘的莫霍面较北羌塘深大约 5 km，远震 P 波层析成像发现，在中央隆起带下方存在一向北陡倾的高速体，其两侧地幔岩石圈速度结构有明显差异，在南北向剖面上对应出露蓝片岩和榴辉岩（李才等，2006）的位置。

同时期（2004～2010 年）横过 BNS 和羌塘中央隆起实施了深地震反射调查（Ross *et al.*，2004；卢占武等，2006，2016；Gao *et al.*，2013a），深反射叠加和偏移剖面显示，从拉萨地体北部到北羌塘地体，莫霍面总体平缓展布。无论是越过 BNS 还是 LSS，莫霍面只有不大于 5 km 的抬升。

根据目前的地球物理资料，比较肯定的事实是，现今保存下来的 LSS 两侧壳幔结构性质的差异，小于 BNS。这可以解释为 LSS 较 BNS 更早关闭（原特提斯洋、古特提斯洋由北向南依次关闭退出），也可以认为是 LSS 发育不成熟（夭折裂谷）或规模有限。无论如何，定性为南大陆（冈瓦纳）、北大陆（劳伦）的分界，地球物理差异的量级不足。

因此，关于羌塘中央隆起的大地构造属性问题，仍将继续争议下去。毕竟古特提斯洋消亡的地质年代比较久远，加之后期青藏高原碰撞造山对岩石圈结构的强烈改造，都不利于地壳上地幔结构差异的保存。

3. 羌塘北部新生代火山岩深部背景和形成机制

前人多认为青藏高原北部新生代火山岩的成因与岩石圈地幔伸展垮塌作用有关（邓万明等，1996；Ding *et al.*，2003；Williams *et al.*，2004；Chung *et al.*，2005；Guo *et al.*，2006；罗照华等，2006）。郑洪伟等（2007）层析成像结果指示印度岩石圈俯冲前缘到达羌塘地体之下，俯冲前缘存在从地表直达软流圈地幔的低速体。推测低速体是由于印度岩石圈地幔前缘扰动软流圈引起的地幔热物质上涌的通道。由于低速体存在导致青藏高原北部上地幔低 Q 值、低 Pn 波速、Sn 波传播失效，为青藏高原北部的新生代钾质、高钾质火山岩的形成提供了深部条件。SinoProbe 宽频带地震数据层析成像进一步约束新生代火山岩的源区深度小于 150 km，即藏北钾质火山岩源自岩石圈地幔的熔融。这与已有的地球化学分析结果（Turner *et al.*，1993；邓万明等，1996；Hacker *et al.*，2000；Ding *et al.*，2003；Williams *et al.*，2004；Chung *et al.*，2005；Guo *et al.*，2006；罗照华等，2006）认为源自亏损的岩石圈地幔的认识相符合。

第三节　青藏高原南北向裂谷的深部背景及动力学机制

（一）研究背景

青藏高原拉萨地块出露大面积碰撞期火山岩系，并发育数条南北走向的正断层系或“地堑”，国内外学者多数将之统称为南北向裂谷系（rift system）。其中，自西向东规模较大的依次为亚热裂谷、塔口拉-隆格尔裂谷、文部裂谷、定结-申扎裂谷、羊八井-当雄裂谷、错那裂谷六个主要裂谷系。其中文部裂谷、定结-申扎裂谷和羊八井-当雄裂谷规模最大。三大裂谷在南北向上均贯穿喜马拉雅地体和冈底斯带，不受雅鲁藏布江缝合线限制，南端切割了藏南拆离系（STDS），到达高喜马拉雅（HHS），最北端于班公-怒江缝合线附近被喀喇昆仑-嘉黎走滑断裂系所截，俗称“藏南三大裂谷系”。

1978 年，Molnar 等通过卫星影像和青藏高原内部震源机制发现青藏高原内部存在大量正断层，推测这些正断层系是相对软弱的青藏高原下地壳伸展导致的。更详细的野外地质填图显示正断层系在藏南和藏北均广泛分布，它们走向为近南北向，形成了一系列的以高角度正断层为边界的断陷盆地（Molnar and Tapponnier，1978）。Molnar 等推测这些正断层系是相对软弱的青藏高原下地壳伸展（或者流动）导致的（Molnar and Tapponnier，1978）。Armijo 等（1989）认为藏南裂谷可能是由于拉萨地块沿喀喇昆仑-嘉黎断裂带向东挤出而形成的。Yin 等（1999）发现伸展构造在藏北也有较广泛的分布。Yin 和 Harrison（2000）发现不同地块内裂谷之间的间隔距离不同，从南往北，裂谷之间的间距不断减小，通过与东亚裂谷的比较，认为裂谷的形成可能与整个高原的状态或者与过去 10 Ma 左右广泛的东亚伸展作用有关。Kapp 和 Guynn（2004）通过模拟青藏高原应力状态来反演裂谷分布特点，认为仅需沿着藏南喜马拉雅弧的局部应力和垂直向应力就足以致高原裂谷的平面展布呈现现今的特征，边缘剪应力、基底剪应力和水平剪应力不是必需的。通过拟合藏南地表 GPS 数据，Styron 等（2011）认为平行于弧的伸展是由于方向多变的斜向印度-欧亚俯冲造成的。

国内学者张进江等（1999，2002）研究了藏南的伸展构造（如定结-申扎正断层系），认为它们是造山期收缩伸展，伸展期的主导构造运动为挤压和隆升，伸展构造是造山带应变分解所致，而不是高原下降的标志（张进江和丁林，2003）。丁林等（1999，2006）通过拉萨地块中的高镁超钾质火山岩的成分分析和年龄测定，认为高原裂谷系统的形成是由于俯冲印度地壳的断离造成的高原岩石圈伸展破裂，其活动时期分为两个阶段，首先伴随高原隆升（23 ~ 13 Ma），随后在重力作用下，促使高原垮塌（13 Ma 至今）。

高原内部正断层系在地表的走向、长度和平面展布等几何学特征及其活动年代已经得到较为统一的认识，但其形成的机制争议仍然很大。可大致分为两大类观点：一类认为东西向伸展构造仅是印度板块俯冲适应性的调节，并不代表高原隆升到最大高度，按照时间先后有块体挤出模式、广泛的东亚伸展作用、同挤压的伸展变形，方向多变斜向俯冲模式等；另一类认为东西向伸展构造代表高原已经隆升到最大高度，并且可能已经开始垮塌。

尽管自 20 世纪 70 年代以来完成了一系列的地球物理研究工作，如中国科学院的亚东-当雄地震宽角反射地震剖面探测，1982 年中-法合作宽角反射地震剖面探测及 20 世纪 90 年代的 INDEPTH 深反射地震、宽频带地震及大地电磁剖面等探测，Hi-CLIMB 计划宽频带地震探测，措勤-聂拉木宽角反射地震剖面，中国科学院青藏高原所 2008 年结束的 ITP 天然地震探测计划等，然而，受限于通行条件，这些地球物理探测的测线不得不平行或沿着南北向裂谷走向部署，不利于用来研究南北向裂谷走向的形成机制。

前人沿申扎—措勤一线开展了人工源宽角反射地震探测（侯增谦等，2008）和大地地磁测深工作（闫永利等，2012），获得了该区地壳速度结构和电性结构在东西向上的变化特征，为研究南北向裂谷系的形成机制提供了地壳尺度上的约束。然而，冈底斯高镁超钾火山岩的研究表明，南北向裂谷的形成与岩石圈地幔的减薄和软流圈的上涌等深部动力作用有关，仅地壳尺度的深部地球物理信息不足以解释这一深部动力学过程，亟待垂直于南北向裂谷系的宽频带地震剖面观测数据提供上地幔结构的信息。

（二）观测实验技术方案

针对青藏高原南北向裂谷的深部背景，SinoProbe 宽频带地震实验部署了两条观测剖面。

其一以尼玛–定日与定结–申扎两个裂谷系为研究对象。为避免雅鲁藏布江缝合带对探测结果的影响，测线平行于雅鲁藏布缝合带，位于其北 100 km 左右，沿冈底斯带走向在 N30°附近布设了一条横切裂谷的东西向剖面，跨过尼玛–定日和定结–申扎两个裂谷系（图 4. 13），剖面长约 320 km，共架设了 33 个地震流动观测台站，传感器用 Guralp CMG-3ESP，记录器型号为 Reftek-130-1。

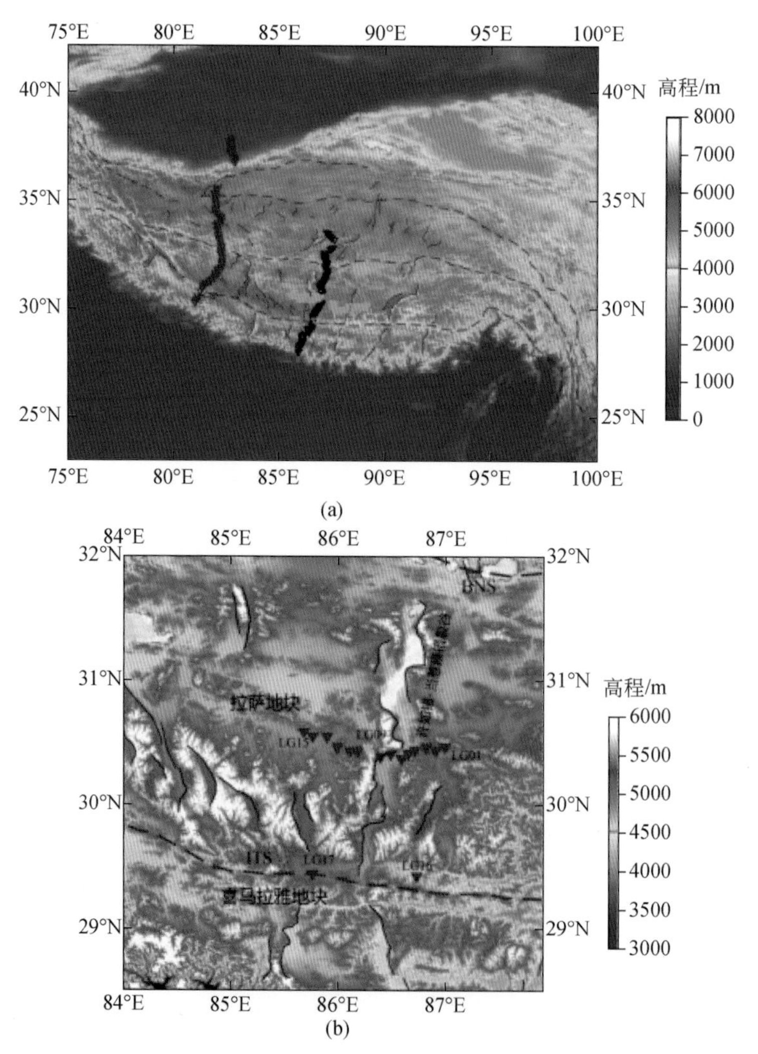

图 4. 13　SinoProbe 裂谷观测实验 LG 测线台站分布图

（a）裂谷分布与实验测线研究背景；红色虚线为缝合带，黑色实线为正断层，绿色三角为 SinoProbe 实验 LG 观测台站，南北向黑色和红色三角分别为 ANTILOPE-I 和 ANTILOPE-II 台站分布。（b）LG 台站部署图；ITS. 雅鲁藏布缝合带；BNS. 班公–怒江缝合带；黑色实线为正断层，红色倒三角形为台站位置 LG15、LG09 和 LG01 为台站编号，台站编号由东向西递增

台站的布设分为两期；第一期横穿尼玛-定日裂谷系的中段（又称许如错-当惹雍错裂谷）布设台站，台站以 LG 加编号命名。台站编号自东向西依次为 LG01 ~ LG15。LG16 和 LG17 偏离测线，观测时间为 2008 年 10 月到 2009 年 11 月，布设了 17 个流动台站，台站全天 24 小时以采样率 40 Hz 的频率记录，共采集了约 95 GB 的数据。位于雅鲁藏布缝合带北偏约 10 km 左右。第二期针对定结-申扎裂谷布设了 16 个流动台站，台站以 NDLG 加编号命名，记录时间从 2009 年 11 月至 2011 年 12 月，共采集了约 79 GB 的数据。

其二以申扎裂谷、羊八井-当雄裂谷为主要研究对象，沿冈底斯带北缘 N31°布设了一条全长 850 km 的东西向剖面（图 4. 14）。

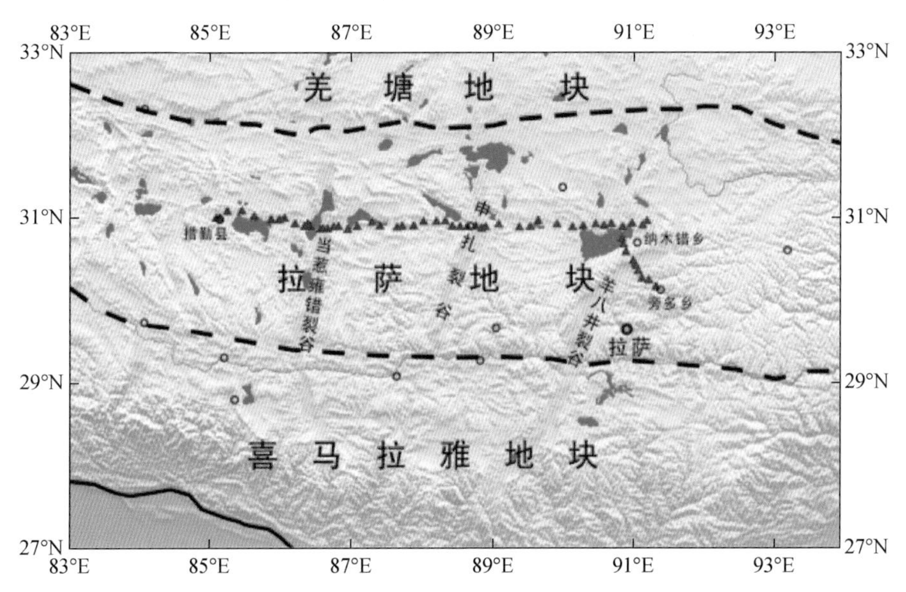

图 4. 14 冈底斯带北缘东西向实验剖面（红色三角示为台站位置）

冈底斯带北缘东西向实验剖面共布设宽频带地震台站 58 套，使用 Reftek-72A 型采集器 27 套，Reftek-130 型采集器 31 套；使用 CMG-3ESP（40 Hz-30 s）型拾震器 51 套，CMG-3ESP（40 Hz-60 s）型拾震器 6 套，每个台站电源供应采用两块 40 W 太阳能电池板和两个 60 AH 铅酸蓄电瓶并联。平均台间距 15 km（南北向断裂带关键部位台间距最小 3 km，无人区台间距最大 25 km）。单台平均观测时长达 13 个月（2009 年 9 月至 2010 年 11 月），累计地震数据量近 300 GB（Reftek 连续记录压缩格式）。

（三）分析方法与结果

对 SinoProbe 宽频带地震实验数据开展了远震 P 波接收函数分析（H-k，CCP）、S 波速度结构反演、S 波接收函数、剪切波分裂研究、远震体波有限频层析成像和背景噪声成像研究。由于篇幅所限，这里仅选择性地介绍一些重要成果。

1. P 波接收函数分析

1）LG 测线和 NDLG 测线

经过挑选，从 LG 测线 17 个台站记录数据获得了 2140 个接收函数，大部分台站计算得到的接收函数个数在 100 个以上。台站 LG11 以东，10 个台站下方的地壳厚度是通过 *H-k*方法计算得到，以西 7 个台站 10 s 左右的 Ps 转换震相很弱，仅能在叠加的接收函数中观察到，*H-k* 方法搜索不聚焦，改由莫霍面一次 Ps 转换波估算。绝大多数台站台站的莫霍面深度约为 80 km，泊松比约为 0. 26。

共转换点（CCP）叠加得到的平均接收函数波形图中在 8 s 和 10 s 左右各有一个正的 Ps 转换震相（图 4. 15），该莫霍面结构特征称为莫霍双层结构（双莫霍，Moho Doublet）。事实上，双莫霍是一个叠加效应。除 LG02、LG10 外，在单台接收函数中大部分方位角能观察到8 s和 10 s 的 Ps 震相，少部分方位角仅能观察到 8 s 左右的震相，还有少部分方位角仅能观察到 10 s 左右的震相。

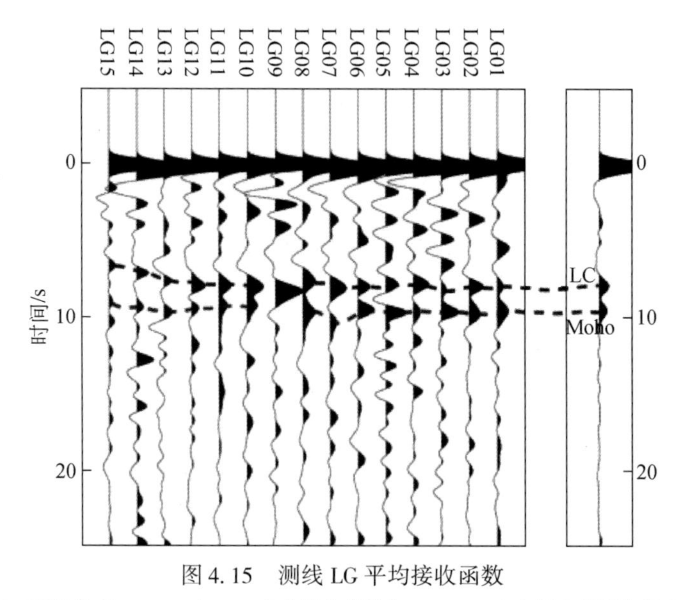

图 4. 15 测线 LG 平均接收函数

LC. 下地壳（lower crust），8 s 左右黑色虚线为 LC，10 s 左右黑色虚线为莫霍面

LG09 台站极为特殊。除极少接收函数外，单个接收函数和平均接收函数也均未看到双莫霍现象。下方莫霍面深度为 66. 3 km，比相邻的台站 LG10 和 LG08 浅了 10 km 左右，与之对应的是 8. 5 s 左右的莫霍面 Ps 转换波。在水平方向 10 km 左右的距离，莫霍面抬升了 10 km 左右。为了验证观测结果的可靠性，将与裂谷紧密相关的台站 LG10、LG09、LG08、LG07 和 LG06 的接收函数在 80 km 的穿透点画在一张图上，研究不同台站在穿透点交叉区域的数据的结果一致性（图 4. 16）。台站 LG09 方位角大于 180°的记录在 80 km 处的穿透点位于 LG10 正下方，或者以西，可以看到该方向的记录显示了与 LG10 类似的双莫霍结构；而在后方位角 90°附近的台站 LG10 的记录，却只有 8 s 左右的 Ps 转换波，这与 LG09 是一致的，它展示了莫霍面抬升的精确的位置。最明显的是台站 LG06，来自后方位角 300°左右和 360°左右的接收函数有明显的差别：300°左右的事件在 80 km 处的穿透点位于台站 LG08 正上方，仅记录到 8 s 左右的 Ps 转换波，与台站 LG09 的记录相似；而台站 LG07、LG08 同时记录到了 8 s 和 10 s 的 Ps 转换波，但记录不如 LG06 清晰。通过这种方法圈定莫霍面错断的位置位于图 4. 16 中的绿色多边形所限的范围内。

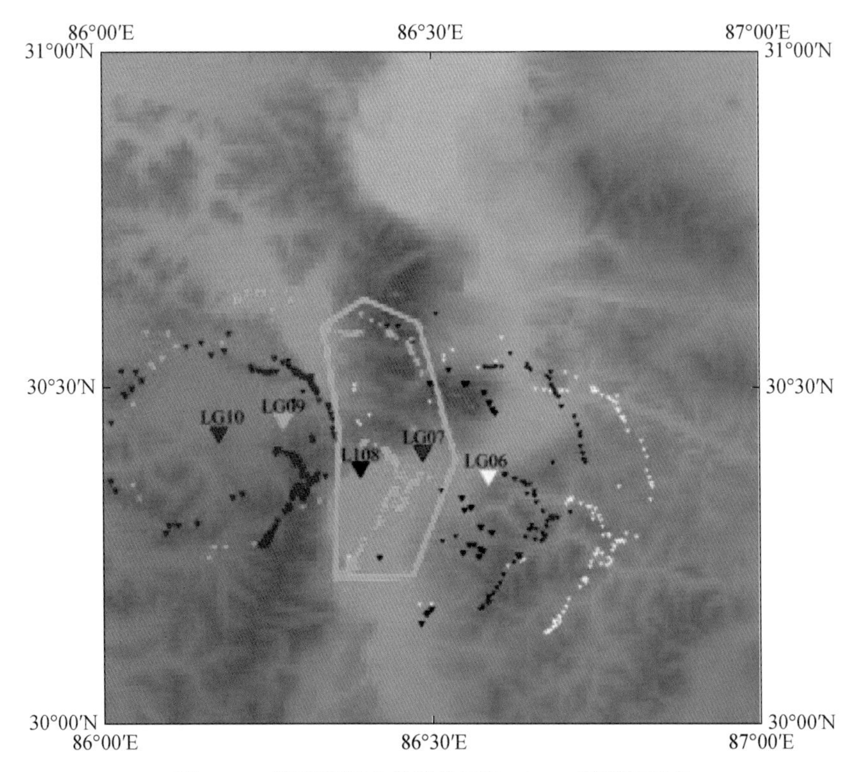

图 4.16 裂谷附近台站接收函数 80 km 深度穿透点

大倒三角形为台站位置，小倒三角形为 80 km 处的穿透点；红色、绿色、黑色、蓝色和白色分别代表了台站 LG10、LG09、LG08、LG07 和 LG06；莫霍面错断位置在绿色多边形区域内

图 4.17 是测线 LG 的共转换点叠加的图像。双莫霍在图像中十分显著，尽管莫霍面在

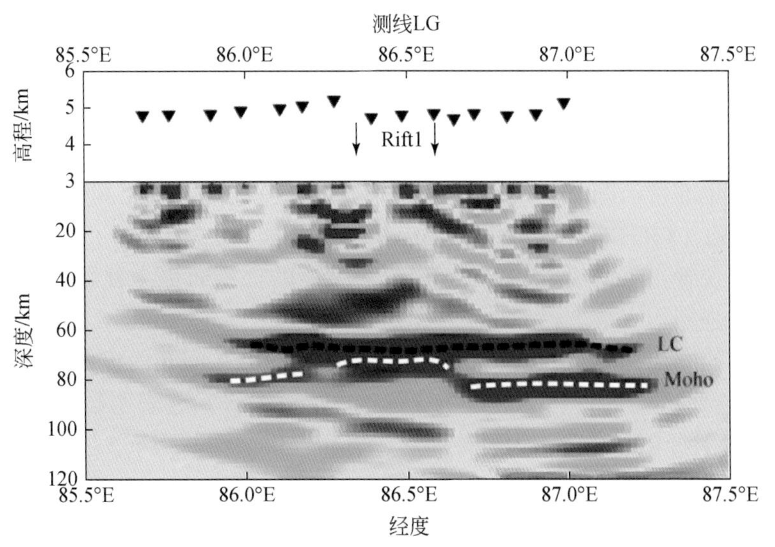

图 4.17 测线 LG 的共转换点叠加图像

红色表示速度减小的界面，蓝色表示速度增加的界面；LC. 下地壳（lower crust）；两箭头之间的区域为许如错-当惹雍错裂谷（Rift1）在地表处的位置

中间有一段不连续，但整体上双莫霍的两个界面都呈近水平展布且十分尖锐。莫霍面错断的位置在地表的投影与裂谷在剖面所在位置几乎重合，表明裂谷与深部结构异常的相关性很大。莫霍面错断正上方（裂谷下方）40～60 km 处有一处低速区域，推测这些低速物质很可能是从地幔涌上来的岩浆。壳内 15 km 左右的低速层并不连续，裂谷偏东下方似乎存在一个向东倾斜的低速层，倾角大概为 40°左右，在后续小节的反演结果图像上则表现为从台站 LG08 到 LG06，低速层的深度和宽度的增加。

共转换点叠加图像与波形数据的分析都表明许如错-当惹雍错裂谷系深切到莫霍面，在莫霍面附近与两侧的界线十分清楚，推测它形成时代较新。

对 NDLG 测线台站数据的接收函数分析获得了与 LG 测线相近的共转换点叠加图像（图 4.18）。

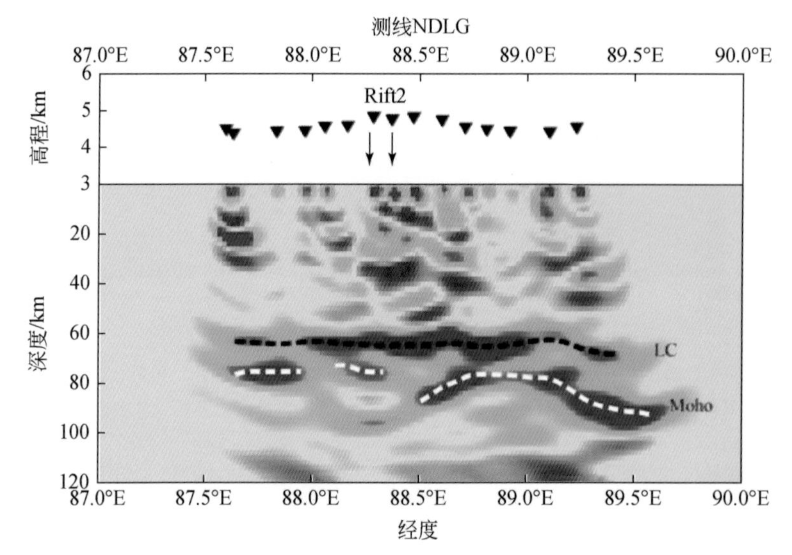

图 4.18　测线 NDLG 共转换点叠加图

红色表示速度减小的界面，蓝色表示速度增加的界面；LC. 下地壳（lower crust）；Moho. 莫霍面；东经 88.5°附近为定结-申扎裂谷（Rift2）在地表的大概位置

可见双莫霍也非常清晰。其下地壳（LC）界面较为平缓，但比测线 LG 起伏要大。通常深部物质上涌在 CCP 图像上表现为界面上拱，因此推测上拱区域（东经 88.6°～88.9°）为裂谷在深部的位置。与测线 LG 相比，测线 NDLG 的莫霍面更为复杂，表明其受深地幔物质的改造更加强烈。

除了地壳结构，还用 P 波接收函数对 410 km 和 660 km 间断面成像。整体上，410 km 和 660 km 的间断面清晰而连续，深度与 IASP91 模型一致，这表明裂谷的活动被限制在 410 km 间断面以上（图 4.19），为裂谷的形成机制提供了深部约束。

2）措勤-纳木错剖面（C 剖面）

利用时间域迭代反褶积方法，基于措勤-纳木错剖面（C 剖面）48 个宽频带地震台站为期 13 个月记录的宽频带三分量地震记录，进行了远震（震中距 30°～90°）P 波接收函数求取，最终优选有效远震事件 291 个（图 4.20），高信噪比接收函数 4258 个。

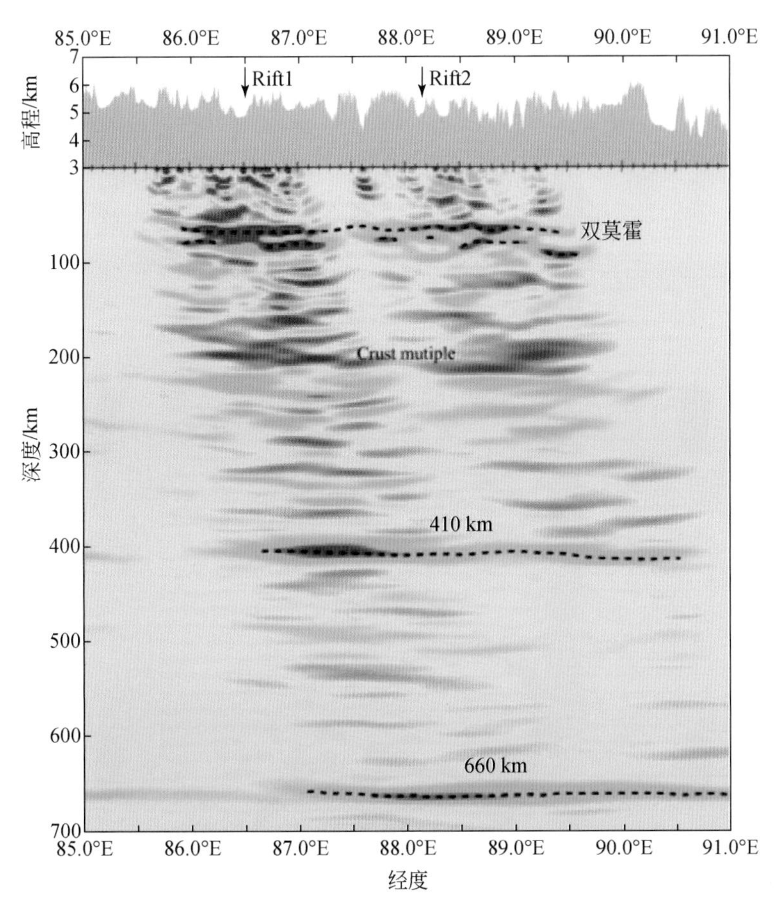

图 4.19 两条测线深部共转换点叠加图像

Rift1. 许如错-当惹雍错裂谷；Rift2. 定结-申扎裂谷；Crust mutiple. 莫霍面多次波

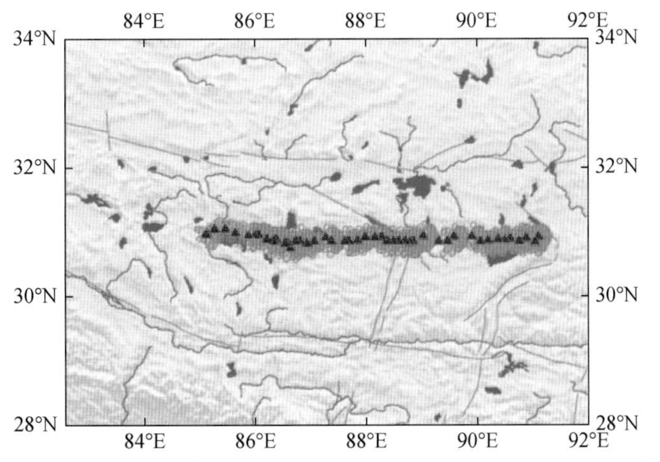

图 4.20 措勤-纳木错剖面台站位置及有效远震事件位置分布图

绿色圆圈为 Pms 转换点位置

在获得远震 P 波时间剖面基础上，为了获得清晰、连续的时间域 Pms 波震相相对走时特征，开展了单台远震 P 波接收函数叠加时间剖面和共转换点（CCP）面元滑动叠加（共转换点面元宽度为 25 km，滑动步长为 5 km）研究，结果分别如图 4.21、图 4.22 所示。

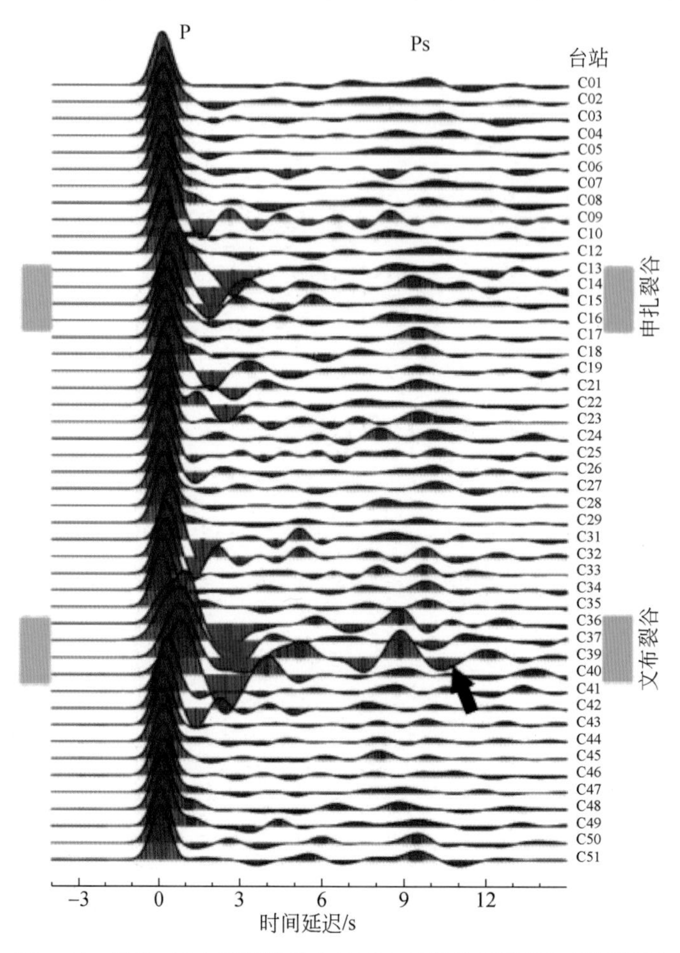

图 4.21 措勤-纳木错测线单台远震 P 波接收函数叠加时间剖面

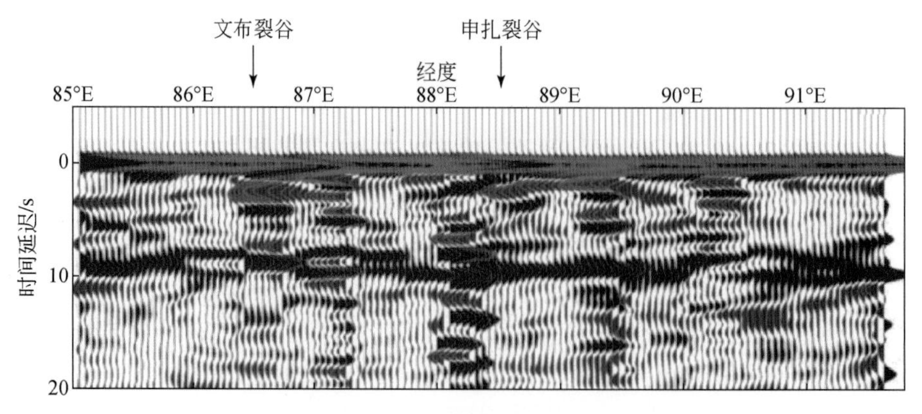

图 4.22 措勤-纳木错测线远震 P 波接收函数 CCP 面元叠加时间剖面图

叠加参数为面元宽度为 25 km，滑动步长为 5 km

由图4.21、图4.22可见，措勤-纳木错测线下方部分地区（如文布裂谷两侧，申扎裂谷下方）存在明显的双莫霍现象，但在裂谷系正下方，却显示出明显的单一莫霍特征；同时，裂谷系区直达P波震相出现明显滞后，该特征是由于裂谷内巨厚沉积层造成的波形平均效应而导致的。

为了研究该区地壳厚度和平均波速比（V_P/V_S）的横向变化特征，分别开展了单台远震P波接收函数 H-k 扫描（图4.23）和共转换点（CCP）面元接收函数 H-k 扫描研究工作（图4.24），其中CCP面元参数同上。

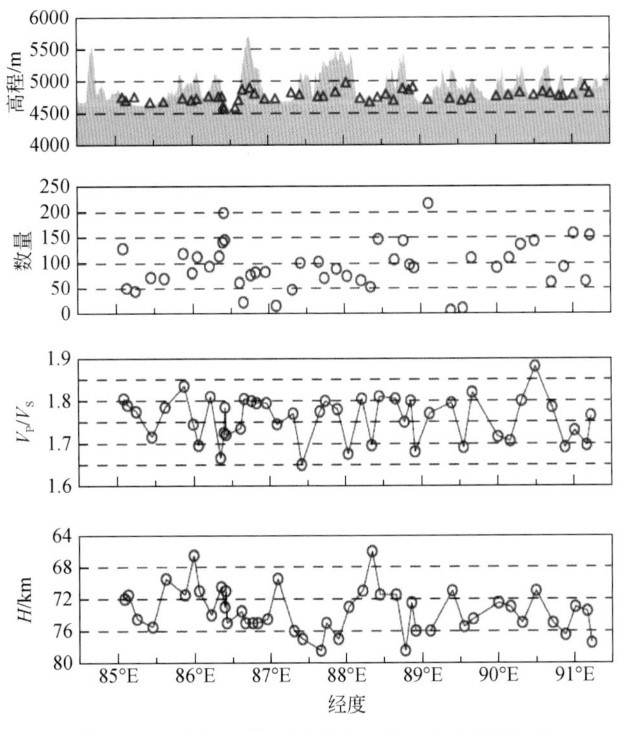

图4.23　单台远震P波接收函数 H-k 扫描结果

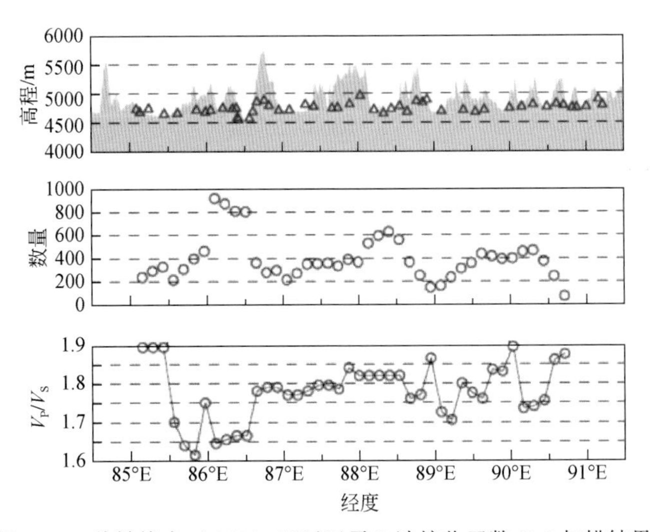

图4.24　共转换点（CCP）面元远震P波接收函数 H-k 扫描结果

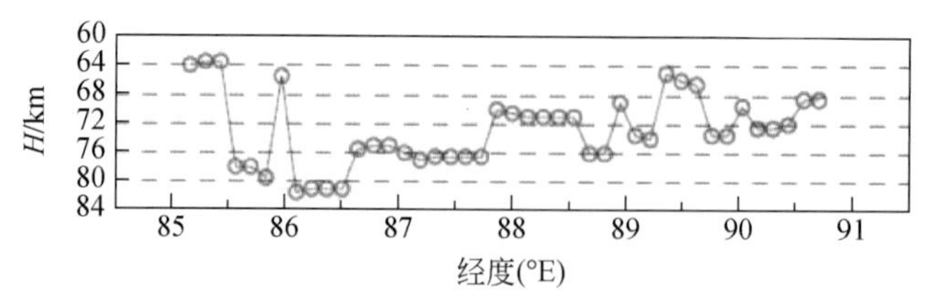

图 4.24 共转换点（CCP）面元远震 P 波接收函数 H-k 扫描结果（续）

由图 4.23、图 4.24 可见，沿测线方向，地壳厚度和平均波速比跳跃变化，这种现象是由于“双莫霍”界面引起的 H-k 扫描不稳定所引起的，即扫描捕获总是能量最强的界面信息，但不能确定对应双界面中哪一个。

用共转换点偏移成像获得了测线下方壳幔内部主要间断面形态特征（图 4.25），并分别按照地壳和地幔尺度进行了平滑，如图 4.26、图 4.27 所示。

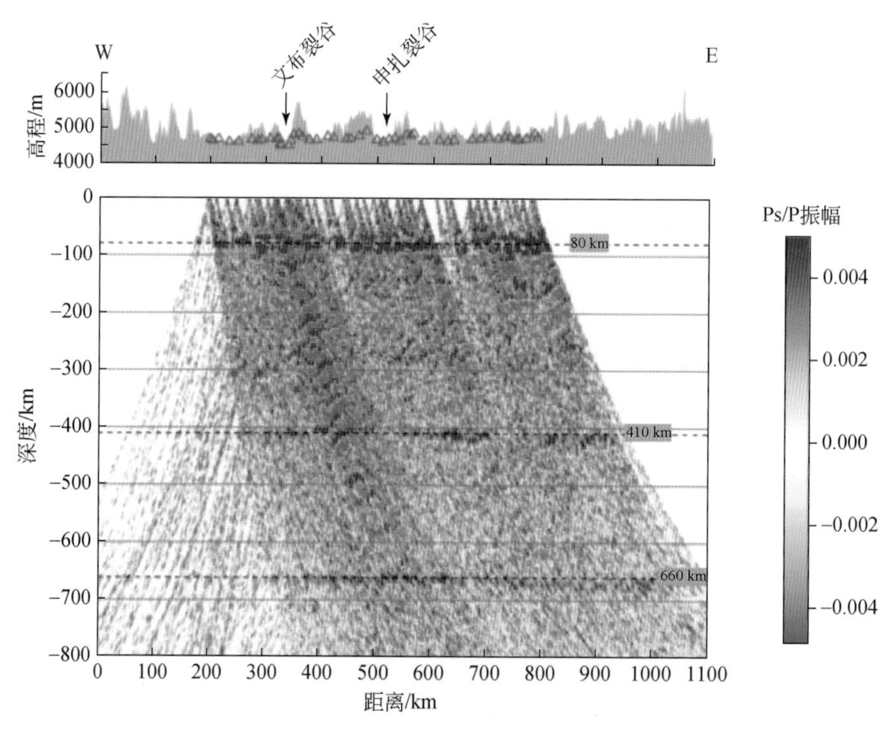

图 4.25 措勤-纳木错测线远震 P 波接收函数共转换点偏移成像

多次波传播路径长、速度相对较低，相对 Pms 具备更高的分辨莫霍面的能力。引入了 H-k 扫描的思想，在给定平均地壳 P 波速度的前提下，在一定波速比范围内按某一变化步长逐一扫描，进行共转换点（CCP）多次波偏移成像，结果如图 4.28 所示。通过波速比扫描，无论是 Pms 还是 PpPms、PpSms 的成像结果，对“双莫霍”的分辨能力均有提升，尤其是 PpPms 多次波成像，很好地分辨了研究区下方的“双莫霍”特征。

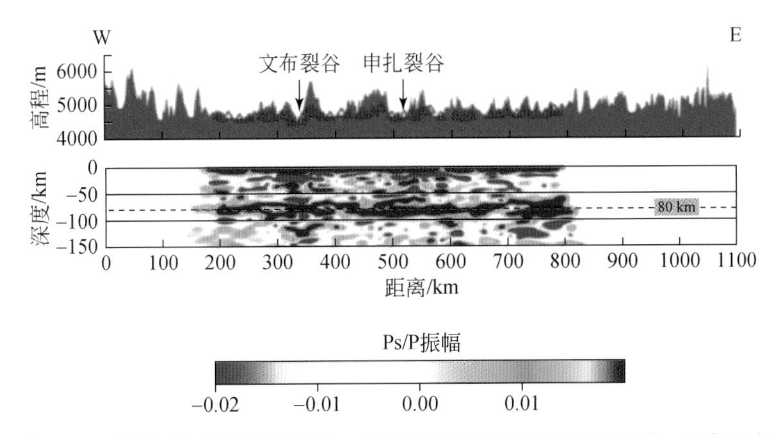

图 4.26　措勤-纳木错测线远震 P 波接收函数共转换点偏移成像-地壳尺度

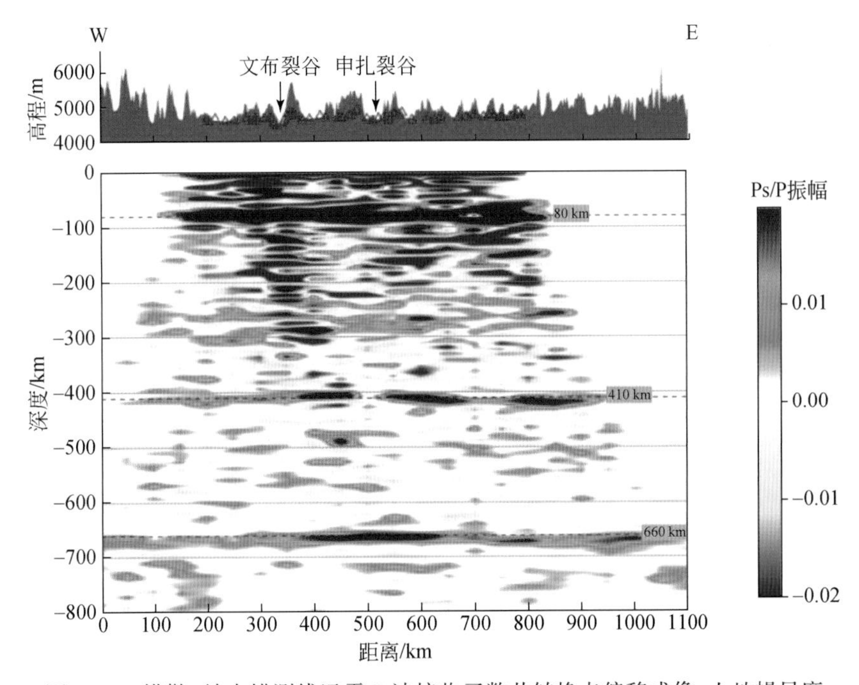

图 4.27　措勤-纳木错测线远震 P 波接收函数共转换点偏移成像-上地幔尺度

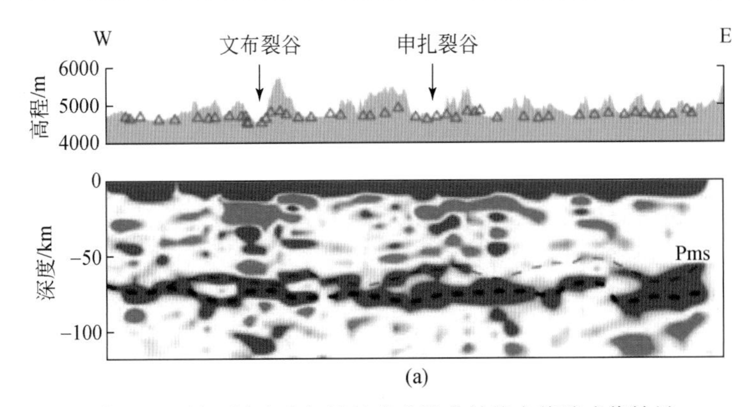

图 4.28　基于波速比扫描的多次波共转换点偏移成像结果

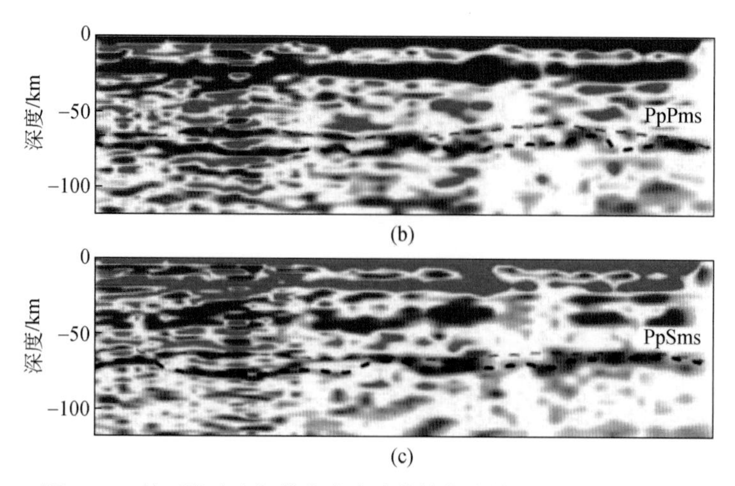

图 4.28　基于波速比扫描的多次波共转换点偏移成像结果（续）
虚线示双莫霍

2. S 波速度结构反演

本节只给出 LG 测线（许如错–当惹雍错裂谷）和 NDLG 测线（定结–申扎裂谷）的 S 波速度结构反演结果。以青藏高原人工地震结果（孔祥儒等，1999；滕吉文等，2012）修正过的 Crust 2.0 为初始模型，反演了台站下方的 S 波速度结构，结果分别如图 4.29、图 4.30 所示。

由图 4.29 和图 4.30 可见，在以为速度结构模型中，上地壳 20 km 深度上下存在壳内低速带（LVZ），在 60 ~ 80 km 深度范围存在上、下两个速度界面，较弱的上界面为 LC，较强的下界面为莫霍面。

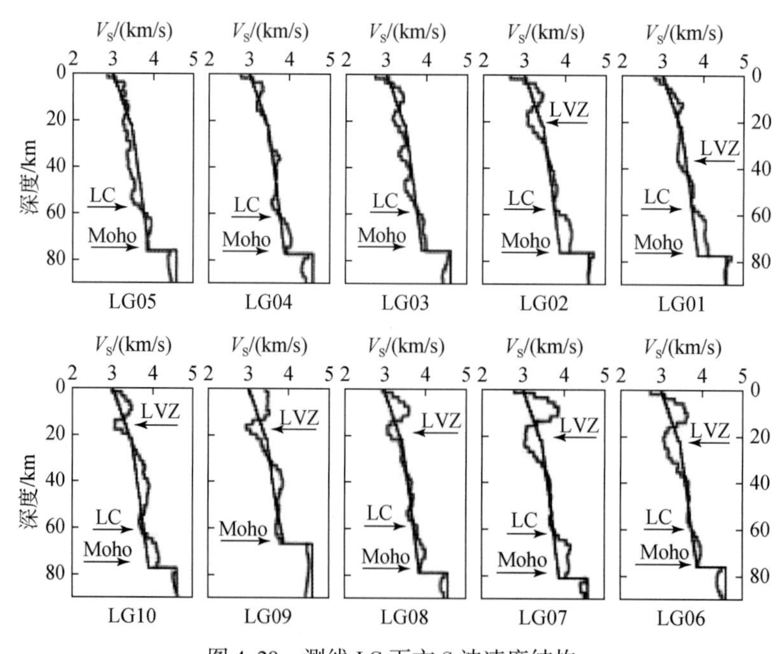

图 4.29　测线 LG 下方 S 波速度结构

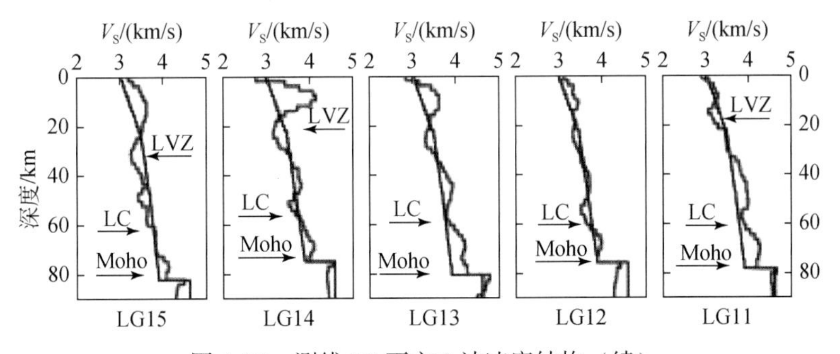

图 4.29 测线 LG 下方 S 波速度结构（续）

LC. 下地壳；LVZ. 低速带（low velocity zone）；Moho. 莫霍面

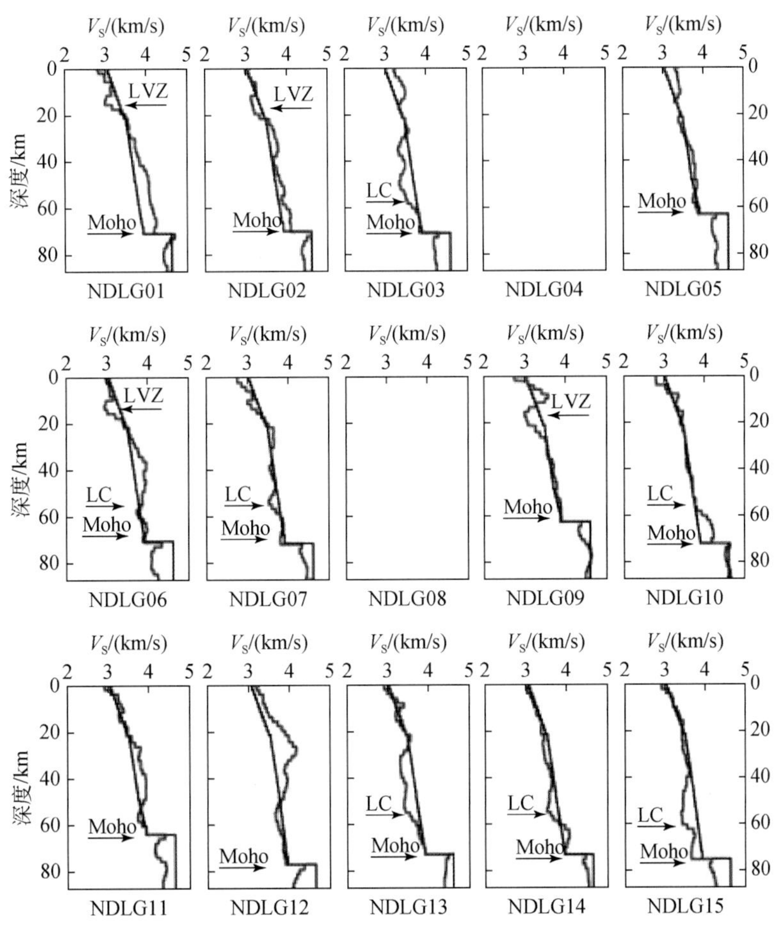

图 4.30 测线 NDLG 下方 S 波速度结构

LC. 下地壳；LVZ. 低速带；Moho. 莫霍面

3. S 波接收函数

本节只给出 LG 测线 S 波接收函数岩石圈–软流圈边界（LAB）估算结果。图 4.31 为

LG 测线单台 S 波接收函数叠加结果，总体上莫霍面由西向东略变浅，显著特征是 LAB 的 Sp 转换震相在 LG01 台站以西十分清晰，而到了 LG01 台站以东极难认定。即使在 LG01 台站以西，紧随 Spm 的负震相距莫霍面太近，不排除其为 Spm 旁瓣的可能性。

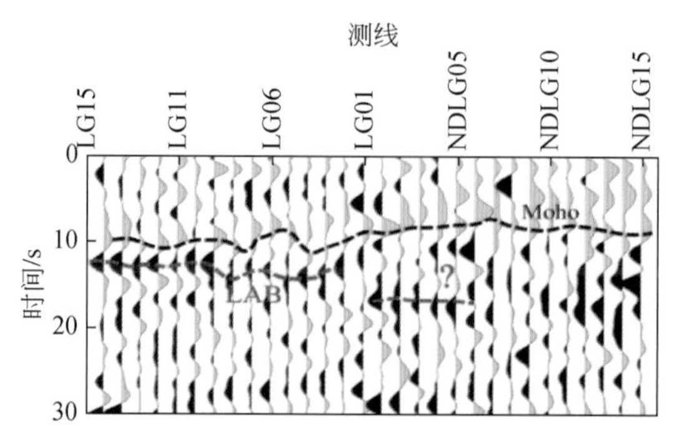

图 4.31　单台叠加得到的 S 波接收函数

考虑到 LG 测线太短，S 波接收函数采样空间大，频率又低。为了更加合理地显示 LAB 变化特征，将所有 S 波接收 120 km 处的穿透点绘制成图 4.32。由于测线是东西向的，而地震主要来自后方位角 0°～180°，因此地震射线在深部的穿透点很自然地分开，集中在两条近平行、相距 100 km 左右的 Line 1 和 Line 2 附近，使用类似于 P 波接收函数的共转换点叠加的方法得到了两条线的深度域的图像（图 4.33、图 4.34）。

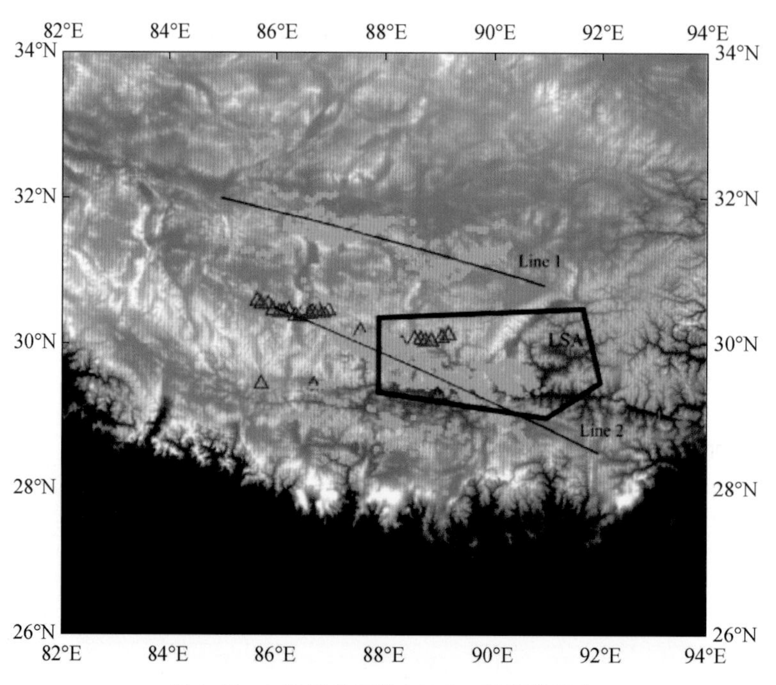

图 4.32　S 波接收函数 120 km 处的穿透点

红色三角形为台站位置，绿色圆点为 Sp 转换波在 120 km 处的穿透点，黑色方形区域为根据已有研究绘制的莫霍面极为复杂的区域

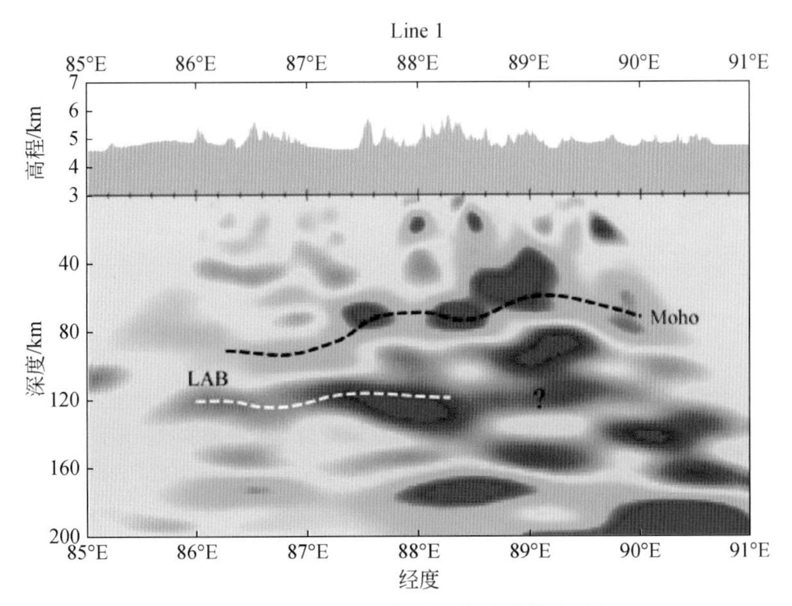

图 4.33 Line 1 S 波接收函数共转换点叠加

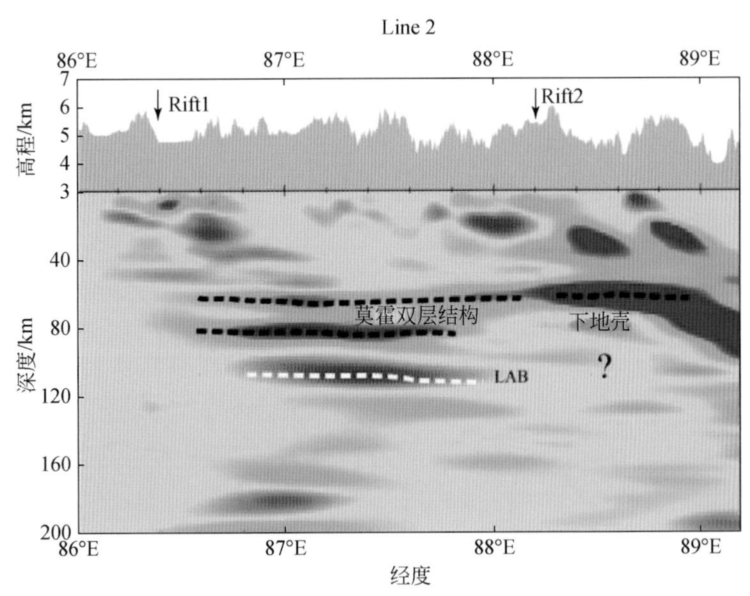

图 4.34 Line 2 S 波接收函数共转换点叠加

Rift1. 许如错-当惹雍错裂谷；Rift2. 定结-申扎裂谷

Line 1 穿透点大致上沿着班公-怒江缝合带，深度域的图像信噪比很低，但莫霍面尚可以识别，LAB 仅在测线西半部分被清楚地记录到，前人的结果表明该区域正是印度板块和欧亚板块岩石圈交汇之处，上地幔结构比较复杂。

4. 剪切波分裂研究

选取震中距大于 85°、震源深度大于 60 km 和震级 $5.5<M_S<7.1$、震源破裂过程简单的

地震事件（图 4.35），并截取事件发生后 1200 ~ 2400 s 的波形数据，用于 XKS（包括 SKS、SKKS 和 PKS）震相的分裂研究。

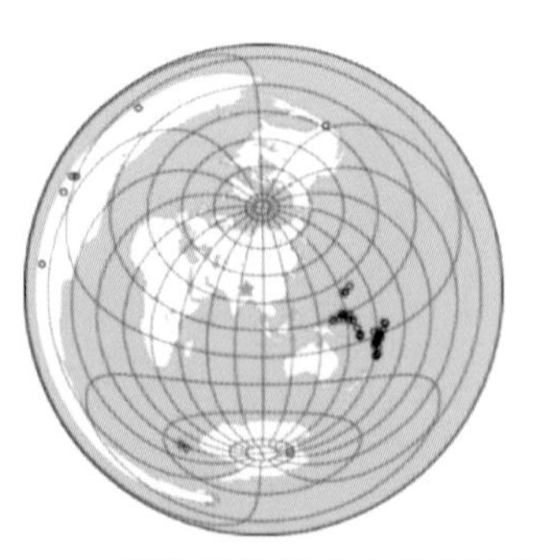

图 4.35　LG 和 NDLG 测线计算横波分裂参数使用的地震事件

圆圈为挑选出来的地震事件，其中黑色的数据质量较差未使用，红色的为质量好的用来计算分裂参数的事件；绿色五角星为研究区域

数据的处理用 SplitLab 软件包中完成。根据 IASP91 模型，对于每一个地震事件，使用旋转互相关、SC 法两种方法计算分裂参数 φ（快波方向）和 δt（时间延迟），通过参考信噪比两种方法的计算结果及评价如表 4.1、表 4.2 所列。所有得到的分裂参数绘制成图 4.36。

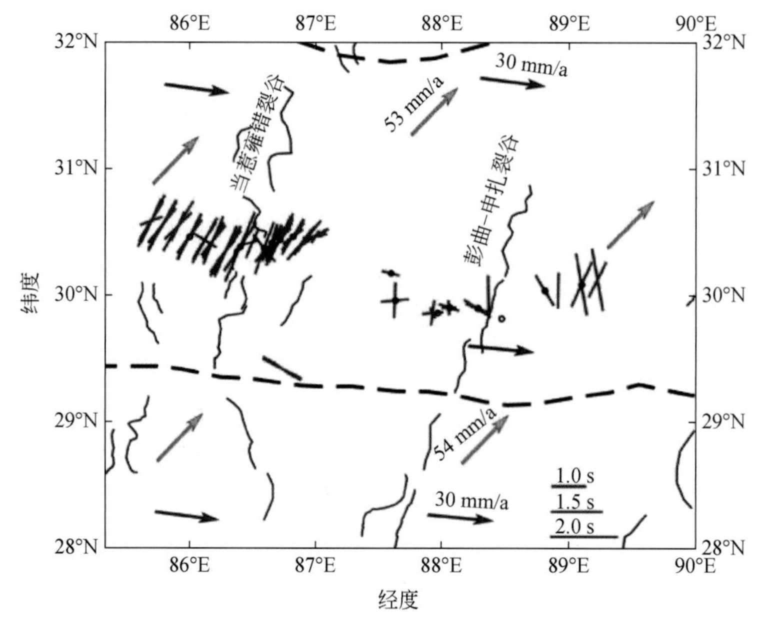

图 4.36　LG 测线、NDLG 测线横波分裂结果汇总图

红色线段为 XKS 分裂结果，线段方向为快波方向，线段长度代表时间延迟；蓝色箭头为以相对于欧亚板块的板块绝对运动方向，其上方数字为运动速率；绿色箭头为以印度板块为参考点的板块绝对运动方向，其上方数值为运动速率

由图 4.36 可知，LG 测线各台站快波方向较为一致，为 NE 方向，时间延迟为 1 s 左右；NDLG 测线各台站快波方向较乱，大致包含 NE 和 NW 两个方向。定结–申扎裂谷（图

4.36 中彭曲-申扎裂谷）西侧的快波方向为 NW 方向，东侧为 NE 方向为主。两条测线都观测到了很多无效（Null）值，这并不意味台站下方的介质是各向同性的，而是由于下方复杂结构导致的。NDLG 15 和 NDLG 16 台站较特殊除了具有 NE 和 NW 两个快波方向外，时间延迟达到 2 s 以上。由于数据较少，方位角覆盖极为有限（100°～110°），后文将结合青藏高原已有的各向异性研究结果(图 4.37)讨论。

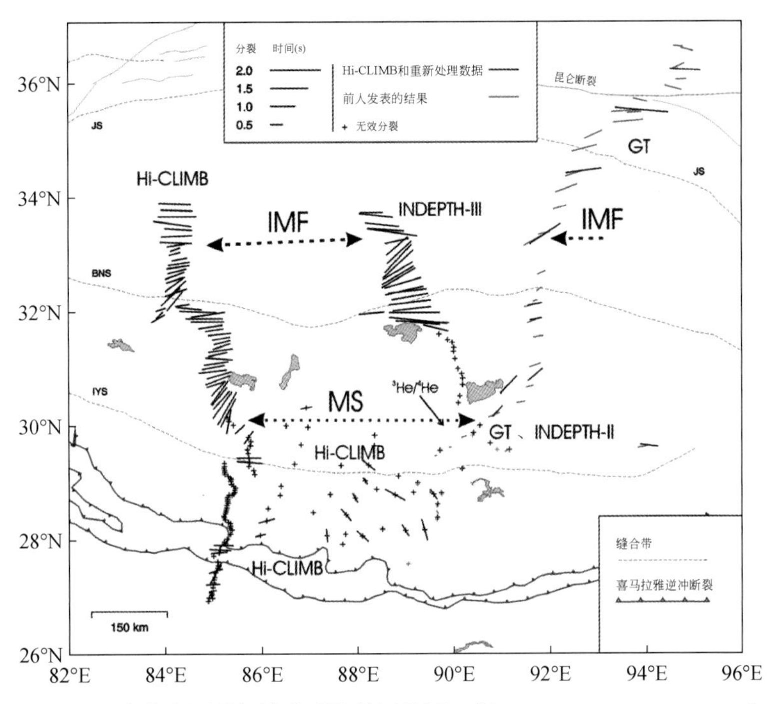

图 4.37 青藏高原剪切波分裂结果汇总图（据 Chen W. P. *et al.*，2010）

表 4.1 LG 测线和 NDLG 测线各台站 S 波分裂综合信息表

台站	总数/个	有效			无效/个	震相		
		好/个	中等/个	差/个		SKS/个	SKKS/个	PKS/个
LG01	15	4	6	5	0	13	1	1
LG02	12	1	6	5	0	11	0	1
LG03	12	2	5	4	1	7	4	1
LG04	15	0	6	7	2	11	3	1
LG05	10	0	7	2	1	9	0	1
LG06	13	0	2	9	2	10	2	1
LG07	7	1	0	6	0	6	0	1
LG08	7	1	3	2	1	5	1	1
LG09	21	1	10	10	0	18	2	1
LG10	17	1	5	11	0	16	0	1
LG11	10	0	4	6	0	9	0	1

续表

台站	总数/个	有效			无效/个	震相		
		好/个	中等/个	差/个		SKS/个	SKKS/个	PKS/个
LG12	10	0	4	6	1	9	0	1
LG13	9	0	3	6	0	8	0	1
LG14	8	0	5	3	0	6	1	1
LG15	13	2	5	6	0	10	2	1
LG16	10	1	3	6	0	9	1	0
LG17	1	0	0	0	0	1	0	0
NDLG01	10	1	0	4	5	6	4	0
NDLG02	9	1	1	1	6	4	5	0
NDLG03	2	0	0	0	2	1	1	0
NDLG04	7	1	3	1	2	5	2	0
NDLG05	9	2	2	1	4	7	2	0
NDLG06	2	0	0	0	2	0	2	0
NDLG07	12	0	2	2	8	6	6	0
NDLG08	4	0	1	2	1	3	1	0
NDLG09	6	0	0	2	4	5	1	0
NDLG10	8	0	0	5	3	6	2	0
NDLG11	6	0	0	4	2	5	1	0
NDLG12	9	0	1	4	4	4	5	0
NDLG13	11	0	1	5	5	2	9	0
NDLG14	7	0	2	2	3	5	2	0
NDLG15	10	0	2	8	0	8	2	0
NDLG16	11	0	0	3	8	7	4	0

表 4.2 LG 测线各台 PKS 震相

台站	φ/(°)	Δt/s	结果质量
LG01	25<31<39	0. 3<0. 4<0. 5	Good
LG02	25<33<43	0. 4<0. 5<0. 7	Fair
LG03	46<51<58	0. 5<0. 6<0. 6	Good
LG04	39<43<50	0. 8<0. 9<1. 0	Fair
LG05	25<28<35	0. 7<0. 9<1. 1	Fair
LG06	23<28<37	0. 7<0. 9<1. 1	Fair
LG07	21<24<29	0. 8<0. 9<1. 1	Good
LG08	29<32<37	0. 7<0. 8<0. 9	Good
LG09	27<30<29	1. 2<1. 3<1. 3	Good

续表

台站	φ/(°)	Δt/s	结果质量
LG10	23<30<35	1.0<1.2<1.4	Fair
LG11	27<32<35	1.2<1.2<1.4	Fair
LG12	29<36<41	1.0<1.2<1.2	Fair
LG13	37<46<54	1.0<1.1<1.2	Fair
LG14	29<33<37	1.0<1.1<1.2	Good
LG15	27<33<37	0.6<0.6<0.8	Good

5. 远震体波有限频层析成像

（1）数据准备。对措勤—当雄测线 58 个宽频带流动地震台站，记录时间为 13 个月的波形数据，开展了远震体波有限频层析成像研究。根据美国地质调查局和中国地震局公布的地震目录，其间全球共发生的 M_S 5.0 级以上地震 2541 个。从中选取震中距范围 30°～85°的地震 968 个。

通过对地震观测台站记录到的这 968 个地震波形进行 GPS 时间精度检查、仪器响应去除及三分量记录旋转之后，选取需要用到的不同震相，并根据需要将地震波形分为高频（P 波 0.5～2 Hz，S 波 0.1～0.5 Hz）和低频（P 波 0.1～0.5 Hz，S 波 0.05～0.1 Hz）两个频率进行了滤波处理，这里我们使用了 P、S、PcP 和 ScS 震相。将不同的震相截取后进行信噪比分析，对信噪比高的数据进行手工的震相到时拾取，再利用手工拾取的震相到时进行互相关计算得到最终的相对走时数据。

最终获得信噪比足够高的数据集合包含了 218 个地震的不同频率的震相数据（图 4.38）。通过对高低频不同的震相数据分别进行射线追踪和计算走时敏感度核函数，构建走时方程，并反演得到了青藏中部东西向当雄到措勤的地壳和上地幔顶部速度结构。进行射线追踪和走时敏感度核函数这两项运算的耗时都比较长，在现有数据量情况下，每一次运算要约 3 天时间。

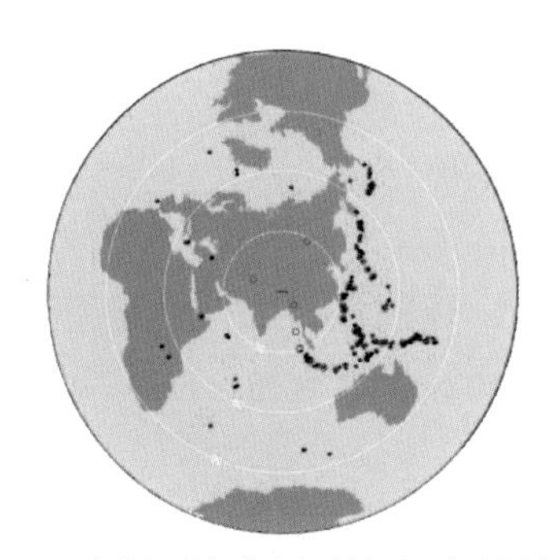

图 4.38 实际反演中用到的地震震源位置图

黑色表示 P 波震相（黑点为 P 震相，黑色圆圈为 PcP 震相）；红色为 S 波震相（红点为 S 震相，红色圆圈为 ScS 震相）

（2）敏感度核函数分布及分辨率测试。走时敏感度核函数（对应于传统射线理论的射线密度）分布情况如图 4.39 所示。

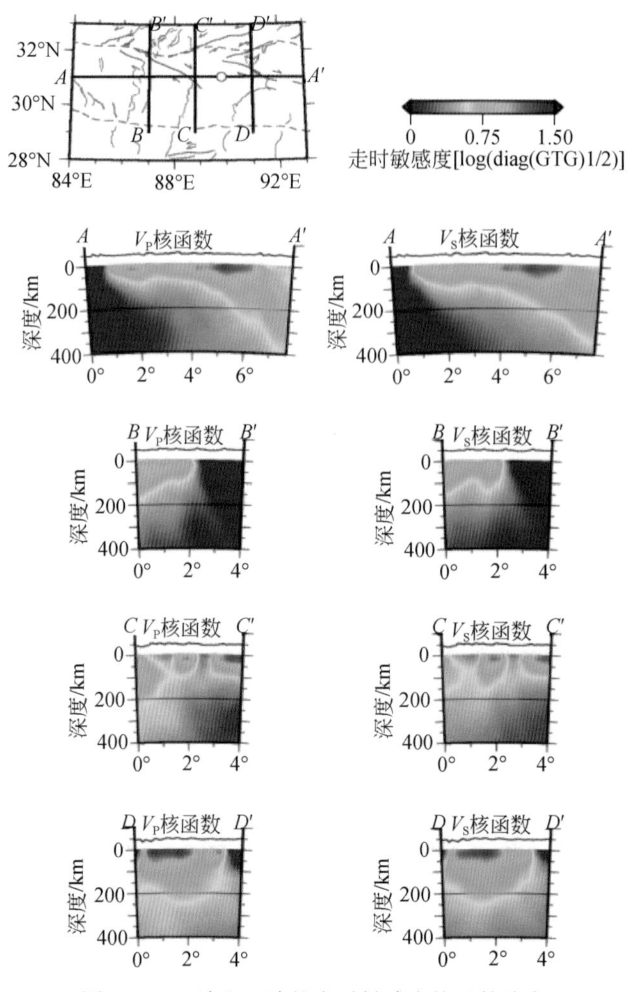

图 4.39　P 波和 S 波的走时敏感度核函数分布

输入了大小为 150 km 直径的圆形 cos(x) 函数检测板对模型进行三维检测板测试。检测板测试结果表明，因为大部分远震震源来自台阵东部，在台阵东侧，输入的检测板异常都得到了很好的恢复，可信度相对更高，由于台站西侧上地幔的射线覆盖较差，可信度相对较低。

反演结果（图 4.40、图 4.41）表明在研究区上地幔顶部主要以高速异常为主，代表俯冲的印度岩石圈。而亚东-谷露裂谷带下方存在低速异常。NW-SE 向的格林错走滑断裂下存在一个 V_S低速异常，暗示格林错断裂是岩石圈尺度的构造。

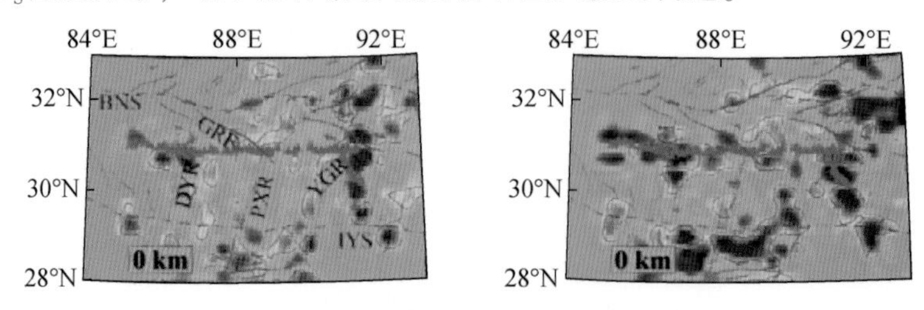

图 4.40　层析成像结果的不同深度水平切片

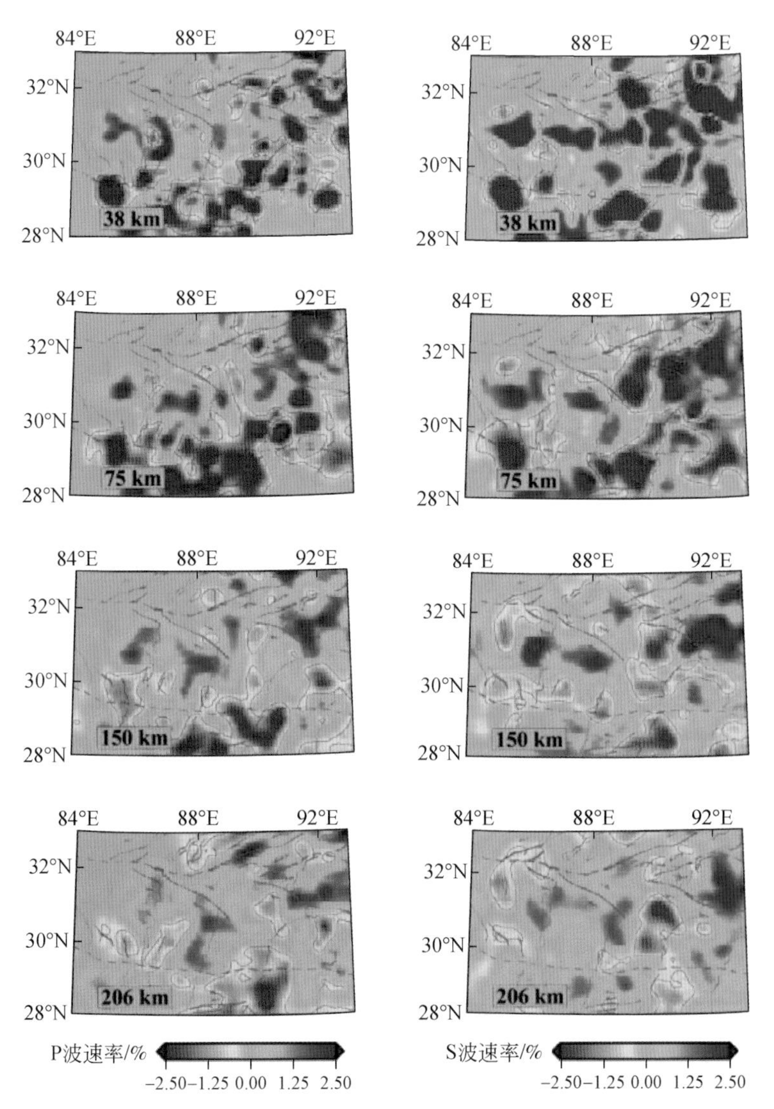

图 4.40　层析成像结果的不同深度水平切片（续）

IYS. 印度河-雅鲁藏布江缝合带；BNS. 班公-怒江缝合带；GRF. 格林错走滑断裂；YGR. 亚东-谷露裂谷；DYR. 当惹雍错裂谷

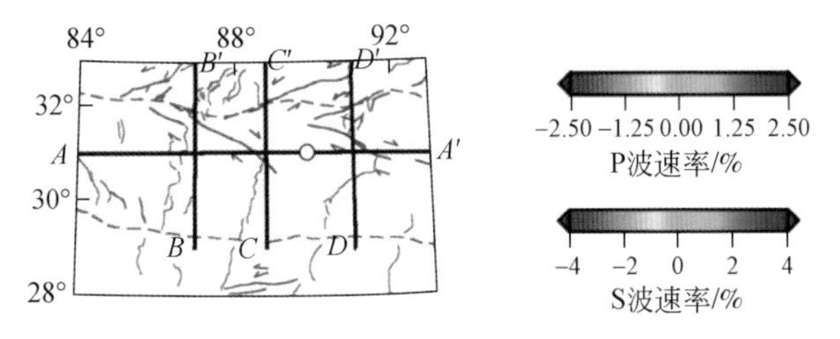

图 4.41　P 波（左列）和 S 波（右列）层析成像不同位置的垂直切片

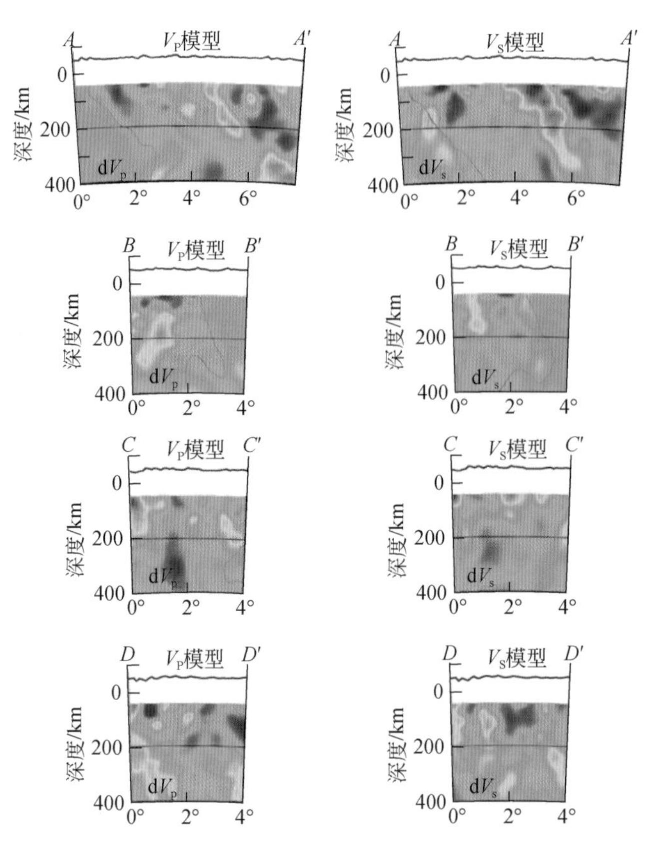

图 4.41 P 波（左列）和 S 波（右列）层析成像不同位置的垂直切片（续）

6. 背景噪声成像研究

1）面波频散提取

对措勤-纳木错测线 13 个月连续记录的波形数据，开展了双台互相关法提取格林函数的环境噪声面波频散提取与层析成像研究。为提高计算效率，时间采样率为 1 s，连续记录截取长度为 24 h。图 4.42 为台站 C51 与其他台站之间进行互相关所得到的垂直分量格林函数。共提取高信噪比 Rayleigh 面波群速度频散曲线 1095 条，勒夫面波群速度频散曲线 1031 条，周期范围为 5 ~ 50 s（图 4.43），沿测线方向形成了较好的探测覆盖（图 4.44）。

2）纯路径频散反演

基于所提取的基阶 Rayleigh 面波频散和相应的射线覆盖情况，进行了纯路径频散分格反演。经系列检测板分辨测试，确定 0.3°×0.3°网格大小（实质上以测试经度方向分辨尺度为主）为现有有效射线覆盖情况下较合理的几何分辨尺寸，初始模型如图 4.45 所示，恢复后的模型如图 4.46 所示。在 0.3°×0.3°网格大小分辨前提下，兼顾分辨率和误差之间的合理折中，阻尼最小二乘反演所使用的优阻尼系数为 0.005，如图 4.47 所示。

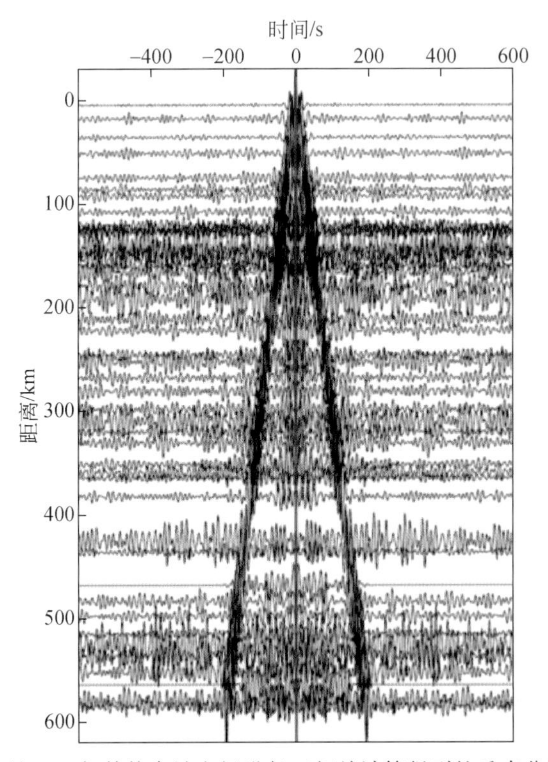

图 4.42　台站 C51 与其他台站之间进行互相关计算得到的垂直分量格林函数

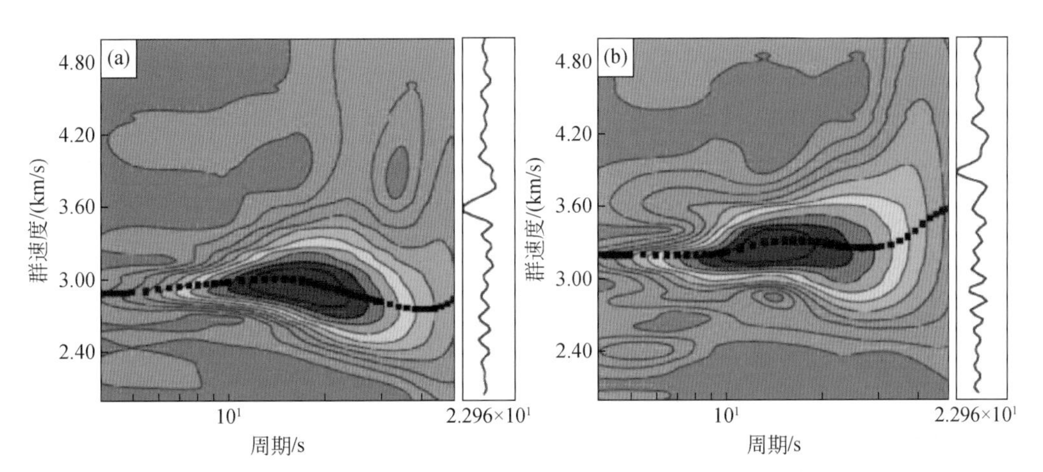

图 4.43　基于双台互相关法的环境噪声面波群速度频散示例图

（a）基阶 Rayleigh 面波；（b）基阶 Love 面波，该双台间距约为 375 km

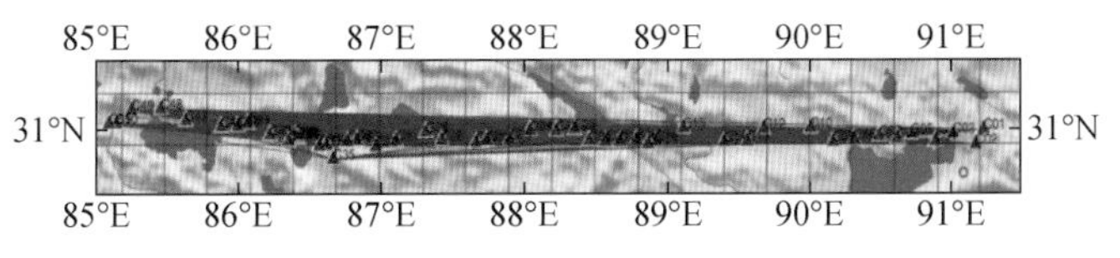

图 4.44　基阶 Rayleigh 面波射线覆盖图

红色三角示台站位置；墨绿色线条为射线

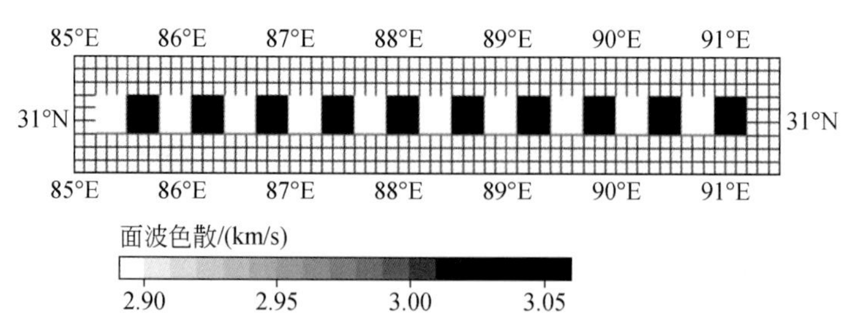

图 4.45 检测板测试实验所用的初始模型

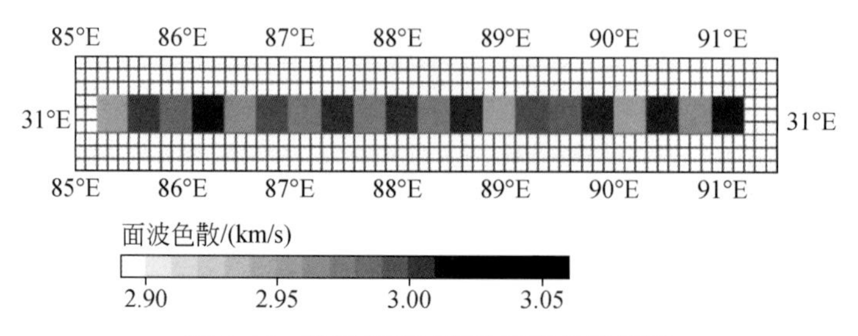

图 4.46 检测板测试实验所恢复的模型

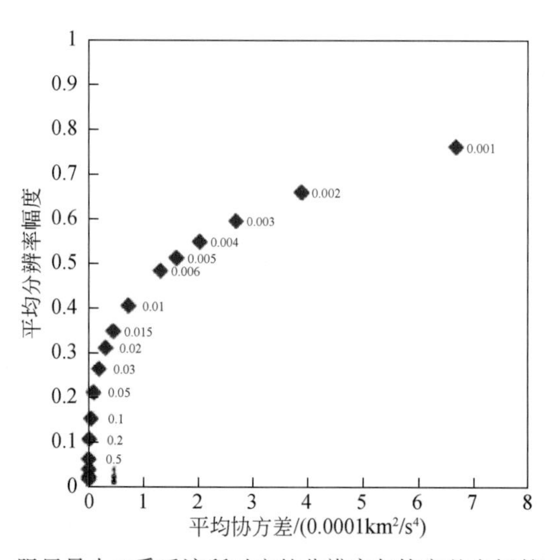

图 4.47 阻尼最小二乘反演所对应的分辨率与协方差之间的折中曲线

基于上述方法，最终获得了测线下方介质的群速度频散分布，如图 4.48 所示。由图 4.48 可知，纯路径频散重建结果显示出与研究区地质构造之间的良好相关性，间接预示着纯路径频散反演参数选择的合理性和反演结果的可靠性。

3）速度结构反演

在获得纯路径频散的条件下，进而进行了速度结果反演，获得了整个测线下方的横波速度结构，如图 4.49 所示。

为便于与远震 P 波接收函数偏移成像结果进行对比，将面波层析成像重建获得的横波速度等值线［图 4.49（b）］也同时绘在了接收函数偏移成像结果图件中［图 4.49（a）］，两者之间显示出了较好的一致性。

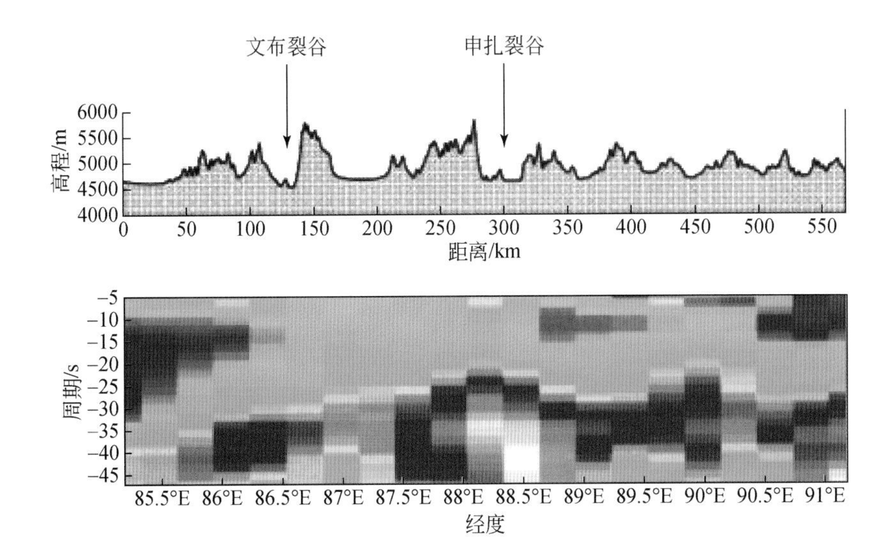

图 4.48　措勤-纳木错测线下方介质基阶 Rayleigh 面波频散分布图

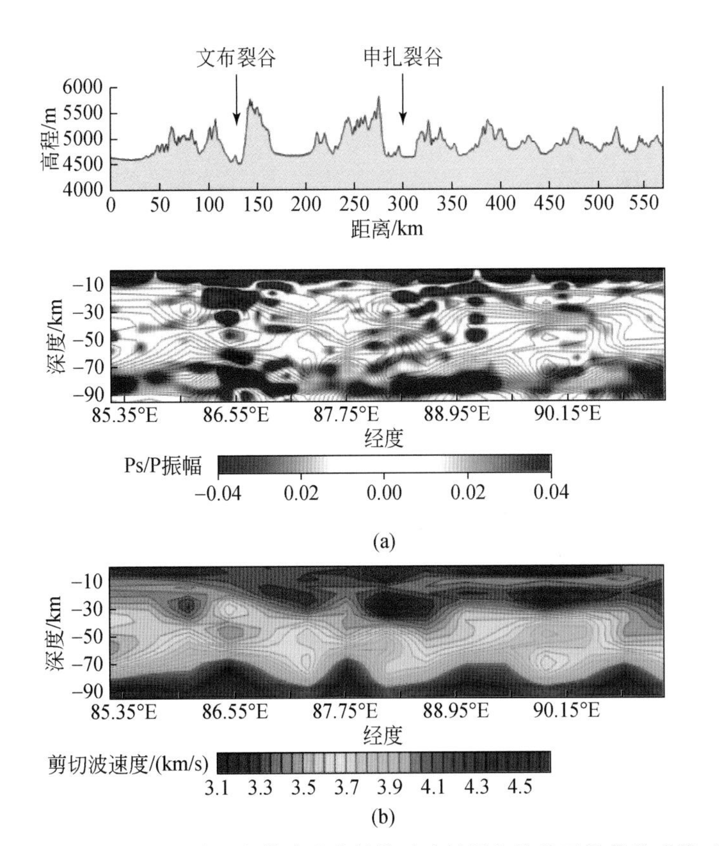

图 4.49　措勤-纳木错测线下方横波速度结构重建结果与接收函数偏移成像对比图

(a) 远震 P 波接收函数偏移成像结果；(b) 基阶 Rayleigh 面波群速度频散反演结果，二者等值线均为横波速度等值线

但是由于这里仅利用了基阶 Rayleigh 面波的群速度信息，对界面深度的约束不足。因此利用接收函数对界面深度敏感的优势与面波联合反演，将改善成像的可信度和分辨率。

（四）主要进展：结果讨论与结论

1. 藏南裂谷深部结构特征

许如错-当惹雍错裂谷是青藏高原规模最大的裂谷，位于高原中部，近南北走向，它全长约700 km，切割了STDS、特提斯喜马拉雅和雅鲁藏布江缝合带。向南与喜马拉雅地块内的定日地堑相连，向北可能延入羌塘地块（丁林等，2006；徐祖丰等，2006）。在北纬30.5°，裂谷区附近的莫霍面深度约75 km，其正下方地壳显著减薄，地壳厚度减薄到65 km左右，减薄区域的宽度与裂谷在地表处的宽度相差不大，均为20 km左右。减薄区域正上方存在大块的低速物质。

定结-申扎裂谷位于许如错-当惹雍错裂谷的东侧，南起喜马拉雅地块内的定结县的朋曲，北至拉萨地块内的申扎县，全长约360 km，最宽处位于其北段的申扎县内，宽约20 km。在测线上，裂谷区附近莫霍面深度约75 km，其下方莫霍面明显抬升至65 km左右，莫霍面抬升区域为30 km左右。在减薄区域上方约40 km深处发现大块低速物质。与许如错-当惹雍错裂谷相比，定结-申扎裂谷下方莫霍面起伏要剧烈得多，表明其下方莫霍面受深部地幔物质强烈改造。

研究表明，许如错-当惹雍错裂谷下方莫霍面与两侧的边界十分清楚，表明下方莫霍面受深部物质改造不明显，推测其下方地幔物质不太活跃。定结-申扎裂谷的莫霍面十分复杂，莫霍面起伏比许如错-当惹雍错裂谷要大得多，表明其受到地幔物质的强烈改造，推测其下方地幔物质较许如错-当惹雍错裂谷要更加活跃。同时，定结-申扎裂谷的莫霍面的不连续段与地表裂谷在空间上错位，推测该裂谷已经并正在向东迁移（图4.50）。

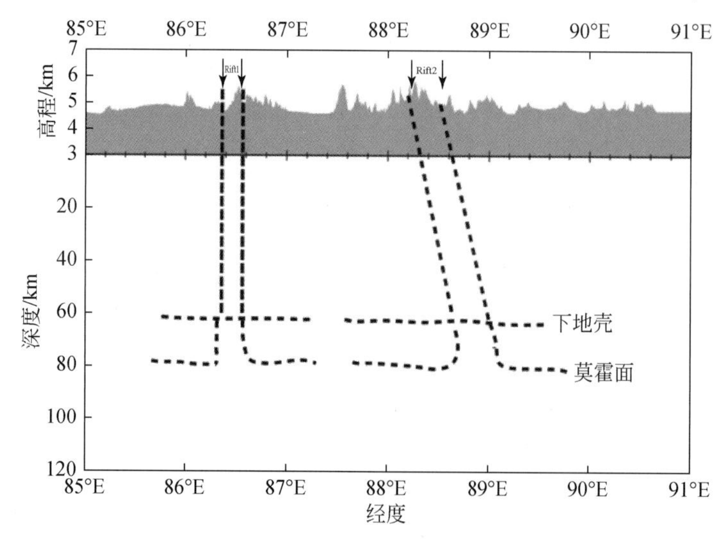

图4.50　裂谷区莫霍面减薄示意图

Rift1. 许如错-当惹雍错裂谷；Rift2. 定结-申扎裂谷

整体上，两个裂谷下方莫霍面都不太清楚，地壳显著减薄，约减薄 10 km，减薄区域附近上方存在大块的低速物质。中国大陆及部分邻区 Pn 波成像结果（图 4.51）表明拉萨地块内东经 90°左右存在一南北向的上地幔顶部 Pn 波的低速异常区（Pei *et al.*，2007），速度约7.9 km/s，整个青藏高原的面波噪音成像（Yang *et al.*，2012）的结果则显示该区域上地幔顶部 S 波速度也偏低，约为 4.2 km/s。这块异常区域的位置与本研究中定结-申扎裂谷的深部位置极为接近，这种上地幔顶部低速结构被称为“裂谷垫”构造。综合减薄的地壳和上地幔底部低速结构等结果，认为定结-申扎裂谷为地幔起源。深部间断面成像结果显示藏南裂谷区域的 410 km 和 660 km 间断面与全球模型一致，表明裂谷的活动限制在 410 km界面以上。

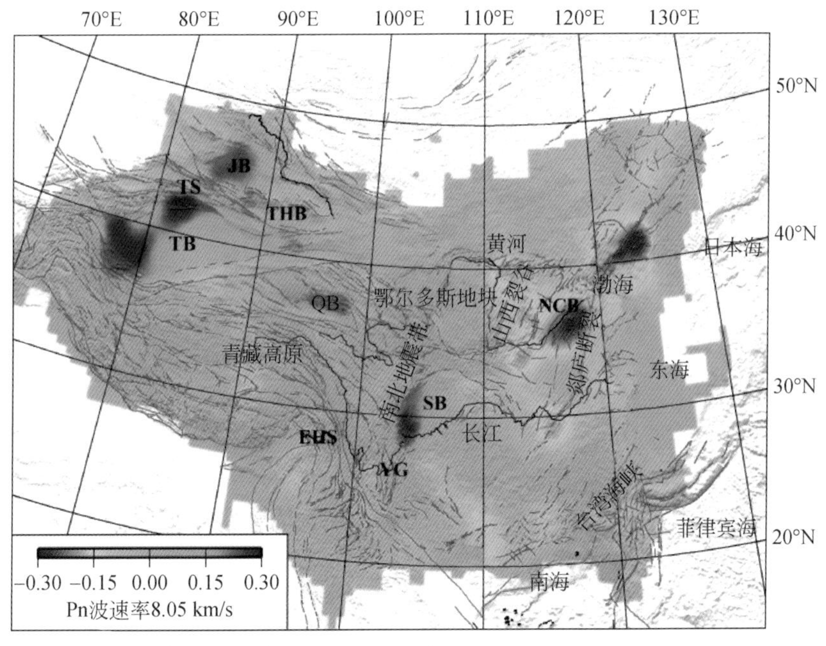

图 4.51　研究区 Pn 波成像（据 Pei *et al.*，2007）

JB. 准噶尔盆地；TS. 天山；TB. 塔里木盆地；THB. 吐哈盆地；QB. 柴达木盆地；EHS. 东喜马拉雅构造结；SB. 四川盆地；YG. 云贵高原；NCB. 华北盆地

2. 藏南裂谷形成机制

作为印-亚大陆主碰撞变形带的重要组成部分，在青藏高原拉萨地块出露大面积碰撞期火山岩系，并发育大量东西向伸展、南北向展布的正断层和地堑，国内外学者多数将之统称为南北向裂谷系（rift system；图 4.52）。其中，文部裂谷、申扎裂谷及羊八井-当雄裂谷规模最大，地表尤为显著，俗称“藏南三大裂谷系”。Yin 和 Harrison（2000）认为，广泛分布在青藏高原的上述南北向正断层在协调青藏高原地壳变形过程中，发挥了重要作用，曾吸收地壳缩短规模达几十千米。

一般认为，上述南北向裂谷系的形成与藏南的“东西向拉张”有关（Larson *et al.*，1999），为了解释东西向拉张的机制，人们提出了“造山垮塌”（Liu and Yang，2003；Kapp *et al.*，2008）、“中下地壳流”（Shapiro *et al.*，2004；Royden *et al.*，2008）、东西向走

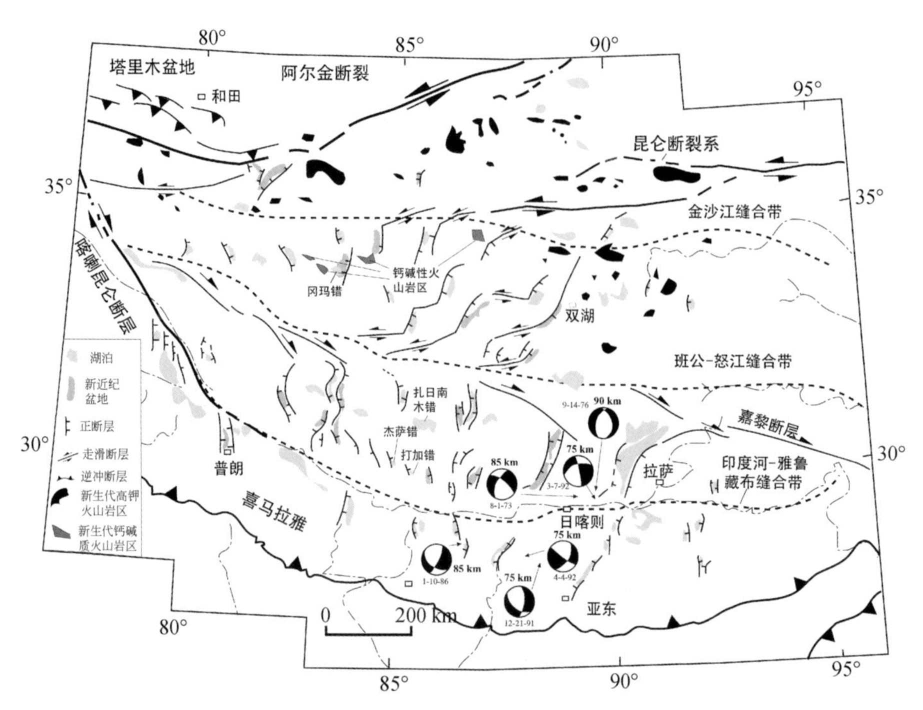

图 4.52　青藏高原南北向裂谷分布图（据 Yin and Harrison，2000）

滑剪切断裂末端的拉张（Taylor *et al.*，2003；Ratschbacher *et al.*，2011）、“岩石圈拆沉”（Houseman and England，1996）、“岩浆作用”（Kapp *et al.*，2005）、“下地壳底侵”（Vergne *et al.*，2008）等。尽管这些观点各不相同，但“造山垮塌”观点认为“东西向拉张”的形成伴随高原隆升到最大高度发生重力垮塌形成的；而其他观点却认为东西向拉张可以伴随南北向地壳缩短同时发生，不必要求高原隆升到最大高度。

十几种模型被用来解释西藏近南北向裂谷的成因，其本质分歧是伸张构造是否能指示高原隆升到最大高度（丁林等，2006）。按东西向伸展构造是否能指示高原隆升到最大高度大致可分为两大类。一类认为东西向伸展构造仅是印度板块俯冲适应性的调节，并不代表高原隆升到最大高度，如块体挤出模式（Armijo *et al.*，1986）、同挤压的伸展变形（Seeber and Pêcher，1998；张进江等，1999，2002；张进江和丁林，2003；张进江，2007）和斜向俯冲（Styron *et al.*，2011）等。另一类认为东西向伸展构造代表高原已经隆升到最大高度（Harrison *et al.*，1992；Molnar *et al*，1993），并且可能已经开始垮塌。Yin 等（1999）提出的广泛的东亚伸展作用是另一个比较特殊的模式。如果高原裂谷深度仅限于上部地壳，那么伸展构造仅仅是对下地壳和上地幔变形的适应性调节，高原岩石圈未必减薄，青藏高原高度并不一定下降；反之，如果高原裂谷系统是切割高原岩石圈的伸展构造，那么普遍发育的伸展构造必然造成高原岩石圈的减薄，势必促使高原高度下降（丁林等，2006）。

本书研究的许如错-当惹雍错裂谷和定结-申扎裂谷无疑都切割了岩石圈地幔。亚东-谷露裂谷的浅部结构研究（Cogan *et al.*，1998）也表明它具有大陆裂谷的性质。Rayleigh

面波层析成像（Jiang *et al.*，2011）和有限频成像（Liang *et al.*，2011）显示藏南这三个裂谷附近上地幔顶部速度非常低，而且这些低速物质在拉萨地块和喜马拉雅地块都有分布。这些证据表明，这三个裂谷切割岩石圈地幔。青藏高原北部和西部的岩石圈结构的数据现在非常少，但整体上，青藏高原从西往东，岩石圈结构逐渐复杂。

藏南裂谷的形成机制与典型意义上的大陆裂谷可能不同。一般大陆裂谷不论主动式或者被动式，都是地表水平方向的两个方向相反的力同时拉张形成的。藏南的裂谷形成机制不具有这样的构造环境。由于青藏高原的西边界被固定，在印度板块向北持续俯冲的背景下，高原内部物质普遍向东运移。ANTILOPE 项目研究（Zhao *et al.*，2010）揭示，青藏高原是由三个碰撞板块构成，由南至北分别为印度板块、西藏板块和亚洲板块组成。西藏板块位于印度板块与亚洲板块之间，其形状宛如向东张开的喇叭，且具有低速、高温的特点，在南北强大的应力作用下整体向东运动。地表 GPS 位移数据（Gan *et al.*，2007）、地震震源机制（曾融生等，1992）和 Pn 波各向异性（Pei *et al.*，2007）等资料都证明了这一点。因此拉开藏南地壳形成裂谷的力只有一个而且方向为东（另一方向的力可能很小，可以忽略）。在藏南没有发现地幔物质强烈上涌的区域，本研究的结果也显示裂谷的活动被限制在 410 km 间断面以上，因此藏南的裂谷为主动式裂谷。根据上面的分析，可以确定藏南壳幔应该是解耦的，裂谷是由于壳幔的运动速度不同而导致地壳被拉开而形成的。

从裂谷的空间分布特征来看，藏南裂谷的形成不单是南北向挤压而产生的东西向拉张，更可能是中下地壳及上地幔物质的东向流动及深浅部物质流动的速度差异所致。这一动力学过程造成西藏板块具有较薄的岩石圈（也许根本不存在岩石圈地幔，即西藏的地壳与软流圈直接接触），地壳下面的软的物质必定由西向东运动，且运动的速度由西向东增加，致使较脆的地壳被拉开，形成裂谷。从藏南裂谷的空间展布来看，它们并不是典型意义上的裂谷，而是处于它们的“婴儿期”。

藏南裂谷系形成的可能机制。在众多关于藏南裂谷系形成的可能机制中，根据深部结构存在的明显“非对称性”和速度比（V_P/V_S）偏低的特点，可以排除“造山垮塌”模式。地形及大地热流的非对称性也进一步支持简单剪切伸展是形成亚东-谷露裂谷和藏南岩石圈拉伸的控制因素。非对称的地壳结构及低波速比（V_P/V_S）提示我们，这种简单剪切的力源可能来自下地壳的东向流动，以及印度岩石圈向北俯冲而在地壳底部（地幔盖层顶部）产生的底部剪切（basal shear；Yin and Taylor，2011）。若此，则藏南南北向裂谷系的开始生成并不是西藏岩石圈的发生垮塌的指示。本书研究并未发现非常明显的区域性地壳和岩石圈减薄，只是在裂谷下方局部观测到了约 5 km 幅度的莫霍错断。

基于冈底斯带北缘 N31° 东西向剖面资料，在有针对性地提高横向分辨和减小测量误差的前提下，开展了震相-方位-震中距优选、多种方法联合等分析处理获得了沿剖面 SKS 到时和横波分裂参数的细节变化特征（图 4.53），结果表明，SKS 到时和横波分裂参数的东西向变化呈现出与地表南北向裂谷分布高度相关的分段性：西段（尼玛-定日裂谷以西）到时较晚，分裂时差最大（约 0.7 s）；中段（定结-申扎裂谷以西，尼玛-定日裂谷以东地区）到时最早，横波分裂时差中等（约 0.5 s）；东段（定结-申扎裂谷以东）到时最晚，横波分裂时差最小（约 0.2 s），Chen 等（2015）用印度岩石圈板片俯冲角度西缓东陡、板片撕裂和板片断离的动力学模式解释这一观测特征。

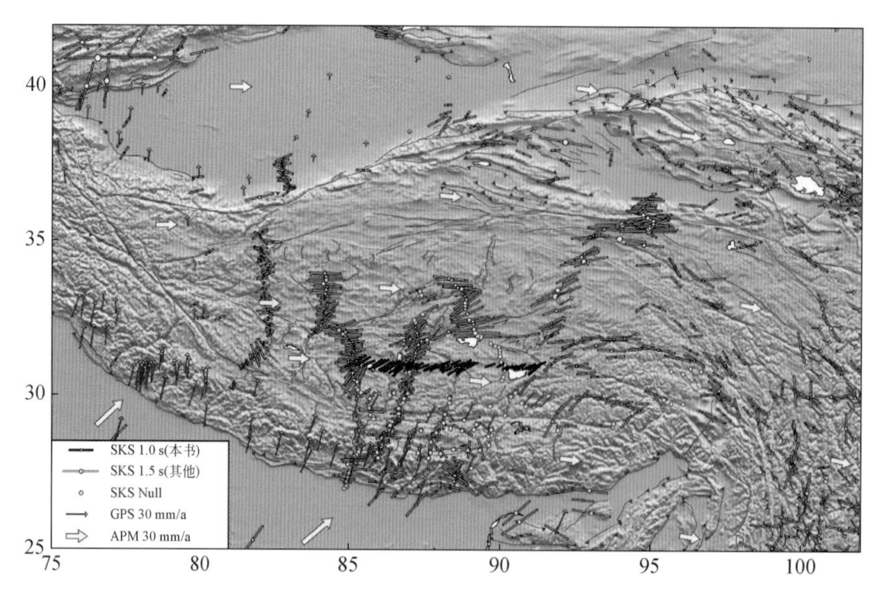

图 4.53　青藏高原 SKS 快波优势方向和慢波延迟变化特征

墨绿色短线示前人结果；深红色短线示冈底斯北缘 N31°剖面结果

研究结果显示，SKS 横波分裂揭示的上地幔变形优势方向与 GPS 测量得到的地表形变场方向基本一致（近 NE 向），这似乎意味着该区上地壳与上地幔发生着耦合变形（Flesch *et al.*，2005）。然而，Pms 横波分裂所揭示的中下地壳形变大致方位为 NW-SE 向，这意味着深部地壳与岩石圈地幔在深浅变形方面存在较大的不一致性，即上地壳与地幔岩石圈之间通过弱的中下地壳实现了力学解耦。Lechmann 等（2011）关于大陆碰撞的 3D 多层模拟，以及 Zhang 等（2013b）关于岩石圈流变性的研究均从不同侧面支持这一解耦模式。在印度板块向西藏下方的北向俯冲过程中，通过岩石圈增厚、深部物质东向流动以协调南北向短缩；随着温度的升高和俯冲板片产生的流体聚集，下地壳和地幔楔介质的黏滞性急剧降低。这种地壳深部物质的东向流动、地壳底部的剪切流等形成简单剪切力源，最终在上地壳底部形成简单剪切，并触发上地壳正断层的形成。这一机制可以较好地解释该区 GPS、Pms 和 SKS 等揭示的不同深度形变场的差异性。

总之，由于地温梯度的横向差异引起的地幔小尺度对流所对应的简单剪切模型，可以较好地解释亚东-谷露裂谷的快速隆升。这种对流可以造成相邻岩石圈的减薄，以及裂谷翼部的隆升（图 4.54），而隆升的幅度与裂谷的几何形状及地幔岩石圈的流变性有关（Buck *et al.*，1988）。广泛分布的地壳低速层及高的大地热流，意味着岩浆作用曾促进了南北向裂谷的形成（Harrison，2006）。

3. 羊八井-当雄裂谷（亚东-谷露裂谷北段）的形成机制探讨

1）非对称的壳内转换震相与纵横波速度比

基于本专题研究获得的接收函数时间剖面、偏移成像剖面、深度剖面、地壳厚度与纵

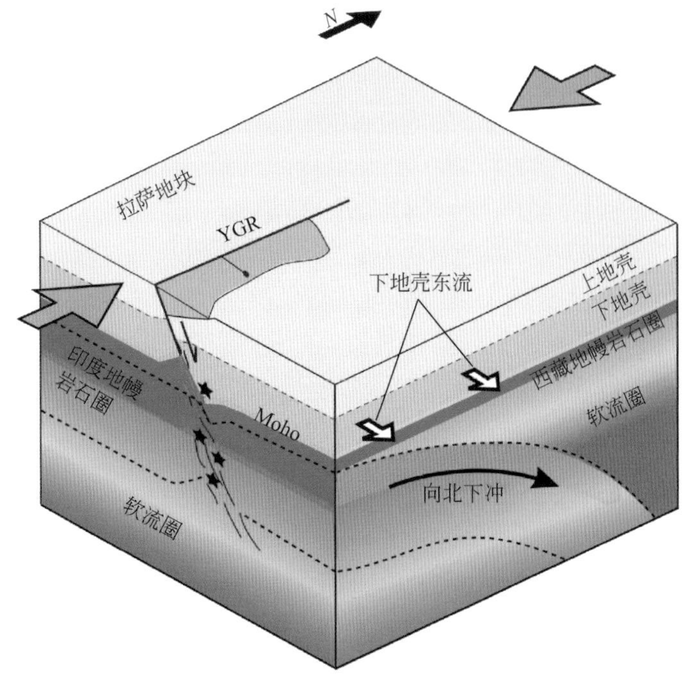

图 4.54　亚东-谷露裂谷形成机制示意图

YGR. 亚东-谷露裂谷；Moho. 莫霍面

横波速度比可明显看到横跨羊八井-当雄裂谷剖面下方的地壳结构和性质成像明显的非对称现象。自西向东，由裂谷西翼到东翼，地壳厚度呈现减薄、纵横波速度比呈现减小的特征；相对裂谷西翼而言，裂谷东翼下方壳内存在明显的壳内震相；裂谷东翼下方壳内存在一个明显的正极性震相，而西翼下方存在明显的“双莫霍”迹象。

Klemperer（1987）通过研究全球深地震反射剖面特征，结果表明地震反射属性与地温密切相关，即高温地壳会对应强的地震反射。我们推测，上述地壳结构与属性方面所展现的“非对称”性特征与该区地温场的横向变化有关，且裂谷西翼的地温应低于东翼。有限的地温测量剖面（Wei and Deng，1989）已经揭示出，裂谷西翼下方的大地热流为 140 mW/m^2，而裂谷东翼下方的大地热流为 181 mW/m^2；与此同时，大地电磁测量剖面也显示，东翼下方的电阻率很低（Wei *et al.*，2010）。西翼下方较低的地温，有利于该区下地壳密度的加大，并进一步发生“榴辉岩化”，从而在地震学响应上表现为西翼下方存在“双莫霍”特征；而东翼下方因为较高的地温，导致下地壳要么没有发生“榴辉岩化”，要么发生“榴辉岩化”的下地壳已发生拆沉（Ren and Shen，2008），从而在地震学响应上表现为东翼下方不存在“双莫霍”特征，且地壳厚度较薄。裂谷两侧地温的横向变化，以及莫霍面转换震相的差异性为研究下地壳“榴辉岩化”或拆沉提供了难得的研究“窗口”。

与此同时，由接收函数时间剖面和偏移成像剖面可见，壳内存在明显的“负极性”震相，一般认为，该特征与壳内低速层（low velocity layer，LVL）的存在有关。尤其在裂谷轴部和东翼下方，可以发现在 20～30 km 深度处存在向东倾斜的低速通道；而在裂谷西翼下方，只存在于零星散乱的“负极性”震相。东翼下方观测到的“低速通道”，在INDEPTH 剖面上也有同样可以轻易观察到（Kind *et al.*，1996；Yuan *et al.*，1997），而且该低速区可能与“流体”或“部分熔融”有关（Makovsky *et al.*，1996；Nelson *et al.*，1996）。我们认为，东翼下方低速区的形成可能与沿着裂谷轴部下方 5 km 莫霍错断而上升的岩浆侵入有关。Ding 等（2005，2007）在该区测试到两个地球化学异常峰值，即对应来自地壳和地幔的热源，也间接支持我们的这一认识。

2）长英质麻粒岩下地壳及其对裂谷非对称结构的作用

地震波纵横波速度（V_P、V_S）及其比值（V_P/V_S）对于研究地壳成分具有重要的指示意义。全球大多数裂谷（如东非大裂谷等），一般对应较高的纵横波速度及波速比（图 4.55）。但也有部分裂谷（如喀奇裂谷、贝加尔裂谷、莱茵地堑等），具有较高的纵波速度（V_P）和较低的纵横波速度比（V_P/V_S），一般意味着其下地壳成分为富含石英的长英质麻粒岩。

前期研究表明，该区下地壳具有较高的纵波速度（$V_P=7.2\sim7.5$ km/s；Zhang and Klemperer，2005），而本项研究显示该区却具有较低的纵横波速度比（V_P/V_S），这意味着该区下地壳的主要成分也是长英质麻粒岩，而且更可能与下地壳的相变有关（Richardson and England，1979）。在相变过程中，印度下地壳注入导致地温升高；与此对应的热机制，更容易导致下地壳的“榴辉岩化”。挪威 Caledonides 造山带就是这样，紧随造山之后发生的重大扩张事件，将大量的地壳榴辉岩带出到地表（Andersen *et al.*，1991；Dewey *et al.*，1993）。然而，如果地壳持续保持加厚状态几十个百万年，下地壳岩石会随着地温的升高与均衡而实现麻粒岩相新的平衡（Richardson and England，1979）。下地壳底部发生的这种由榴辉岩至麻粒岩的相变会导致地壳浮力的增大，从而导致地表快速隆升并最终形成非对称裂谷。羊八井–当雄裂谷下方低的纵横波速度比可以排除该裂谷是岩石圈尺度裂谷的可能性，而且这种拉张主要来自于下地壳的底侵（Nábělek *et al.*，2009）。

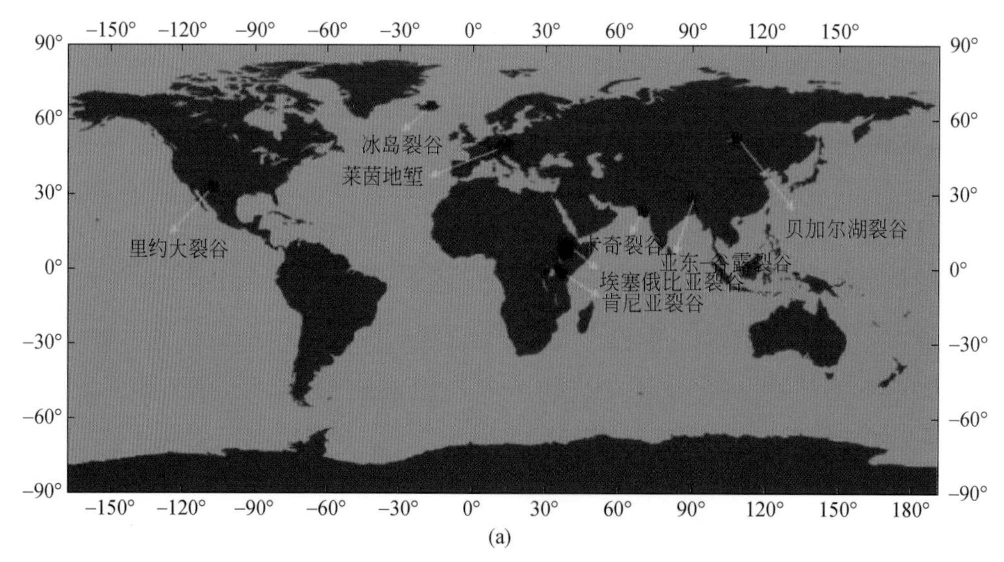

图 4.55 全球主要裂谷区下地壳纵波速度与波速比分布特征示意图

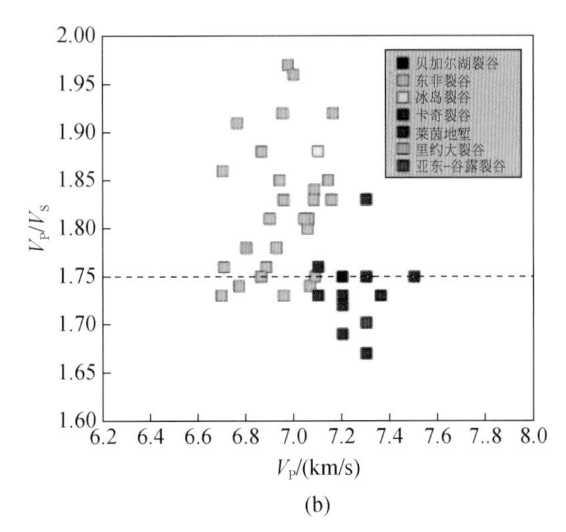

图4.55 全球主要裂谷区下地壳纵波速度与波速比分布特征示意图（据 Zhang *et al.*, 2013b）（续）

4. 主要结论

SinoProbe 在藏南北纬 30.5°左右布设了两条横切许如错-当惹雍错裂谷和定结-申扎裂谷的东西向宽频带流动地震台站测线，横跨拉萨地块主要南北向裂谷系（羊八井-当雄裂谷、申扎裂谷、文部裂谷）开展了密集宽频带流动地震台阵探测实验。累计获得三分量地震数据量近 470 GB（Reftek 连续记录压缩格式）。为深入研究藏南南北向裂谷系发育区壳幔结构特征与形成机制等重要地球科学问题提供了可持续开发利用的、坚实的数据基础。

在获得的高质量三分量宽频带地震记录的基础上，通过开展 P 和 S 波接收函数分析与偏移成像、S 波速度结构反演、远震体波成像、环境噪声面波成像、有限频成像和多尺度各向异性分析等系列研究工作，获得了藏南裂谷系发育区的壳幔结构特征：

（1）裂谷区域下方莫霍面深度约 75 km，泊松比为 0.26 左右；两个裂谷下方地壳显著减薄，约减薄 10 km，减薄区域附近上方存在大块的低速物质。

（2）许如错-当惹雍错裂谷在莫霍面附近与两侧的边界十分清楚，表明莫霍面受深部物质改造不明显；定结-申扎裂谷的莫霍面十分复杂，莫霍面起伏比许如错-当惹雍错裂谷要大得多，表明其受到地幔物质的强烈改造。

（3）定结-申扎裂谷在莫霍面处的位置较地表位置向东偏移 10 km 左右，推测其已经或正在向东迁移。

（4）藏南裂谷区域 LAB 深度为 110 km 左右，显示东经 88°~89°，双莫霍的下界面和 LAB 同时缺失，这在拉萨永久台也观测到，推测可能部分由于数据的精度，部分由于方法本身分辨率较低。

（5）Pn 波、有限频成像和 Rayleigh 面波成像的结果表明藏南许如错-当惹雍错、定结-申扎和亚东-谷露裂谷区域上地幔顶部及中下地壳存在明显的低速的特点，推测这三个裂谷均为地幔起源。410 km 和 660 km 间断面处未观测到异常，表明裂谷的活动区域可能被限制在 410 km 间断面以上。

（6）横波分裂研究表明，许如错-当惹雍错裂谷和定结-申扎裂谷之间的各向异性很复杂，快波方向有东西和南北两个方向，时间延迟很小，推测这是由于岩石圈较厚，地壳和上地幔各向异性的叠加导致的。

亚东-谷露裂谷北段（羊八井-当雄裂谷）东西两侧地壳结构存在明显的“非对称性”，且裂谷下方下地壳纵波速度偏高（$V_P=7.2\sim7.5$ km/s），但地壳平均纵横波速度比偏低（$V_P/V_S=1.70$）；裂谷下方莫霍面存在约 5 km 的错断，地壳与岩石圈均不存在明显减薄的特征；综合分析由 GPS 测量、Pms 和 SKS 横波分裂揭示的深浅形变场信息，可知上地壳与上地幔顶部变形通过软弱下地壳的协调而力学解耦。

根据壳幔结构与属性的上述特征，并结合大地热流、大地电磁、岩石圈流变特征和全球主要裂谷系下地壳纵波速度与波速比分布特征，推断亚东-谷露裂谷等东西向伸展构造受控于简单剪切力学机制的作用，该简单剪切源自中下地壳深部物质的东向流动和北向俯冲的印度岩石圈地幔楔在地壳下方产生的底部剪切。

由于青藏高原的西边界被固定，在印度板块向北持续俯冲的背景下，受周边块体的阻挡，高原内部物质普遍向东运移。根据定结-申扎裂谷在莫霍面位置向东偏移的特点，推测岩石圈地幔向东运动。综合分析认为，藏南裂谷可能是由于岩石圈地幔在东西方向上运动速度比地壳快而导致地壳被拉开而形成的。从藏南裂谷的空间展布来看，他们并不是典型意义上的裂谷，尚处于它们的“婴儿期”。

第四节　青藏高原东北缘壳幔结构与高原向北东扩展动力学

（一）研究背景

青藏高原东北缘处于青藏高原向内陆扩展的前缘部位，也是其最新的和正在形成的重要组成部分（张培震等，1999，2003；王伟涛等，2014）。

青藏高原东北缘是指被近东西向的东昆仑断裂、SW-NEE 向的阿尔金断裂和 NWW 向的祁连-海原走滑断裂分别从 NW、NE 和南面所围限的空间范围，包括松潘-甘孜块体一部分（若尔盖地块）、秦岭造山带（西秦岭）、昆仑-柴达木块体、祁连块体。其 NW、N、NE 和 SW 面分别被塔里木、阿拉善、鄂尔多斯和松潘-甘孜块体所夹持。

区内地壳缩短和山体隆升主要是通过一系列 NWW 向逆冲断裂和褶皱实现的，由南向北分别是东昆仑断裂（玛沁断裂）、西秦岭北缘断裂、海原断裂及天景山断裂等（袁道阳等，2004）。这些断裂第四纪以来有很大的左旋走滑分量，造成整个区域具有向东滑移趋势。另一组 NNW 向断裂，六盘山东缘断裂、热水-日月山断裂、鄂拉山断裂等，有的左旋兼逆冲，有右旋兼逆冲。

在青藏高原整体不断隆升和 NE 向挤压的背景下，青藏高原东北缘地壳不仅受挤压缩短、增厚，而且，还使三条主边界断裂发生左旋剪切滑动，在区内形成规模不等、性质不同的晚第四纪活动断裂带，由这些断裂带分割而成的诸多块体，形成了该区断隆山地和断陷盆地相间的复杂构造地貌。

研究区已经进行过大量深部探测工作，包括天然地震观测（Liu *et al.*，2006；段永红等，2007；郭飚等，2004；陈九辉等，2005；Shi *et al.*，2009；张洪双等，2013；Shen *et al.*，2014）和人工地震探测（闵祥仪和周民都，1991；张先康等，2003，2008；高锐等，2011；Zhang *et al.*，2012；Gao *et al.*，2013b；Zhang *et al.*，2013a；Tian and Zhang，2013），取得许多重要成果，如三维体波走时层析成像（丁志峰等，1999）、Pn 到时层析成像（许忠淮等，2003）、接收函数（陈九辉等，2005；李永华等，2006；安张辉等，2006；王椿镛等，2008；Hu *et al.*，2011；Shen *et al.*，2011，2014）、体波走时层析成像（郭飚等，2004；董治平和张元生，2007）、面波层析成像（徐果明等，2007；Li X. *et al*，2011）、背景噪声成像（Zheng *et al.*，2010）和上地幔各向异性（常利军等，2008a，2008b；Li L. *et al.*，2013）等。这些研究表明，区内地壳厚度变化剧烈，并且由于地块碰撞时地壳的推

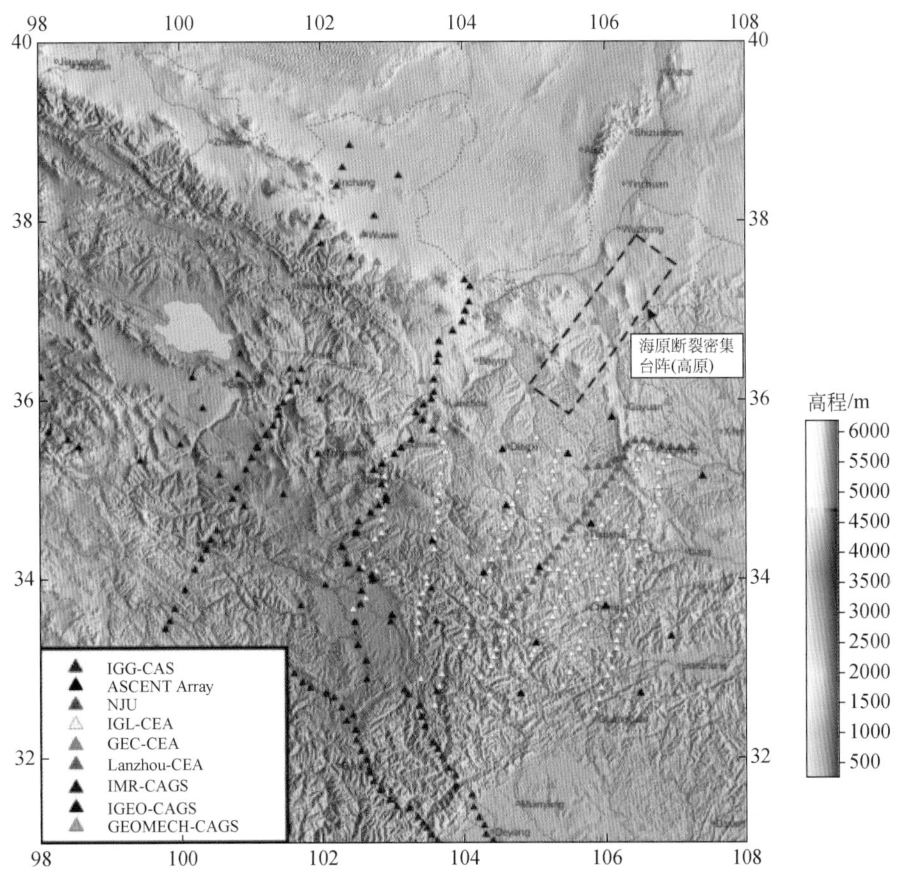

图 4.56 研究区内部宽频带流动观测台阵分布

IGG-CAS. 中国科学院地质与地球物理研究所（Xu *et al.*，2014）；ASCENT. 中美合作攀登计划（León Soto *et al.*，2012）；NJU. 南京大学（童蔚蔚，2007）；IGL-CEA. 中国地震局地质研究所，刘启元、李顺成等，未发表；GEC-CEA. 中国地震局地球物理勘探中心（段永红等，2007）；Lanzhou-CEA，中国地震局兰州地震研究所，沈旭章等（Shen *et al.*，2014）；7、深蓝三角，IMR-CAGS，中国地质科学院矿产资源研究所，史大年等；IGEO-CAGS. 中国地质科学院地质研究所，李秋生等，SinoProbe 专项，未发表；GEOMECH-CAGS. 中国地质科学院地质力学研究所，地调项目，安美建等，未发表

覆叠置，导致下地壳中可能存在低速层和部分熔融。SKS 快波方向在青藏高原东北缘为 NWW-SEE 方向。此外，该区域岩石圈变形也较为剧烈，青藏高原岩石圈叠置于较深的亚洲岩石圈之上（Zhao *et al.*, 2011）。该区域近年成为国内外地震学者普遍关心的一个热点区域，因此，前人在该区域内部设了大量的宽频带流动观测台阵（图 4.56）。但相对于该区复杂的构造环境和动力学过程，已有岩石圈结构信息仍显不足和缺乏系统性，制约着高原隆升及扩展动力学研究的深入。

（二）观测实验技术方案

为了探讨青藏高原向大陆内部扩展前缘的岩石圈变形机制和深部背景，SinoProbe 实验选择青藏高原、鄂尔多斯和阿拉善三大块体交汇部位，沿若尔盖、合作、兰州、景泰一线布设了一条线性台阵（图 4.57）。测线总体呈近南北向延伸，南端始于四川省红原县瓦切乡，由南向北依次穿过松潘-甘孜地块、西秦岭、祁连山和河西走廊，终止于阿拉善地块南缘。分别跨越了东昆仑断裂、迭部断裂、西秦岭北缘断裂、马衔山断裂、海源断裂等断裂带，最北端止于甘肃省景泰县红水镇，测线长度近 600 km。

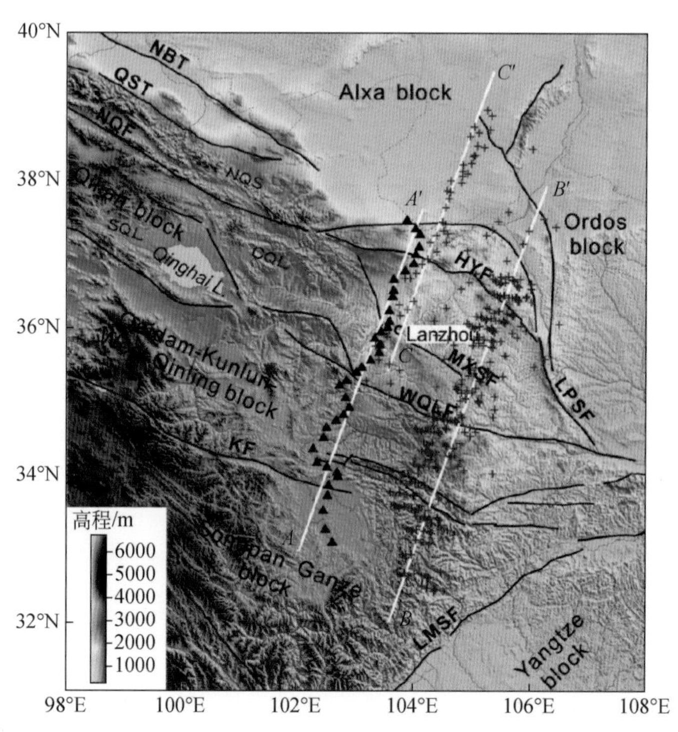

图 4.57　地质构造背景、台站分布及出射点位置（据 Ye *et al.*，2015）

黑色三角形为 SinoProbe 宽频带地震台站；红色十字为 Sp 波在 150 km 深度出射点；LMSF. 龙门山断裂；KF. 昆仑断裂；WQLF. 西秦岭北缘断裂；MXSF. 马衔山断裂；LPSF. 六盘山断裂；HYF. 海原断裂；NQF. 北祁连断裂；QST. 祁连山冲断裂；NBT. 北缘边界断裂；Yangtze block. 扬子地块；Songpan-Ganze block. 松潘－甘孜地块；Qaidam-Kunlun-West Qinling block. 柴达木－昆仑－西秦岭地块；Qilian block. 祁连地块；Alxa block. 阿拉善地块；Ordos block. 鄂尔多斯地块；Lanzhou. 兰州

沿测线布设了40个流动观测台站，每个台站使用的数据采集器为Reftek-130B，地震计为Guralp CMG-3T/3ESP，仪器配置及参数如表4.3所示，采样率设置为50 Hz。沿线台站间距平均15 km。观测周期为2011年11月至2013年3月，兰州以北高纬度的10个台站延长观测至2013年7月。

实验过程中针对青藏高原东北缘地质地理环境对观测有不同的要求，优选台址，因地制宜建设台基和简易仪器室。针对巨厚黄土层突然变化对观测资料的影响问题，还专门在刘家峡水库附近架设了两个参考台站，观测1年。

表4.3　台阵观测仪器的部分参数

数据采集器：Reftek-130B		地震计：Guralp CMG-3T/3ESP	
动态范围	>135 dB@100 sps	温度灵敏度	<0.8 V/10℃（标准响应）
GPS精度	±10 μS	频率响应	120 s-50 Hz/60 s-50 Hz
AD分辨率	24位	工作温度	−20℃到+75℃ （最低可到−55℃）
		线性度	>107 dB（水平）； >111 dB（垂直）

（三）观测质量评价

台站噪声是影响地震观测质量的主要因素之一。在流动观测方法出现之前的年代，固定台站分布稀疏，通常可以通过严格选址，远离噪声源，或在山洞中建台等措施达到降低背景噪声，保证观测质量的目的。宽频带地震流动观测是20世纪90年代才兴起的地震观测新技术。流动观测通常是针对特殊对象（如火山喷发），或应急性观测（如灾难性地震后余震观测）。由于台站密度大，选址范围受限，台基建设较仓促，固定台站时代采用的规避噪声源的措施已经变得不现实，噪声与生俱来地存在于流动观测数据中，因此对流动台阵观测采集到的数据进行质量评估和背景噪声影响因素分析就成为宽频带地震流动观测实验研究必不可少的重要内容之一。

青藏高原东北缘地震观测的背景噪声环境随着地理、地质条件的变化而差异显著。而观测台阵所配备仪器的良好观测性能则保证了在宽频带范围内可以真实地记录噪声信息，为详细分析背景噪声时空分布创造了有利条件。

对位于测线上兰州以南，2011年11月至2013年3月运行的30个台站，分别用发震时刻2012年3月20日18时02分47.44秒，震源位于墨西哥湾（98.231°W、16.493°N），震级M_S 7.4，震源深度20 km和发震时刻2012年4月11日08时38分36.72秒，震源位于印尼苏门答腊（93.073°E，2.345°N），震级M_S 8.6，震源深度20 km的两个震级较大的地震事件的三分量记录波形进行了对比，发现到时一致性、波形一致性均满足宽频带地震技术要求。分析了各个台站记录的远震波形记录的极性，单台定位的结果与全球地震目录相符，表明各台站地震计的三分向极性正确。

选取六个代表不同噪声环境的台站开展噪声水平评估。这些台站都距机场、主要河流、厂矿、变电站、学校、水库、铁路、高大建筑物和高大树木等较远，其差别主要是观测台站所在的地质环境，以及台站的台基、保温措施和部分人为噪声影响（主要为公路车辆和人畜走动等影响）情况，即其背景噪声主要来源于自然噪声。六个台站的具体描述如表4.4所示。

台站噪声水平评估采用概率密度函数（PDF）方法（McNamara and Buland，2004），这种方法在计算中不需要排除包括地震在内的突发事件，而是对所有记录数据进行一样的处理，在保持数据的连续性的同时，各种对背景噪声的影响体现在概率密度函数PDF的概率值中。

表4.4 用于环境噪声分析的六个台站描述

台站名	地理位置	沉积层薄厚	地表覆盖	离公路距离/m	拾震器	
					保温	台基
Sta 102	四川若尔盖	厚	黏土	100	A	a
Sta 115	甘肃合作	薄	基岩出露	1000	A	a
Sta 117	甘肃合作	薄	碎石土	2000	A	b
Sta 123	甘肃临夏	厚	厚黄土层	500	A	b
Sta 132	甘肃景泰	薄	碎石土	4000	A	b
Sta 133	甘肃景泰	薄	碎石土	200	B	a

注：拾震器保温措施：A. 室（洞）内三层隔温防风（双层塑料桶、一层棉被）；B. 室（洞）外双层隔温防风（双层塑料桶）；a. 硬实水泥地面；b. 水泥墩。

选取待分析台站2011年11月1日至2012年10月31日一整年的记录波形，然后将各台站各通道的记录波形重新截取为按照整点开始（用于不同时段的PDF对比）的长度为1小时的数据，对于每条数据进行①去倾斜和均值；②去仪器响应，得到地面运动的速度记录（m/s）；③将一小时的数据分为长度为1000 s的14段，滑动长度200 s；并对每1000 s的数据段进行功率谱密度（power spectral density，PSD）计算，在计算前叠加Welch窗以压制频谱分析的旁瓣效应；④对一小时内的14段数据的PSD结果求平均值，并对平均后的结果按照周期的1/8倍频程滤波（以确保处理后数据连续、平滑），得到随周期变化、在对数坐标上均匀分布的速度功率谱密度（图4.58），以便于和NHNM、NLNM对比。

在一小时数据处理的基础上，在一个较长的时段内对多个PSD结果按照$\delta d=1$ dB在−220 dB至−80 dB之间（PSD值的主要取值范围）进行统计，统计结果即概率密度函数（PDF）。

图4.59为台站Sta 115的垂直分量在2011年11月1日至2012年10月31日记录的波形数据利用上述方法进行处理后的结果。由于众数容易出现跳变，平均值则容易受到极值的影响，中值曲线则平滑并接近众数统计曲线（葛洪魁等，2013）。

图4.58中对各台站的PDF结果均计算了均值和中值。可以看出，中值更接近实际的功率谱概率密度最大值。

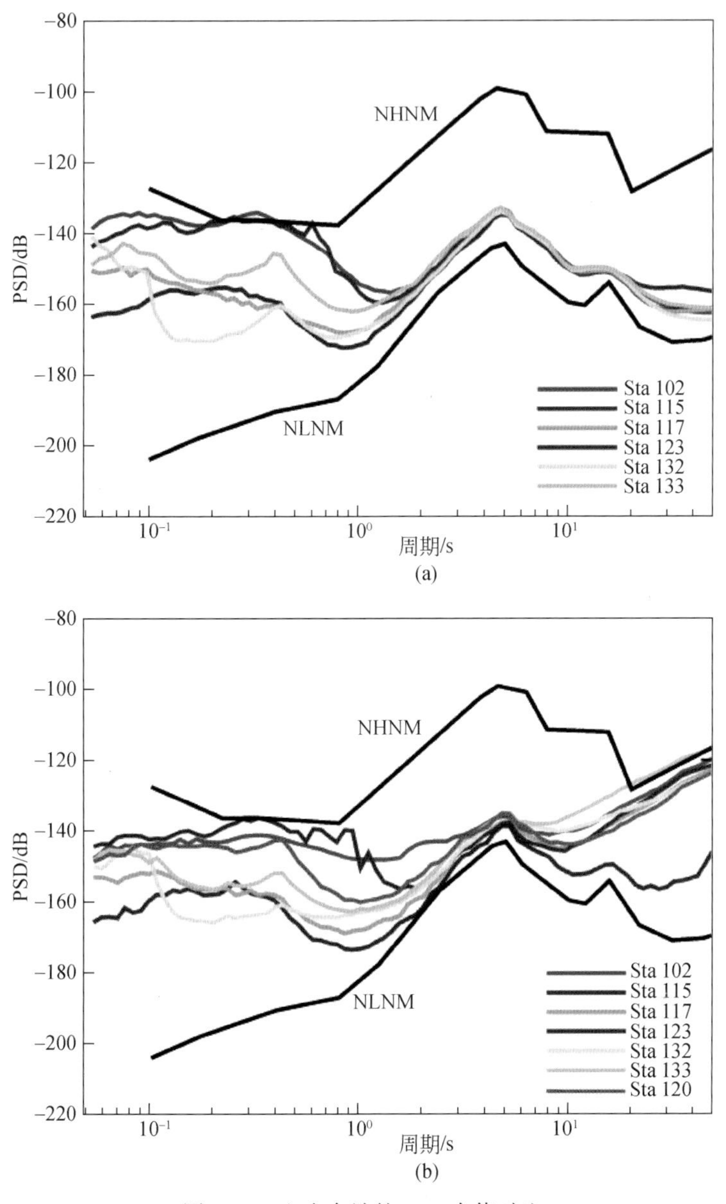

图 4.58　六个台站的 PDF 中值对比

（a）垂直分量；（b）水平分量

国家地动噪声标准对于长期观测的固定测震台站有一定的要求（GB/T 19531.1—2004），在设备完成安装并进行系统校准后连续观测 48 小时，对 48 小时的数据，抽取白天和晚上各四小时的噪声记录数据进行 PSD 计算，对于计算结果按照台站环境地噪声级别需要满足以下要求：

（1）I 级环境地噪声水平：$Enl_{dB}<-150$ dB；

（2）II 级环境地噪声水平：$-150\ dB \leq Enl_{dB}<-140$ dB；

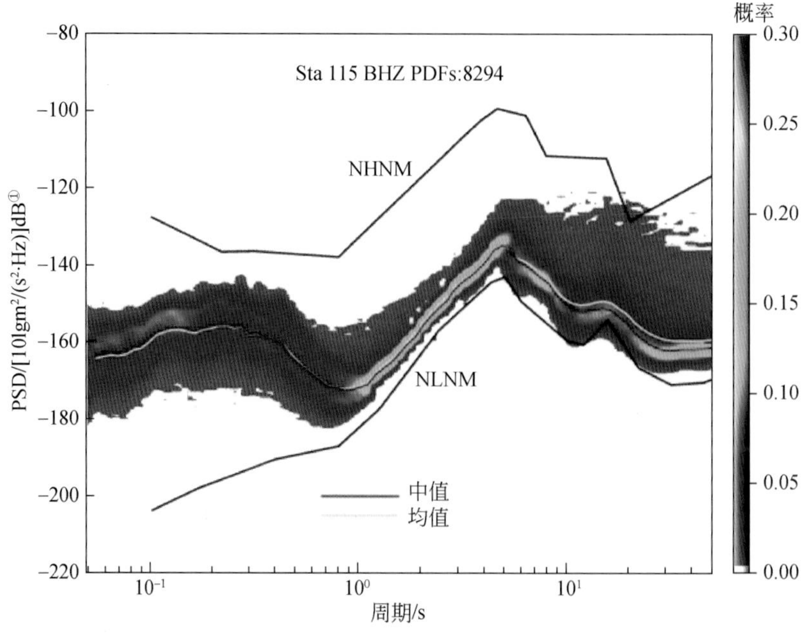

图 4.59 Sta 115 台站垂直分量 PDF 分布

①功率谱密度/对数分布

（3）Ⅲ级环境地噪声水平：$-140\ \mathrm{dB} \leqslant \mathrm{Enl}_{\mathrm{dB}} < -130\ \mathrm{dB}$；

（4）Ⅳ级环境地噪声水平：$-130\ \mathrm{dB} \leqslant \mathrm{Enl}_{\mathrm{dB}} < -120\ \mathrm{dB}$；

（5）Ⅴ级环境地噪声水平：$-120\ \mathrm{dB} \leqslant \mathrm{Enl}_{\mathrm{dB}} < -110\ \mathrm{dB}$。

其中，Enl 为环境地噪声水平，$\mathrm{Enl}_{\mathrm{dB}}$为 Enl 的分贝表示。对于地面速度记录，根据 GB/T 3241—1988 规定用 1/3 倍频程滤波器在 1 ~ 20 Hz 频带范围内求 Enl 的平均值。Enl 计算公式为

$$\mathrm{Enl} = \sqrt{2}\ \mathrm{PSD} f_{\mathrm{o}} \mathrm{RBW} \tag{4.1}$$

式中，f_{o}为分度倍频程中心频率；RBW 为相对带宽，$\mathrm{RBW} = (f_{\mathrm{u}} - f_{\mathrm{l}})/f_{\mathrm{o}}$，$f_{\mathrm{u}}$为分度倍频程上限频率，$f_{\mathrm{l}}$为分度倍频程下限频率。

对于甘肃东南地区安放宽频带数字地震仪的固定台站，环境地噪声水平应不大于Ⅱ级环境地噪声水平要求，即$\mathrm{Enl}_{\mathrm{dB}} < -140\ \mathrm{dB}$。流动台站环境噪声水平可比固定台站略放宽一些。固定台站在计算环境噪声水平的时候采用的是白天晚上各 4 小时的资料，我们在评估六个流动台的环境噪声水平时，利用了前述的 PDF 中值，其结果更能代表环境噪声的真实水平。六个对比分析台站的垂直分量和东西分量的噪声水平如表 4.5 所示。

表 4.5 各台站的地噪声级别（垂直向和东西向为例）

台站号	通道	$\mathrm{Enl}_{\mathrm{dB}}$/dB	地噪声级别
Sta 102	U-D	-136.10	Ⅲ
Sta 115	U-D	-158.72	Ⅰ

续表

台站号	通道	Enl_{dB}/dB	地噪声级别
Sta 117	U-D	-155.92	Ⅰ
Sta 123	U-D	-137.23	Ⅲ
Sta 132	U-D	-161.17	Ⅰ
Sta 133	U-D	-149.16	Ⅱ
Sta 102	E-W	-141.06	Ⅱ
Sta 115	E-W	-159.14	Ⅰ
Sta 117	E-W	-155.71	Ⅰ
Sta 123	E-W	-138.07	Ⅲ
Sta 132	E-W	-157.63	Ⅰ
Sta 133	E-W	-151.69	Ⅰ

可以看出青藏高原东北缘野外宽频带地震的六个台站噪声水平在I级到III级之间，满足流动观测噪声水平要求。

PDF方法研究结果表明：1 Hz以上高频及0.2 Hz以下低频的台站背景噪声最易受影响。在1 Hz以上频率范围，公路、人为活动等是主要影响因素；较厚沉积层环境的台站受影响尤甚。在0.2 Hz以下的频率范围，水平分量的背景噪声更容易受到地倾斜、温度、气流等因素的影响，地倾斜对于背景噪声的影响明显大过其他因素，并在各种地质环境下都存在。只有当台站架设在整体岩性好的基岩上时，地倾斜对水平背景噪声的影响会显著减轻，地震计埋深大于2 m有降低3 dB左右的背景噪声的效果。经验表明，在整体性较好的基岩上架设台站能保证各分量的观测效果，但是，当无法达到上述要求或成本太高时，如在盆地内进行观测，深埋地震计也能起到一定的降噪效果，此法适用于土层较厚的地区。在高寒地区的台站，需要采取措施保证地震计相对恒温的小环境。台站噪声水平PDF方法评估结果为进一步改善厚沉积层环境的台站数据质量提供了依据。

（四）分析方法与结果

1. 接收函数分析结果

1）P波接收函数研究地壳结构

从地震目录（来自USGS）中选取震级M_S>5.5，震中距范围为30°~95°的地震事件，从原始记录数据中截取P波前10 s后100 s的波形记录用于接收函数的计算。P波接收函数的计算采用时间域迭代反褶积方法（Ligorria and Ammon，1999；Zhu，2004），滤波采用α=2.5 Hz的Gaussian滤波因子。从分离出的接收函数中挑选出初动尖锐、Ps及其两个多次波震相清晰、信噪比高的接收函数3284个，涉及地震事件326个。

相对于IASP91地球模型，用一个固定射线参数0.0573 s/km（GCARC=67°）做动校正，我们绘制了所有的接收函数如图 4. 60 所示。可见莫霍面转换震相 Pms 以强的正能量出现在 6. 0 ~ 7. 5 s（指示速度降低），莫霍面的壳内多次波出现在 10 ~ 23 s，由于数据信噪比相对较高，壳内转换震相 Pcs 清晰可见，来自地幔过渡带顶、底面的 P410s 和 P660s 也较容易识别。

V_P/V_S（或泊松比）能指示地壳的物质组成和温压条件。例如，岩石的石英含量、孔隙度和部分熔融状态（Christensen，1996；Owens and Zandt，1997；Vernik，1997）。通常地壳内富斜长石和石英含量低导致高 V_P/V_S。如果空隙或裂缝被流体充填或部分熔融存在，则 V_P/V_S 很高（Christensen，1996）。

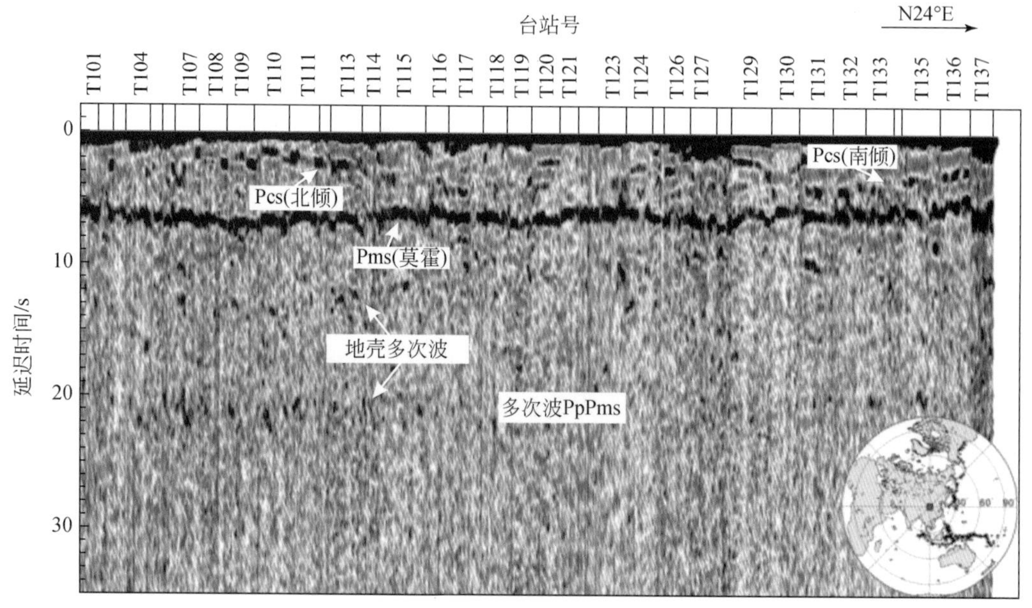

图 4. 60 青藏高原东北缘原始接收函数时间剖面

各个台站的接收函数按入射到台站的地震射线与测线走向（N36. 5°E）夹角（0 ~ 180°）由大到小的顺序进行排列。Pcs. 壳内转换波；Pms. 莫霍面转换波

用 *H-k* 网格搜索法（Zhu and Kanamori，2000）估计了每个台站下方整个地壳的平均 V_P/V_S（图 4. 61）。莫霍面转换震相 Pms 的振幅和两个多次波 PpPms 和 PpSms+PsPms 分别被赋予权重因子 0. 7、0. 2 和 0. 1，以压制噪声干扰。根据研究区的宽角反射地震剖面结果，地壳速度平均值取 V_P = 6. 05 km/s（张先康等，2008；Jia *et al.*，2009；Zhang *et al.*，2013）。

共转换点叠加图像如图 4. 62 所示。结果显示松潘地块—西秦岭莫霍面深度在 50 km（地壳厚度 53 km），祁连造山带莫霍面略浅（地壳厚约 50 km），昆仑断裂、西秦岭北缘断裂和海原断裂向下延伸切过莫霍面，并分别作为划分松潘-甘孜地块、西秦岭、祁连山和阿拉善地块的边界断裂。其中，西秦岭北缘断裂两侧地壳结构差异尤其明显。由共转换点叠加图像可见，西秦岭北缘断裂两侧地壳结构差异较大，其南侧为高地形，地壳略厚、结构复杂、具块状结构特征；其北侧为低地形，地壳相对薄、结构简单，呈层状结构特征。

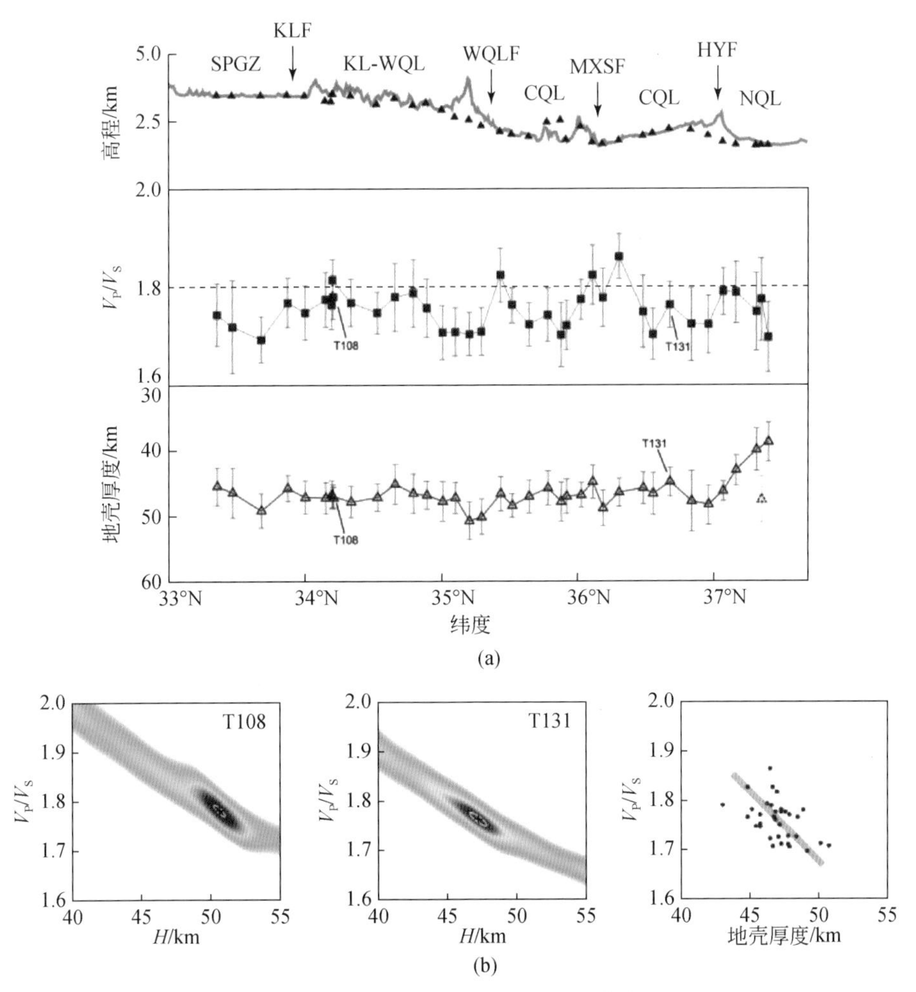

(a)

(b)

图 4.61　*H-k* 网格搜索法 V_P/V_S 估计

（a）沿测线 V_P/V_S 变化（中）和地壳厚度变化（下）及误差；（b）T108 台和 T131 台 *H-k* 网格搜索法 V_P/V_S 估计结果，右侧显示了 V_P/V_S 的关系。SPGZ. 松潘-甘孜地块；KL-WQL. 昆仑-西秦岭地块；CQL. 中祁连地块；NQL. 北祁连地块；KLF. 东昆仑断裂；WQLF. 西秦岭北缘断裂；MXSF. 马衔山断裂；HYF. 海原断裂

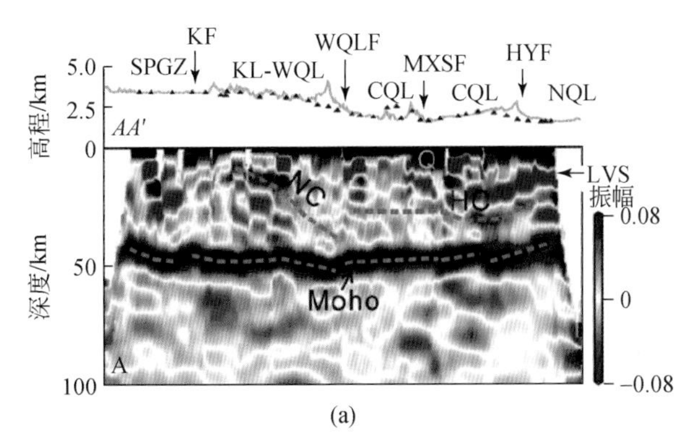

(a)

图 4.62　青藏高原东北缘剖面 P 波接收函数 CCP 叠加剖面

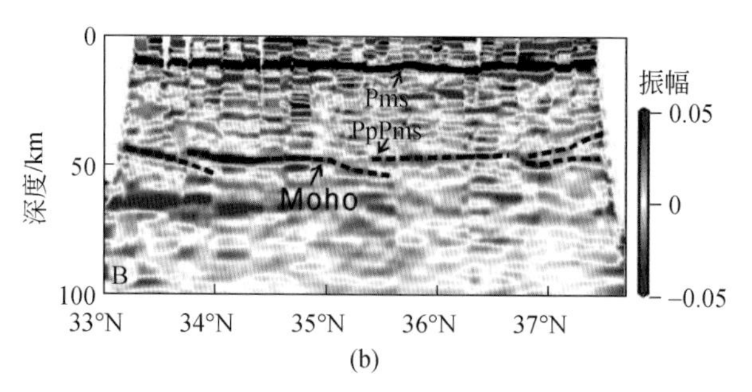

图 4.62　青藏高原东北缘剖面 P 波接收函数 CCP 叠加剖面（续）

（a）Ps 波偏移图像；（b）PpPs 偏移图像。叠加面元长 2 km、宽 150 km、高 0.5 km；沿红色和黑色表示正振幅（表示向下速度增加），蓝色表示负振幅（表示向下速度减小），昆仑断裂（KF）、西秦岭北缘断裂（WQLF）、马衔山断裂（MXSF）和海原断裂（HYF）在剖面上的投影位置在用箭头标出；SPGZ. 松潘－甘孜地块；KL-WQL. 昆仑－西秦岭地块；CQL. 中祁连地块；NQL. 北祁连地块；Moho. 莫霍面；LVL. （壳内）低速层；NC、HC. 负极性的壳内转换波；PpPms. 地壳多次波

针对测线上所有台站的接收函数对应的地震射线在上地幔 410 km 和 660 km 深度的穿入点（piercing points）在地表的投影位置分布，上地幔深度的 CCP 叠加剖面被设置在图 4.63（a）中穿入点分布最为密集的 AA' 的位置。叠加空间被剖分为沿测线方向5 km，横向垂直于测线方向宽度 200 km，深度方向 0.5 km 的叠加单元，穿过每个叠加单元的接收函数量如图 4.63（b）上图所示，可见数据的覆盖密度是可靠的。在进行叠加之前，先用一个零相位 Butterworth 带通滤波器对所有接收函数进行滤波，拐角频率取为 0.03～0.2 Hz。

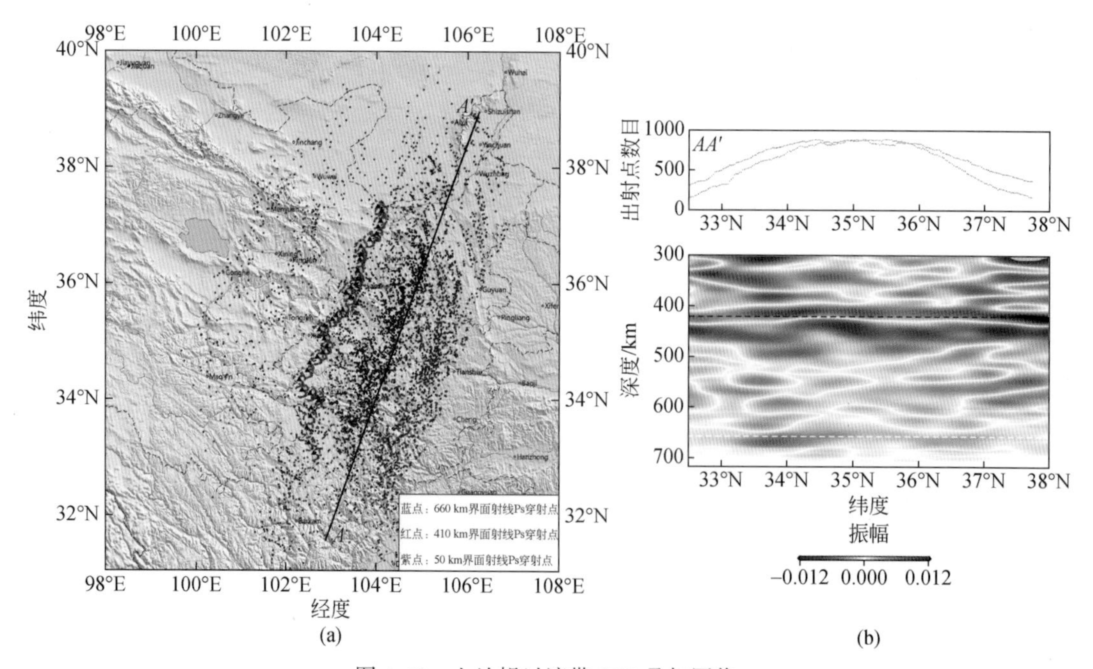

图 4.63　上地幔过渡带 CCP 叠加图像

（a）410 km 间断面（红点）和 660 km 间断面（蓝点）出射点分布；（b）410 km 和 660 km 间断面共转换点（CCP）叠加图像

410 km 和 660 km 速度间断面分别是 α 橄榄石到 β 相尖晶石的相变面和 γ 相尖晶石到钙钛矿+镁质方铁矿的相变面，Clapeyron 斜率在两个相变面的变化决定了上地幔转换带厚度的大小取决于转换带内温度的高低（Bina and Helffrich，1994）。青藏高原东北缘上地幔主要速度间断面 410 km 和 660 km 在横向上未见明显起伏，两个界面的绝对深度接近 IASP91地球标准模型深度值，暗示了青藏高原东北缘上地幔转换带温度状态正常。410 km在剖面中部微向上隆反映祁连造山带下方地幔转换带以上温度偏高。

2）S 波接收函数研究岩石圈结构

鉴于 P 波接收函数中莫霍面的多次波到达时间与来自 LAB 的 Ps 转换波相当，两者区分很困难。而 Sp 受其他震相干扰相对较小（Yuan *et al.*，2006），因为 Sp 震相以 P 波速度传播，先于直达 S 波到达地震台站，而其多次波又滞后于直达 S 波到达，且 Sp 震相不会因传播路径上的介质各向异性而发生分裂。因此，Sp 震相（即 S 波接收函数）携带了更为可靠的岩石圈结构信息。

利用图 4.64 所示的剖面台站记录的数据和研究区固定台站数据进行了 S 波接收函数分析。为保证数据的可靠性，从震级 $M_S>5.8$，震中距范围 60°～120°，S（SKS）波初至清晰、延续时间小于 15 s 的高信噪比远震 S 波波形中提取 S 波接收函数。经坐标旋转和反褶积计算两个步骤。

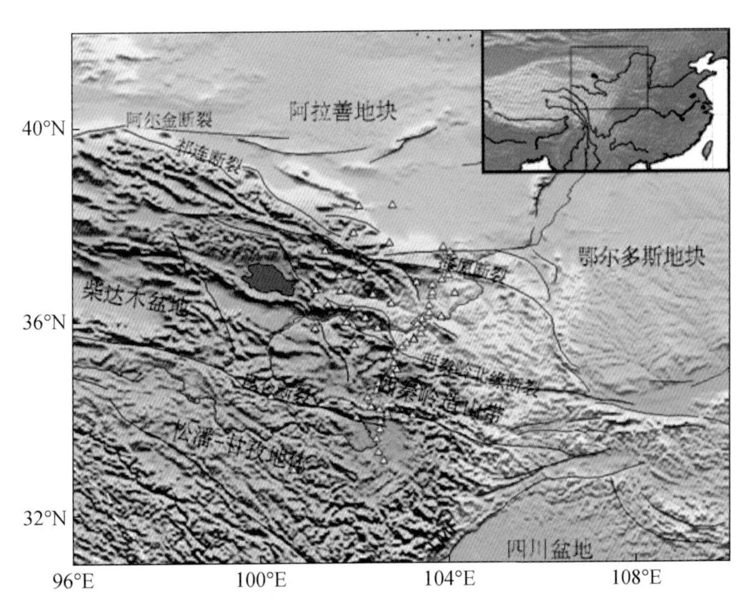

图 4.64 S 波接收函数研究利用的 SinoProbe 流动台站和国家地震台网台站

红边三角形为 SinoProbe 流动台站；蓝边三角形为邻区国家地震台网台站

与 P 波接收函数提取不同，提取 S 波接收函数还需做二次坐标旋转，这是由于远震 S 波中的 Sp 转换波的入射角度可达 45°（Wilson *et al.*，2006），只有将垂直（Z）-径向（R）-切向（T）分量再次旋转到射线坐标系（P-SV-SH）才能充分分离 S 波与 Sp 波。二次坐标旋转的角度可选择理论射线入射角或垂直坐标面（Z-R 坐标系）内质点偏振分析得到的角度，本研究采用后者来估计二次旋转角度。一般而言，P 波引起的质点震动分布于坐标系的Ⅰ、Ⅲ象限，而S波引起的质点震动分布于Ⅱ、Ⅳ象限，因此在估计S波偏振角时只对Ⅱ、Ⅳ象限的质点震动进行了拟合，并利用得到的角度和Z-R分量合成SV分量。由于Sp震相主要出现在Z分量上，利用SV分量对Z分量做反褶积便可得到S波接收函数；最后，为了使S波接收函数与传统P波接收函数看起来相似，需要将反褶积得到的时间序列的时间轴和振幅极性反向（Sp震相与Ps震相的极性相反），并做1/π Hz的低通滤波。

P波结束函数结果和已有的地震探测研究结果都表明青藏高原东北缘地壳平均厚度为50±5 km（Li *et al.*，2006；Liu *et al.*，2006；高锐等，2011；Zhang *et al.*，2011，2013a；Tian and Zhang，2013），为此，S波接收函数研究将IASP91模型（Kennett and Engdahl，1991）的莫霍面深度修正到50 km，并以此作为参考模型来计算Sp震相的透射点位置和时深转换。150 km深度处Sp震相的透射点分布如图4.70所示。

将所得接收函数向图4.65中出射点相对集中的*AA′*和*BB′*投影，沿该两条剖面按步长0.4°、宽1.4°划分网格进行接收函数叠加和共转换点偏移成像叠加（相邻网格有1/3步长的重叠覆盖），图4.66（a）、（b）为接收函数的叠加波形和偏移图像，考虑到地壳和地幔的横向非均匀性（5%）速度扰动，时深转换过程可能会导致±4.0 km的误差，这对于岩石圈尺度的研究是可接受的。

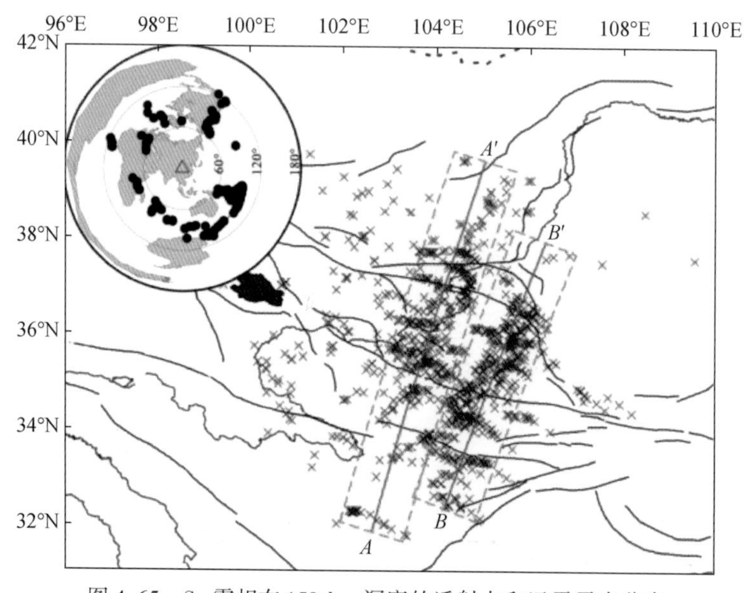

图4.65　Sp震相在150 km深度的透射点和远震震中分布

红十字为透射点；左上角图中黑色圆点示远震事件的震中，三角形为T115台站；*AA′*、*BB′*. LAB成像的两条剖面位置

从图4.66中可以识别出两个清晰的震相：其一是位于约50 km深度的正震相为来自莫霍面的Sp波，其二是位于110～150 km深度的负震相，即来自LAB的Sp波。

S波接收函数图像显示松潘-甘孜地体东北部和西秦岭造山带具有较薄的岩石圈，LAB位于110～130 km。祁连地块的岩石圈较厚，LAB埋深为140～150 km，且LAB较为平坦。

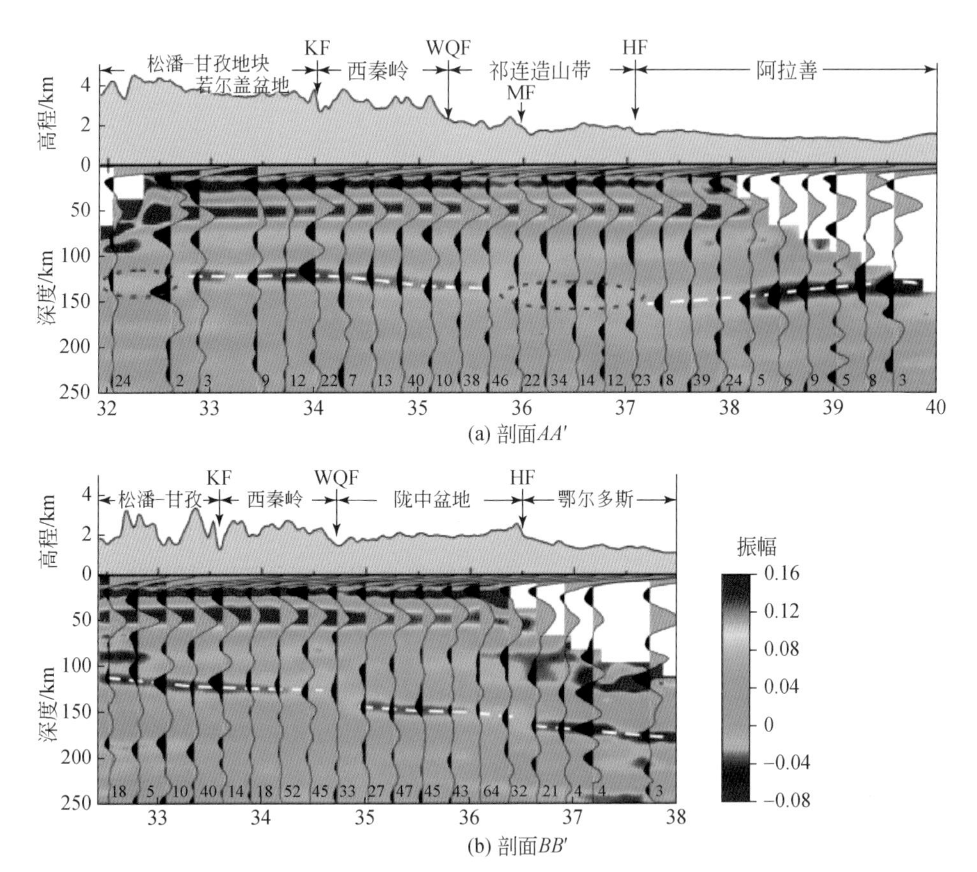

图 4.66　青藏高原东北缘剖面 S 波接收函数 Sp 叠加剖面（据张洪双等，2016）

Moho. 莫霍面；LAB. 岩石圈-软流圈边界；断裂带名称：KF. 昆仑断裂；WQLF. 西秦岭北缘断裂；HYF. 海原断裂；LPSF. 六盘山断裂。下边框所列 13、40、10、38、46 等数字为叠加的数据个数

沿 *AA′*，六盘山断裂以东，LAB 成加深趋势，进入鄂尔多斯地块西缘，LAB 埋深为 150 ~ 170 km；沿 *BB′*，海源断裂带下方，未见明显的莫霍面错断和 LAB 不连续，仅见 LAB 倾角由近水平变到略呈南倾，阿拉善地块南缘下方，LAB 近 150 km，略显南倾。

2. S 波速度结构反演

基于 *H-k* 获得的地壳厚度，以 Crust 2.0 模型的速度为初始值，用线性反演方法反演了台站下方的速度结构（Ammon *et al.*，1990）。

由图 4.67 可知，LVZ 在研究区普遍存在，只是埋藏的深度和速度减小的幅度在不同的分区之间有变化。我们对本区先前做过的人工源地震剖面（达日-兰州-靖边、马尔康-碌曲-古浪、成县-西吉、西吉中卫、灵台-阿木去乎）进行了数字化，对比结果表明，天然地震接收函数 S 波反演结果与人工源地震剖面对低速层分布的描述是吻合的。

低速层一般存在于 15 ~ 25 km 的深度范围，似乎与已知的深大断裂有关。低速层还表现出分区特征：GS02 和 GS03 地壳平均速度特别低，对应达日-兰州-靖边剖面对应区间（若尔盖地块北缘）的 20 ~ 60 km 厚，但速度值降低不明显的低速带。与之成对

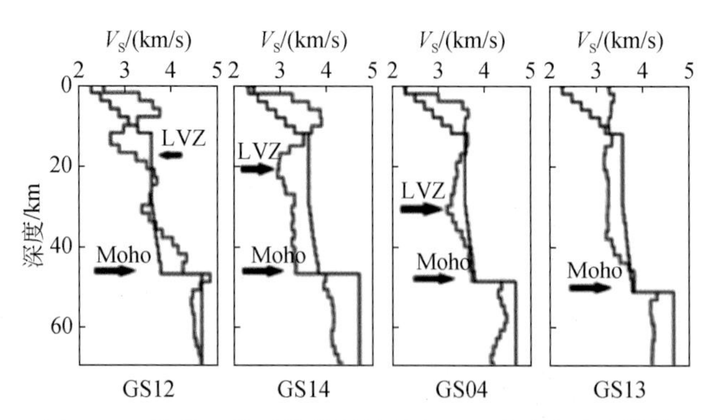

图 4.67　接收函数反演获得的研究区 S 波速度地壳结构

比的是，在西秦岭断裂与海原断裂夹持的祁连地块，低速层集中在 20 ~ 30 km 深度范围。

3. 噪声成像初步结果

在噪声成像方法出现之前，基于地震记录来研究深部结构受到两个方面的制约：一是地震台站分布不均匀，地震多发区台站稠密，少震地区台站稀疏。二是远震面波（Rayleigh 波和 Love 波）高频成分丢失，因而往往对地壳结构分辨能力不够。噪声成像方法（Shapiro *et al.*，2005），利用背景噪声互相关提取面波经验格林函数，进而反演壳幔速度结构，解决了面波成像对地壳结构分辨不足的问题，也在一定程度上摆脱对地震台站分布的长期依赖。

1）背景噪声经验格林函数提取

首先将原始数据转换成按天存储的格式后，经去线性、去均值、去仪器响应、滤波和重新采样和坐标轴旋转以备用；然后进行时间域归一化以减轻地震、仪器不规整和仪器附近非平衡噪声源等噪声对背景噪声信号的干扰，对数据频谱进行谱白化以拓宽信号的频谱提高信号分辨能力；再对任意两个台站相同日期的波形进行互相关计算以提取面波经验格林函数（图 4.68），并将它们全部叠加以增强信噪比；利用多重滤波和基于图像分析的方法获取相速度频散曲线；接着测量群速度和相速度曲线；最后进行误差分析，选择可接收的量度。

资料分析表明，SinoProbe 青藏高原东北缘剖面记录的有效周期最大为 40 s，用单点面波群速度对地壳结构进行了反演（图 4.69）。

2）面波（Rayleigh 波）背景噪声成像

由于时间限制，项目结题时仅获得面波群速度地壳结构剖面成像结果。图 4.70 为沿东经 103°的地壳的深度-速度剖面图像。

由图 4.70 可知，由于提取的 Rayleigh 波有效周期最大为 40 s，所得地壳结构只反映了 50km 以浅的深度-速度关系，对莫霍面深度和形态没有约束。在横向上有一定的分辨率。可以看出大致以北纬 35°为界，向昆仑-西秦岭地壳结构较复杂，各层起伏明显，下地壳较厚；向北进入祁连地块地壳内各层展布较平缓，厚度均匀。昆仑断裂以北，西秦岭和祁连地块上、下地壳之间普遍发育低速层。

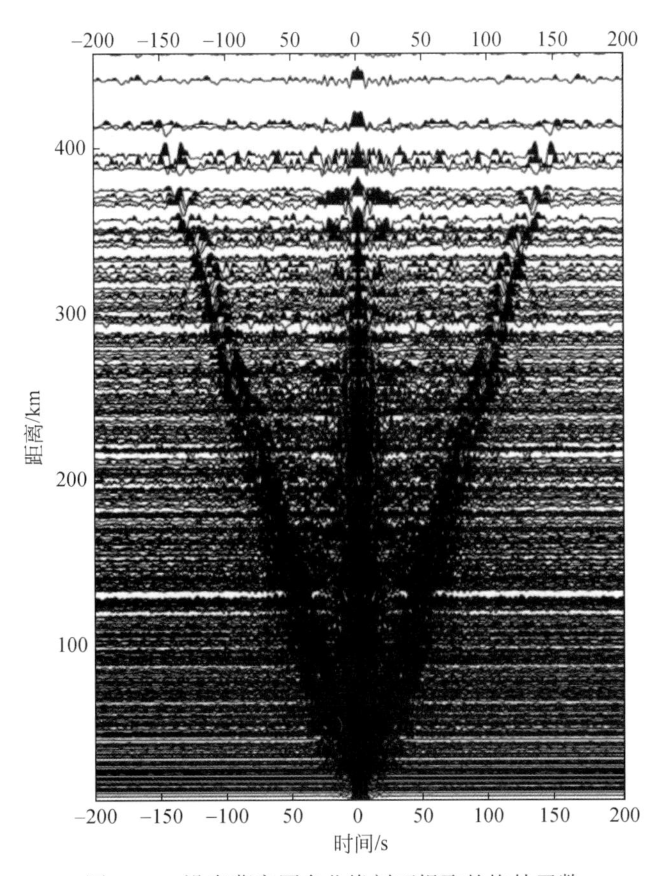

图 4.68 沿青藏高原东北缘剖面提取的格林函数

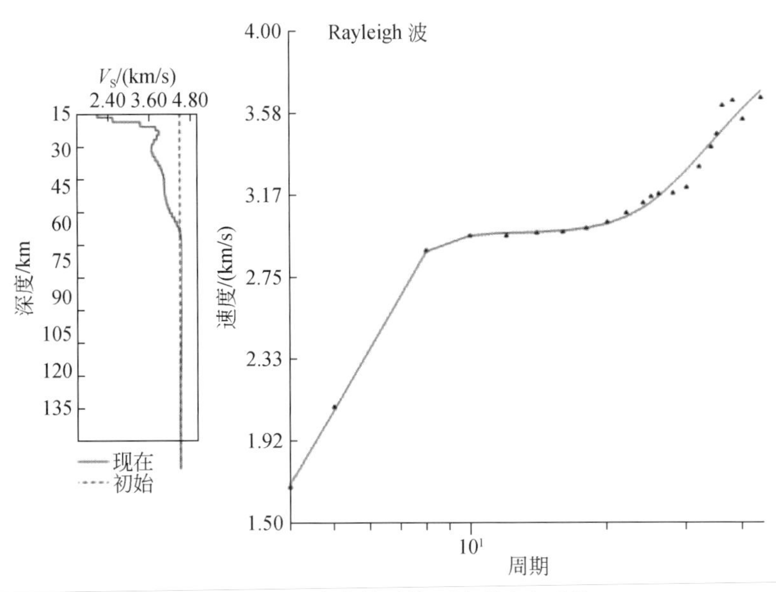

图 4.69 一个台站对的面波群速度反演

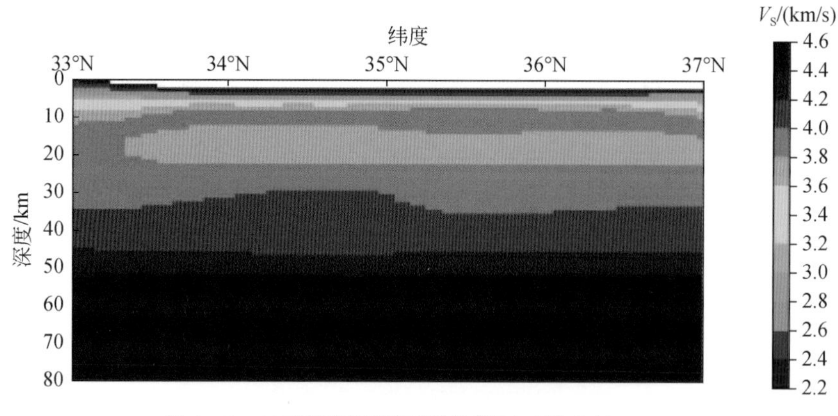

图 4.70　地壳的深度剖面图像剖面（沿东经 103°）

（五）主要进展：结果讨论与认识

1. 野外观测技术实验与评价

通过远震的波形记录查看、资料分析结果表明，青藏高原东北缘台站到时、波形一致性较好，单台定位的结果显示各台站仪器三分量方位正确。对选取的六个台站进行了背景噪声 PDF 评估结果表明，因为在台址选择和台站建设时避免了诸多干扰因素，台站地噪声水平在 I 级到 III 级之间，满足了流动观测要求。

在 0.2 Hz 以下的低频范围，水平分量的背景噪声易受地倾斜、温度、气流等因素的影响，地倾斜对于背景噪声的影响会显著大过其他因素的影响。这一影响在各种地质环境下都会存在，只有当台站架设在整体性好的基岩上时，会显著减轻地倾斜对水平背景噪声的影响，因此建议流动观测时尽可能选择基岩建台。分析结果表明，地震计深埋在 2 m 以下能达到降低 3 dB 左右背景噪声的效果。

2. 岩石圈结构及其地球动力学意义

青藏高原东北缘是我国西部挤压构造和东部拉张构造的转换带。挤压的主应力方向为 NE 向。主动力源于印度大陆岩石圈的持续向北推挤。前文提及，印度岩石圈向北俯冲其前缘可能到达羌塘地体南缘或中部。喜马拉雅地体和拉萨地体南缘，在俯冲板片的直接挤压下，在印度地壳底垫和碰撞带两侧地块体自身缩短增厚双重作用下，地壳厚度不小于 70 km。然而，在远离印度大陆岩石圈俯冲前缘的东北缘，现今的岩石圈结构怎样？这些在特提斯时期陆续拼贴到亚洲（华北）板块南缘的地体，又是以怎样的机制消纳南来的挤压应力并将它传递到高原外围？青藏高原东北缘的岩石圈结构可以为我们提供相关信息。

1）地壳结构

P 波接收函数 *H-k* 扫描和共转换点叠加结果显示，横跨青藏高原东北缘的多个块体，莫霍面平缓延展，平均埋深 50 km。这与先前的人工地震探测结果一致（崔作舟等，1995；李松林等，2002；王有学等，2005；张先康等，2007，2008；Zhang *et al.*，2013a）。南-中祁连地体、柴达木盆地的地壳厚度与全球大陆地壳平均值非常接近，地壳厚度与主碰撞带距离呈现松弛的反相关关系。这实际也反映随着远离主碰撞带，高原北部各地体的所受挤压应力大部分在传递过程中被消纳（被地壳变形或侧向移位所吸收）。

青藏高原东北缘是高原侧向扩展的活动前沿。人工地震测深（张先康等，2008；Li J. *et al.*，2011；Zhang *et al.*，2013a）、接收函数（陈九辉等，2005；李永华等，2006；Hu *et al.*，2011；Shen *et al.*，2011）、Pn成像和体波走时层析成像（许忠淮等，2003；郭飚等，2004）等研究表明，青藏高原东北缘地壳中普遍存在低速层。本次密集台站的P波接收函数CCP成像和S波速度结构反演和背景噪声成像与接收函数所得地壳结构都显示祁连造山带地壳内部存在明显的低速层，埋藏深度10～30 km。尤以北祁连带最为发育，海源断裂向深部倾角变缓，收敛于地壳内部软弱带。壳内低速层存在是青藏高原东北缘上地壳逆冲推覆增厚和向外扩展模式的必要条件。

从柴达木盆地内的三维地震探测图像可见，盆地整体沿阿尔金走滑断层掀斜抬升，南侧东昆仑山和北侧南祁连山向盆地内挤压（Guo *et al.*，2017），脆性上地壳的逆冲叠置作用在整个地壳增厚过程中扮演了重要作用（黄兴富等，2018）。

共转换点叠加图像还显示，西秦岭北缘断裂向下延伸切过莫霍面，表现为自上而下的低速带。其两侧地壳结构差异尤其明显，其南侧为高地形，地壳略厚、结构复杂、成层性差，其北侧为低地形，地壳相对薄、结构简单，壳内低速层发育。北祁连北缘断裂也具有类似的特征。秦岭北缘断裂、北祁连北缘断裂为岩石圈块体侧向滑移创造了条件（Ye *et al.*，2015）。

2）岩石圈结构

S波接收函数结果显示，青藏高原东北缘保存了较厚的岩石圈（张洪双等，2013），表现为克拉通和新生代造山带之间的过渡特征。

松潘-甘孜地块和西秦岭造山带岩石圈相对较薄（110～130 km）并略北倾；Su等（2010）由石榴子石相橄榄岩包体估计的岩石圈厚度（120 km），An和Shi（2006）由上地幔温度估计的热岩石圈厚度与本研究实测结果相当。尽管昆仑断层左旋走滑率高达11 cm/a（Tapponnier *et al.*，2001），然而，本研究结果显示其东延部分并没有切穿岩石圈，仅自地表向下陡倾延伸至地壳中部的叠瓦状逆冲构造之上，在埋深约35 km处被近水平展布的拆离层所截断（高锐等，2011）。宽频带地震S波接收函数成像结果支持松潘-甘孜地体与西秦岭基底性质相似、同属亲扬子地体的认识（高锐等，2006；张季生等，2007；陈岳龙等，2008）。

*AA′*显示转换波在祁连造山带的岩石圈-软流圈边界聚焦不好，在*BB′*剖面下聚焦，反映两者上地幔环境的差异。虽然同属于祁连地块，陇东盆地和祁连造山带现今的地貌迥然不同，东部盆地比西部山脉高程低近千米。显然西部两个圈层之间发生了物质交换作用。Xu等（2014）发现“非孕震层”在90°E到100°E之间厚度约为40 km，沿昆仑断层向东延伸到106°E附近则下降到20 km以下。“非孕震层”厚度的变化暗示东、西部地壳厚度的差异可能是由于碰撞前既有的差异，西部地壳增厚主要是通过下地壳缩短实现的，表明西部地壳更具可塑性或流动性，即祁连造山带岩石圈在青藏高原隆升和向北扩展过程中重新活化。

阿拉善地块的构造属性一直争议。虽然他与鄂尔多斯同属华北克拉通西缘的块体，鄂尔多斯具有稳定地壳结构（张先康等，2003；陈九辉等，2005；Li *et al.*，2006；Tian *et* al.，2011；Teng *et al.*，2013；李英康等，2014）、少震和低地温梯度的特点（Tao and Shen，2008），本研究显示鄂尔多斯西缘 LAB 深达 170 km，再次证实鄂尔多斯地块保存有较厚的地幔岩石圈（Tian *et al.*，2011；Zhang *et al.*，2012），反映其整体上尚未受到中国东部岩石圈垮塌和青藏高原向北东推挤的严重影响而失稳。

研究者对青藏高原东北缘岩石圈厚度 110～130 km 在一定程度上达成了共识。但是对阿拉善地块（华北克拉通）岩石圈是否长距离俯冲到祁连山下存在争议。高锐等（1998）和吴功建（1998）发现向高原内倾斜的 NBT；阿拉善东段接收函数成像图像也显示阿拉善岩石圈大（约 200 km），LAB 呈现向祁连造山带下方汇聚的趋势（Feng *et al.*，2014；Ye *et al.*，2015），但是远震体波层析成像结果（Nunn *et al.*，2014；Wang *et al.*，2019）的确未能在祁连造山带下方识别出向南倾斜的高速异常体。在印度-欧亚汇聚、高原隆升并向外扩展过程中，青藏高原东北缘各个块体究竟扮演了怎样的角色？仍众说纷纭。

无论如何，西秦岭北缘断裂、东昆仑断裂和阿尔金-海原断裂，都对应莫霍面错断或岩石圈厚度的急剧变化或不连续，表明除了垂向增厚和隆升，岩石圈块体的侧向位移也是重要的动力学机制（Meyer *et al.*，1998；Tapponnier *et al.*，2001）。

3. 地幔转换带结构

410 km 和 660 km 界面的绝对深度接近 IASP91 标准模型，未见明显异常，暗示了青藏高原东北缘地区上地幔转换带温度总体接近全球模型。即青藏高原东北缘的构造活动不涉及下地幔，仅是岩石圈与软流圈相互作用的结果。

4. 各向异性

SKS 快波方向大体平行于构造走向方向，呈现壳幔垂向连贯变形特征（Ye *et al.*，2015）。

无论如何，SinoProbe 实验实现了藏北无人区南北贯通的宽频带地震观测，总结的野外工作方案，对今后开展可可西里地区的宽频带地震观测有借鉴意义。

新数据揭示的青藏高原腹地和北部地壳-上地幔结构的现今状态，支持印度板块岩石圈俯冲前缘到达南羌塘之下的动力学模式。但是对亚洲板块是否南向俯冲形成“双向汇聚”样式，接收函数和层析成像结果不一致。

接收函数成像结果揭示藏南南北向裂谷与莫霍面错断或“双莫霍”的空间相关关系，认为其形成与夹持于印度板块和亚洲板块之间的西藏板块壳幔向东运动速度差异有关，各向异性分析结果强调俯冲的印度板块“撕裂”作用。

青藏高原东北缘莫霍面错断、LAB 起伏和各向异性分布特征表明，在东北缘，侧向挤出移位可能替代地壳缩短成为各地体消纳挤压应力的主要形式。由于刚性块体围限上地壳脆性层的向外逆冲成为高原向外扩展主要表现形式。

第五章　东北跨松辽盆地宽频带观测实验研究

东北地区以纬度高、季节温差大（夏冬季最大温差60°C以上），冻土层、盆岭地貌和森林覆盖环境复杂等特点，成为SinoProbe观测实验的典型地区之一。

东北地区的宽频带地震流动观测实验台站大致平行绥芬河–满洲里深地震测深剖面布设。通过实验，总结出保障台站运行和数据回收率的两项关键技术措施：做好地震计室的防水施工和下沉式临时台站保温。利用新采集的数据，结合其他项目宽频带地震流动观测资料及东北地区固定地震台站的观测资料，开展了接收函数、地震面波与体波成像、Pn层析成像、背景噪声成像、SKS分裂等研究。揭示了莫霍面、岩石圈底界面、上地幔410 km及660 km间断面的起伏，以及上地幔P波和S波速度变化和各向异性等特征。通过深部结构对比，重点探讨了中、新生代太平洋俯冲对兴蒙造山带构造演化的影响及其资源环境效应。

第一节　区域构造背景和研究基础

（一）区域构造背景

在大地构造位置上，中国东北地区位于兴蒙造山带的东端。兴蒙造山带属于中亚–蒙古–兴安巨型复合造山带，夹持于华北克拉通（NCC）和西伯利亚克拉通之间，是由额尔古纳–兴安、松嫩–张广才岭、佳木斯和兴凯等多个微板块拼合而成的统一复合板块（任纪舜，1997；邵济安等，1997；任纪舜等，1999）。

古生代时期，随着古亚洲洋的闭合，西伯利亚板块与华北板块合并，形成近东西向的拼合构造带；到了中、新生代时期，受太平洋板块西向俯冲和北侧蒙古，鄂霍次克洋碰撞造山带的共同作用影响（徐备等，2014），形成了目前近NE向的构造格局和盆岭地貌。郯庐断裂带北段分为两支–墩密断裂和依兰–伊通断裂，延伸到东北地区控制了新生代盆地的形成、分布和盆地沉积演化及油气资源分布。作为西太平洋俯冲带的弧后区，东北地区晚中生代以来发育形成了大型陆内裂陷盆地——松辽盆地。受太平洋板块西向俯冲诱发的地幔上涌形成了长白山、镜泊湖和五大连池等新生代火山。

（二）工作基础

主动源地震研究。20 世纪 80 年代至 90 年代，我国在东北地区相继完成了闾阳–海城–东沟地学断面、海城–林西–锡盟地学断面剖面、闾阳–梨树地学断面和绥芬河–满洲里地学断面，用人工爆破深地震测深（又称“宽角反射与折射”）方法揭示了地学断面的地壳结构。1998 年，中国地震局还实施了“长白山天池火山岩区岩浆系统地壳结构的三维深地震测深研究”。

宽频带地震流动观测研究。1998 年中国地震局地球物理勘探中心与美国纽约州立大学宾汉顿分校合作，在长白山火山地区布设了 19 台宽频带地震仪，进行了为期一年的野外观测与研究（图 5.1）。2002 年该单位又在镜泊湖地区布设了 15 台宽频带地震仪，开展了为期三个月的观测与研究。2005 年继续在长白山火山至镜泊湖火山之间布设了 20 台宽频带地震仪，进行了为期近一年的观测与研究（图 5.2、图 5.3）。

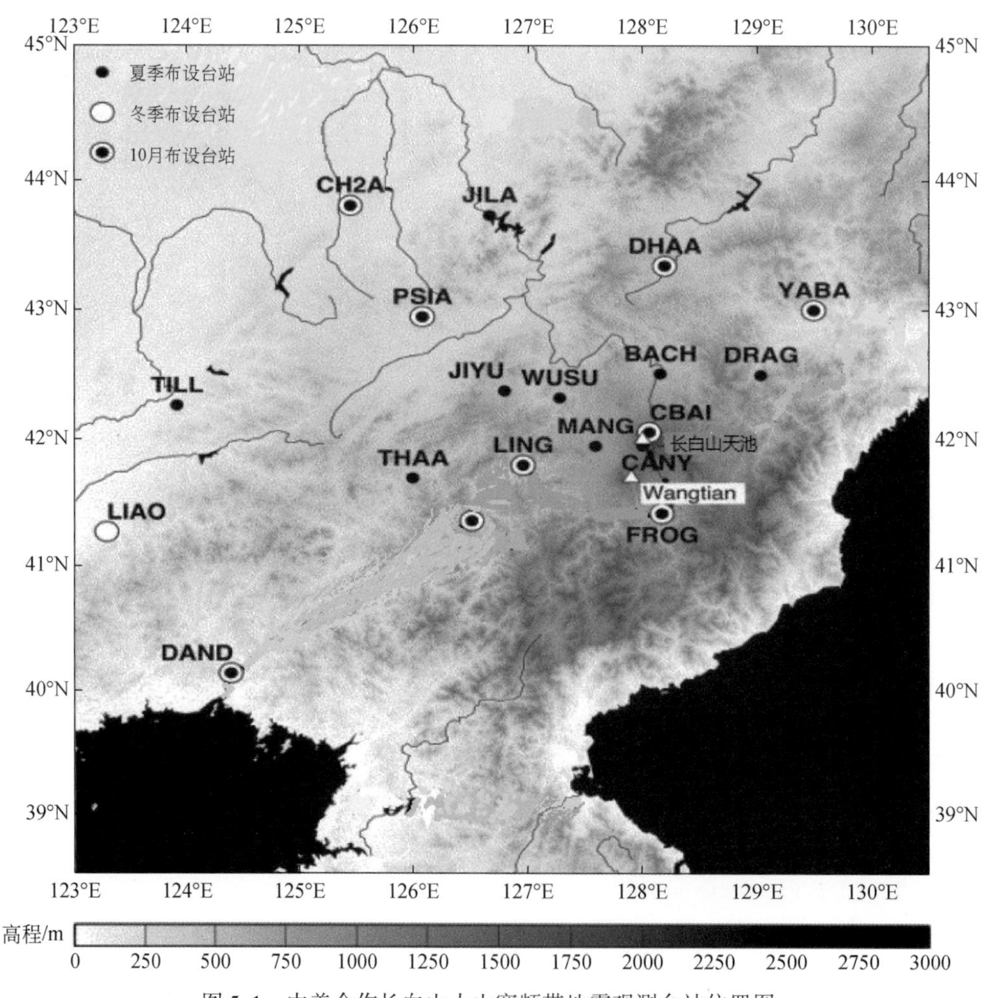

图 5.1　中美合作长白山火山宽频带地震观测台站位置图

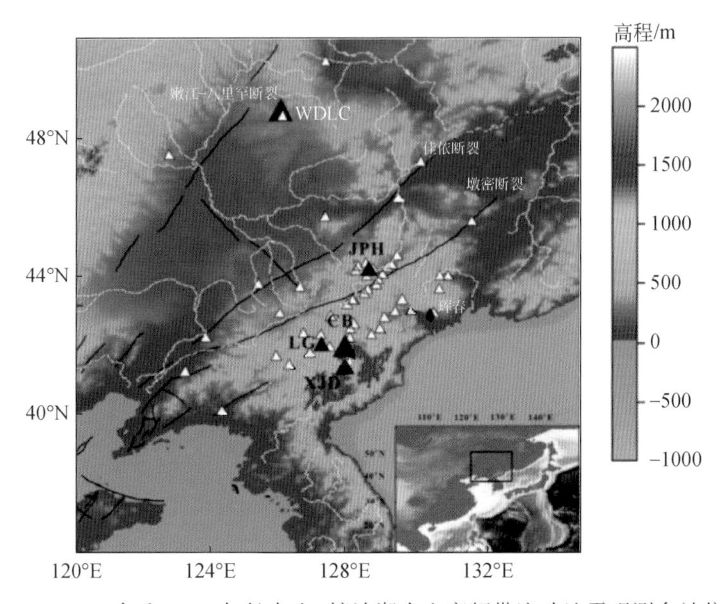

图 5.2　2002 年和 2005 年长白山-镜泊湖火山宽频带流动地震观测台站位置

底图为地形图（浅色虚线示河流）；黑三角示火山位置：XJD-CB. 长白山火山；LG-HUN. 珲春火山；JPH. 镜泊湖火山；WDLC. 五大连池火山。黑色实线示断裂带：Dun-Mi fault. 墩化-密山断裂；Jia-Yi fault. 佳木斯-伊春断裂；Nenjiang-Balihan fault. 嫩江-八里罕断裂

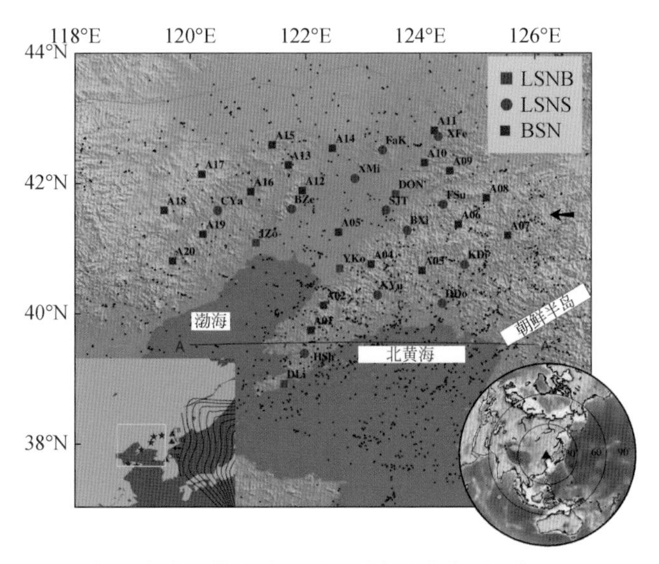

图 5.3　2005 年辽东宽频带流动地震观测台站分布图（据 Ai *et al.*，2008）

LSNB. 辽宁地震台网的宽频带台站；LSNS. 辽宁地震台网的宽频带台站短周期台站；BSN. 宽频带台网（中国科学院地质与地球物理研究所艾印双布设）

2009 年，美-日-中合作，在东北地区布设了 120 台宽频带地震仪，构成所谓的 NECESS Array，进行了为期两年的观测（图 5.4）。

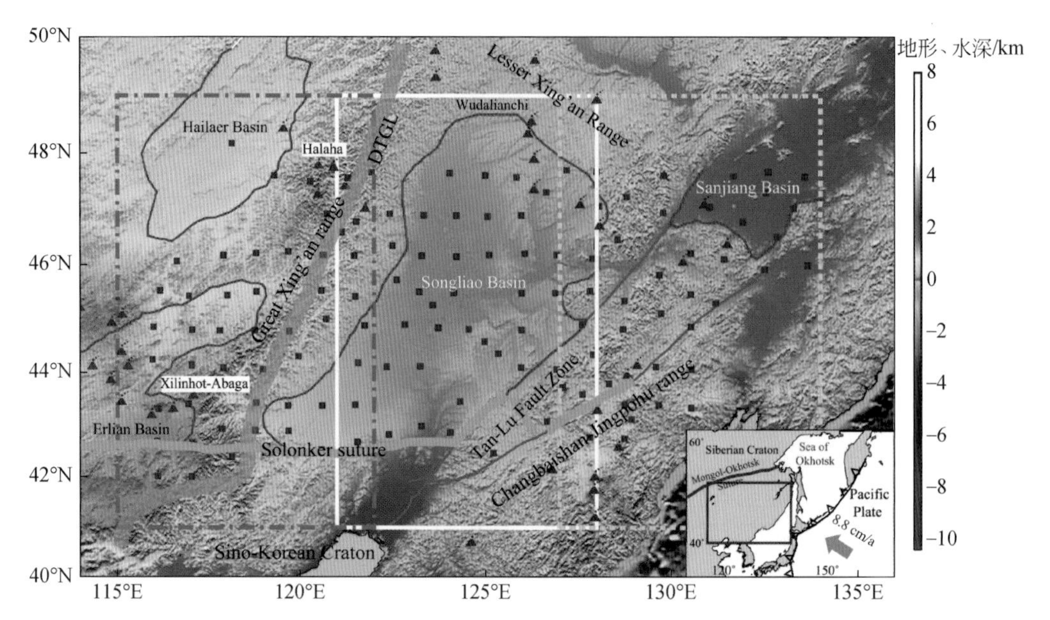

图 5.4 地形、主要地质特征和 NECESSArray 宽频带台站分布图（据 Liu *et al.*，2017）

Hailaer Basin. 海拉尔盆地；Erlian Basin. 二连盆地；Songliao Basin. 松辽盆地；Sanjiang Basin. 三江盆地；Great Xingan range. 大兴安岭；Lesser Xing'an range. 小兴安岭；Changbaishan-Jingpohu range. 长白山-镜泊湖岭；Sino-Korea Craton. 中朝克拉通；Solonker suture. 索伦缝合带；Tan-Lu Fault Zone. 郯庐断裂带；Wudalianchi. 五大连池；Xilinhot-Abaga. 锡林浩特-阿巴嘎；Halaha. 哈拉哈；Siberian Craton. 西伯利亚克拉通；Sea of Okhotsk. 鄂霍次克海；Pacific Plate. 太平洋板块；Mongol-Okhotsk Suture. 蒙古-鄂霍次克缝合带

（三）前人的重要成果和认识

接收函数研究显示东北地区的 660 km 间断面在 128.0 °~130.5 °E 和 40.0 °~44.0 °N 出现局部下沉现象（Zhao *et al.*，2004；Lei and Zhao，2005，2006；Huang and Zhao，2006），并在其周围地区出现多重间断面。660 km 间断面的局部下沉区域可能指示着俯冲的西太平洋板片在这一地区插入到下地幔，从而造成了 660 km 间断面的深度增加，平躺在 660 km 间断面深度之上的俯冲板片和上地幔过渡带物质的相互作用可能产生了多重间断面。

体波层析成像研究显示长白山火山的上地幔存在显著的低速结构，这种低速异常甚至可以从浅部地壳连续追踪到上地幔 400 km 深度附近，这一源自上地幔过渡带的低速异常被认为是俯冲的西太平洋板块脱水作用所导致的上地幔物质部分熔融所致，基于这一观测现象，赵大鹏教授提出了解释板内火山成因的大地幔楔模型（Lei *et al.*，2013；Tian *et al.*，2016）。

NECESSArray 的最新研究显示松辽盆地的上地幔存在显著的高速异常，而在盆地周边则表现为显著的低速异常，进一步证实了源自上地幔过渡带乃至下地幔的低速结构在长白山火山地区存在，特别是俯冲的西太平洋板片在长白山火山地区出现撕裂现象（Tang *et al.*，2014）为地幔热物质上涌提供了通道。

（四）前人观测存在的问题

早期的宽频带地震流动地震观测主要集中在长白山火山、龙岗火山、镜泊湖火山、五大连池火山等地区开展，缺乏对周边构造单元深部结构信息的了解；多数观测活动仅三个月至一年，观测周期短，可用资料偏少；仪器类型多种多样，部分仪器缺少仪器响应参数资料，限制了不同仪器记录数据之间的相关性分析研究。特别是覆盖范围小缺乏对东北地区大地构造构架的总体控制和约束，人工地震测深剖面提供的地壳精细结构信息未能加以充分利用。

与本项目几乎同时进行的NECESSArray首次覆盖东北地区大部分范围，观测周期为两年。NECESSArray的台站间距在70 km左右，对上地幔有较好的空间分辨率，但对上地幔浅部（大约80 km以浅）的分辨率和可靠性不足。

（五）关注的科学问题和目标

近年来，中、新生代太平洋板块的俯冲对兴蒙造山带和中朝克拉通的影响备受关注，聚焦于两个大陆动力学基本问题：第一个问题是俯冲板片的命运和归宿。层析成像结果显示太平洋俯冲板片进入了地幔过渡带，但是由于分辨率不足，在俯冲板片究竟是停滞在660 km间断面之上还是穿透了660 km间断面进入到下地幔还存在争议。这关系到全地幔对流还是地幔分层对流的重大科学问题；第二个问题是古老的大陆岩石圈究竟能保留多久？历经何种形式的演化（拆沉或被置换）而改变性质？全球只有中国东北地区（兴蒙地块的大部和中朝地块北部）和南美地区最适合同时开展大洋板块深俯冲过程和古老地幔岩石圈演化研究。这两个地区同时也是全球绝无仅有的大陆深震区。然而，安第斯山脉的崇山峻岭和亚马孙的茂密森林严重阻滞了地球科学家探索的脚步，这使得我国东北地区成为得天独厚的开展板片深俯冲过程和古老地幔岩石圈演化这两个基本问题的理想实验室。

作为太平洋俯冲带的弧后地区，中、新生代期间的陆内伸展造山和环太平洋构造-岩浆作用的复杂叠加，形成了富含油气的松辽盆地和大兴安岭等固体矿产资源远景区，特别是近年来关于松辽盆地深层油气前景和大兴安岭能否成为有色金属矿产资源战略接续基底的讨论，使该地区的宽频带地震实验在具有重要科学意义的基础上，又增添了现实意义。

第二节　观测技术实验方案

（一）观测实验剖面基本信息

围绕专项、项目的总体目标，根据项目的总体部署，“东北跨松辽盆地宽频带观测实验”设计为线性剖面形式，大致为 NW-SE 方向，整个流动地震台阵剖面长约 1200 km。布设了 60 台宽频带流动地震仪（图 5.5），西北起自额尔古纳镇，穿越大兴安岭（兴蒙造山带）、松辽盆地、小兴安岭、张广才岭和三江平原等地貌单元，以及五大连池火山，终止于虎林镇。平均台间距 20 km，开展了 15 个月的连续实验观测（2010 年 6 月至 2011 年 9 月）。

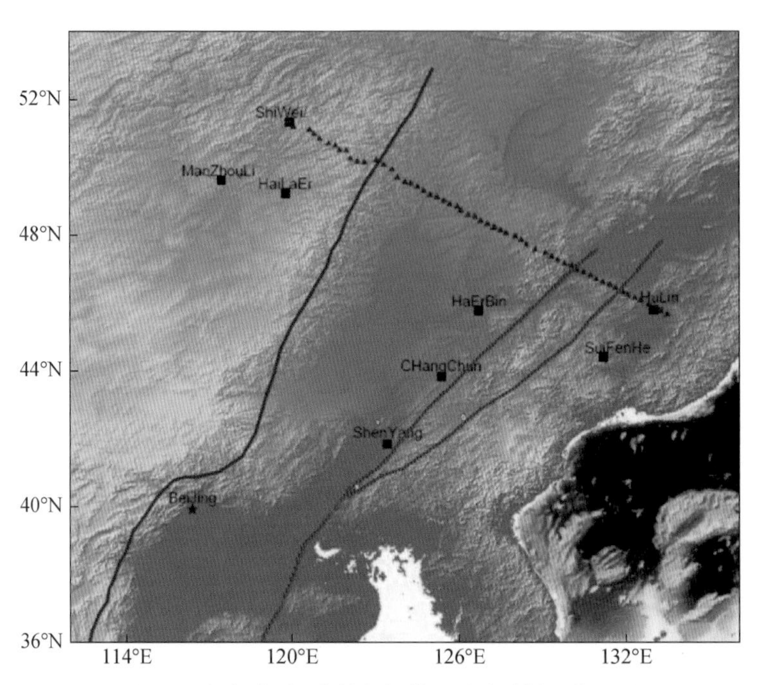

图 5.5 额尔古纳-虎林宽频带地震流动剖面位置图

红三角为台站位置；黑实线为大兴安岭重力梯级带；紫色线为郯庐断裂北延两分支依兰-伊通断裂和敦化-密山断裂；五角星和深蓝色方块为北京和主要城市的位置，城市名用汉语拼音表示

宽频带流动观测实验使用的地震仪数据采集器为美国 Reftek 公司生产的 Reftek-130A，地震计为英国 Guralp 公司生产的 Guralp CMG-3ESPC，频率响应为 50 Hz-60 s，采样率为 50 Hz。

额尔古纳-虎林实验剖面位于国家自然科学基金委资助项目“华北克拉通与兴蒙-吉黑造山带地震台阵观测对比研究”所布设的绥芬河-满洲里宽频带地震剖面的东北一侧，两条剖面基本平行，相距约 200 km，所用仪器型号完全一致。

绥芬河-满洲里剖面的观测期是 2009 年 7 月至 2011 年 7 月，两条剖面有近一年的观测时间重合期，为联合利用两条剖面的面波资料和连续波形数据开展面波层析成像和噪声成像研究创造了有利条件。

（二）观测实验技术方案

在东北地区开展宽频带流动地震观测存在以下难点：①东北地区的气温变化幅度大，夏天高达 30℃以上，冬天最低可达零下 30℃以下，冻土层厚达 2 m 左右，因此，做好地震仪器的恒温工作对于提高记录质量至关重要。②东北地区不仅雨水充沛，而且地下水丰富，因此，必要的防水措施是保证仪器安全和正常记录的关键。③东北地区地形地貌和地表环境复杂，既有基岩出露的山林地区，又有沙土覆盖的盆地，因此，需要针对不同的地理环境设计不同的地震计台基。

针对不同的地质、地貌条件和地表环境，通过现场踏勘，精心选择台址。如在基岩出露区，可直接置于环境噪声相对低的闲置房屋内；在盆地松散沙土堆积较厚地区，采取挖坑深埋、置于地窖等措施。

针对气温变化大的情况，因地制宜实验采取了深埋、置于地窖、包裹保温材料等处置措施，尽可能保证仪器处于恒温工作环境；针对多雨、潜水面浅的情况，采用混凝土浇筑的方法建造摆坑，尽可能降低水的渗透性，并将强度较大的、去除桶底的塑料水桶与放置地震计的混凝土底座浇筑于一体，将地震计放置于水桶内部，确保渗入摆坑的雨水和地下水与地震计的有效隔离（图 5.6），在摆坑上部放置塑料薄膜并回填沙土，在摆坑周围挖排水沟，尽可能使摆坑上方的地面雨水不流入摆坑。

图 5.6　在地势低洼地区建摆坑采取的技术措施

为了保证仪器安全（不被人为盗走和破坏，不被禽畜抵近干扰），一般委托当地村委会或居民协助看护；在人烟稀少的林区，采取巡护方式，并因地制宜设置围栏、警示语和联系电话等。为提高仪器正常运转率和数据回收率，定期（每隔 3～4 个月），派技术专家巡护一次，更换 CF 卡，检查、维护供电系统和仪器。

对采集的地震资料观察分析表明，上述实验措施收到了实际效果。如图 5.7～图 5.9

所示的记录到的分别发生在伊朗西南部、马里亚纳群岛以南和日本地震的 M_S 5.8、6.3 和 6.2 级事件的地震事件波形资料可见，记录资料的信噪比较高，为后续分析处理奠定了资料基础。

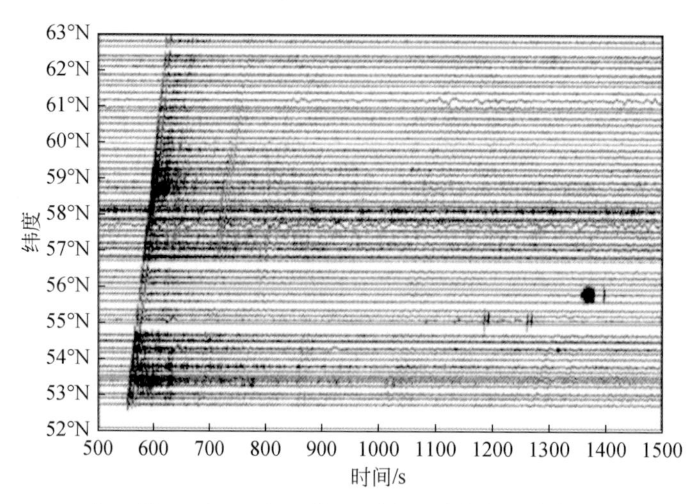

图 5.7　2010 年 9 月 27 日 11 时 22 分 46 秒发生在伊朗西南部的 M_S 5.8 级地震

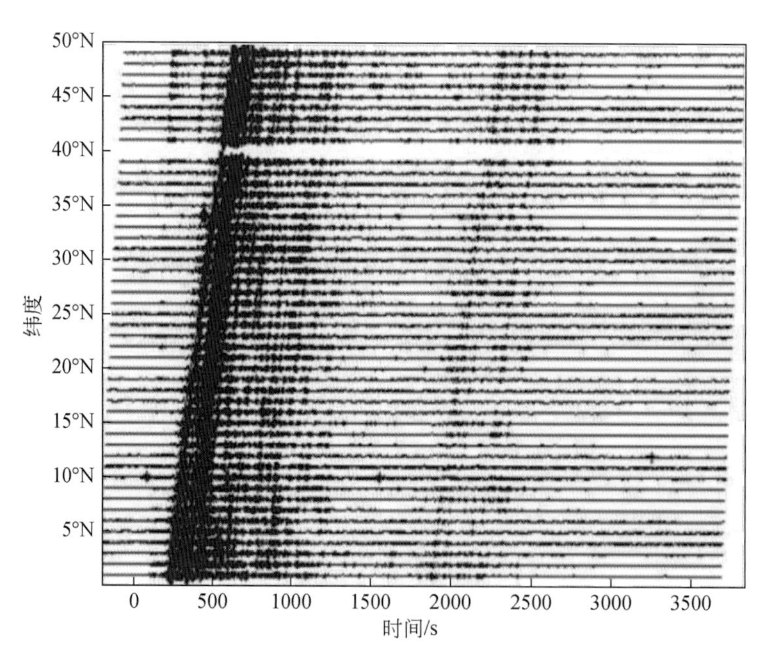

图 5.8　发生在日本的 6.2 级地震记录波形图

时间：19：46：50 03/11/2011；经纬度：40.48°/139.05°；深度：10 km；震级：6.2；震中距：6°～18°

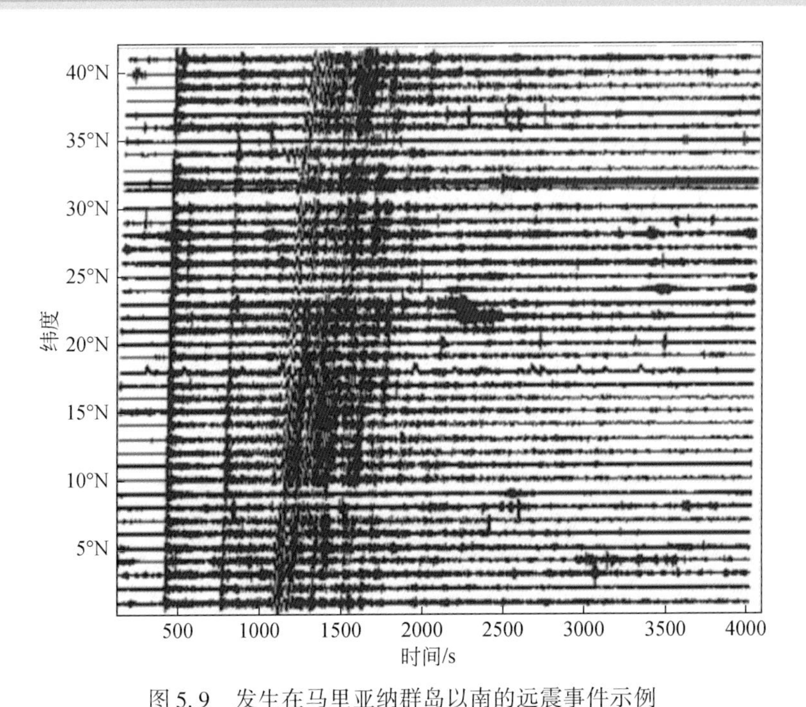

图 5.9 发生在马里亚纳群岛以南的远震事件示例

时间：11：43：32 07/10/2010；经纬度：11.14°/146.00°；深度：13 km；震级：6.3；震中距：36°~46°

第三节 数据处理分析与结果

额尔古纳-虎林线性流动台阵的 60 台地震仪运行 15 个月，记录到连续波形数据 1090 GB。根据 USGS 网站下载的 2010 年 6 月至 2011 年 9 月期间的地震目录，从中截取了近震、地方震、远震等不同震中距的事件波形数据，其中 $5.0 \leqslant M_S < 6.0$ 的地震事件共计 581 个，而 $M_S \geqslant 6.0$ 的地震事件约为 247 个。

应用这些观测资料，开展了背景噪声、接收函数、地震面波、体波成像、SKS 分裂等研究。还联合利用国家自然科学基金委资助的绥芬河-满洲里宽频带流动地震观测资料及东北地区固定地震台站的观测资料，开展了噪声层析成像、面波层析成像、体波层析成像、Pn 层析成像、接收函数、SKS 分裂和莫霍面 Ps 转换波分裂等相关研究工作。

（一）背景噪声成像

与天然地震面波成像方法相比，背景噪声成像摆脱了对震源的依赖，可以获得短周期的频散数据和任意两个台站之间的面波格林函数，对地球浅部结构有着更好的分辨能力，是对天然地震面波层析成像的有益补充。

噪声成像研究收集利用了东北地区 159 个固定台站 2011 年 1~12 月和 27 个流动台站 2011 年 1~6 月的垂直向连续记录（台站分布见图 5.10）。

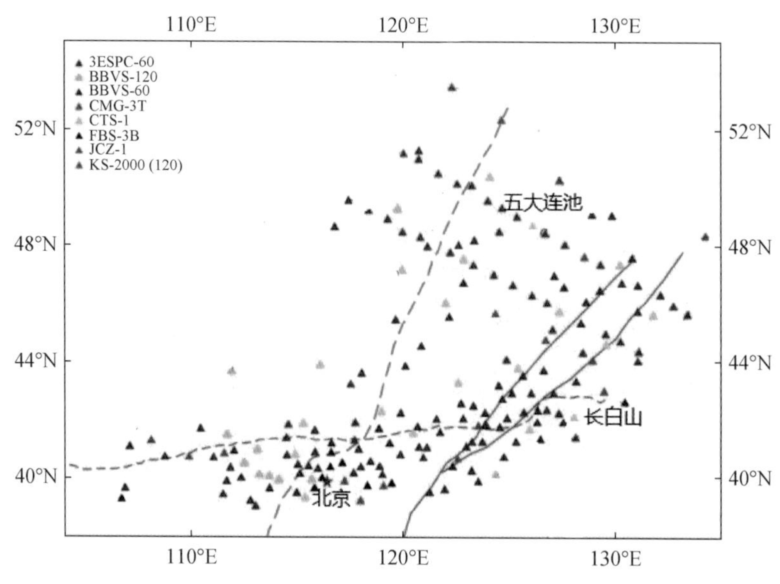

图 5.10　背景噪声成像所用台站位置分布图

图例后面文字为台站所用地震计类型；蓝色虚线示大兴安岭重力梯级带；红色实线示郯庐断裂北延两分支依兰-伊通断裂和敦化-密山断裂；红色虚线示华北克拉通北缘断裂

垂直向记录的使用，意味着提取到的是 Rayleigh 波的信息。由于新的流动台站数据加入，分辨率较之前的研究空间分辨率提高。

数据处理流程基本与 Bensen 等（2007）文中叙述一致，对原始数据按 1 s 采样间隔重采样，去均值、去倾斜、去仪器响应后，进行 4 ~ 50 s 的带通滤波。在时间域归一化时，没有采用惯用的 one-bit 方法，而是选用了滑动绝对平均方法，此方法去除地震信号、畸变信号效果更好（Fang *et al.*，2010）。

噪声互相关函数的计算以天为长度单位，然后进行叠加得到双台间的噪声互相关函数（noise cross-correlation function；图 5.11），最后利用基于小波变换的频时分析（FTAN）方法提取 Rayleigh 波的群速度频散曲线（即混合路径频散）。与傅里叶变换相比，小波变换既能保留谱随延迟时间的变化信息，又能在时间域和频率域得到同样好的分辨（Wu *et al.*，2009）。

频散曲线是人工一条一条拾取的，大部分明显异常的、虚假频散已经在拾取过程中被剔除掉，以保证频散资料的可靠性。

理论上，如果有 n 个台站，那么可以计算得到 $n(n-1)/2$ 条路径的互相关函数，但并不是每个互相关函数都有较高的信噪比、较好的波形和频散特征。因此，需要按一定的规则对互相关函数进行挑选。

为了使成像结果可靠，在大量的频散曲线中挑选出优质的频散显得十分重要。共计测量了 3239 条周期 5 ~ 35 s 的 Rayleigh 波群速度频散曲线，通过计算对称分量、SNR（>15）、台站间距（>3λ）、剔除残差大于初始残差三倍的频散数据等质量控制方法筛选，最后得到了 3142 条质量好的频散，各周期对应的路径数目见图 5.12（a），其射线路径的

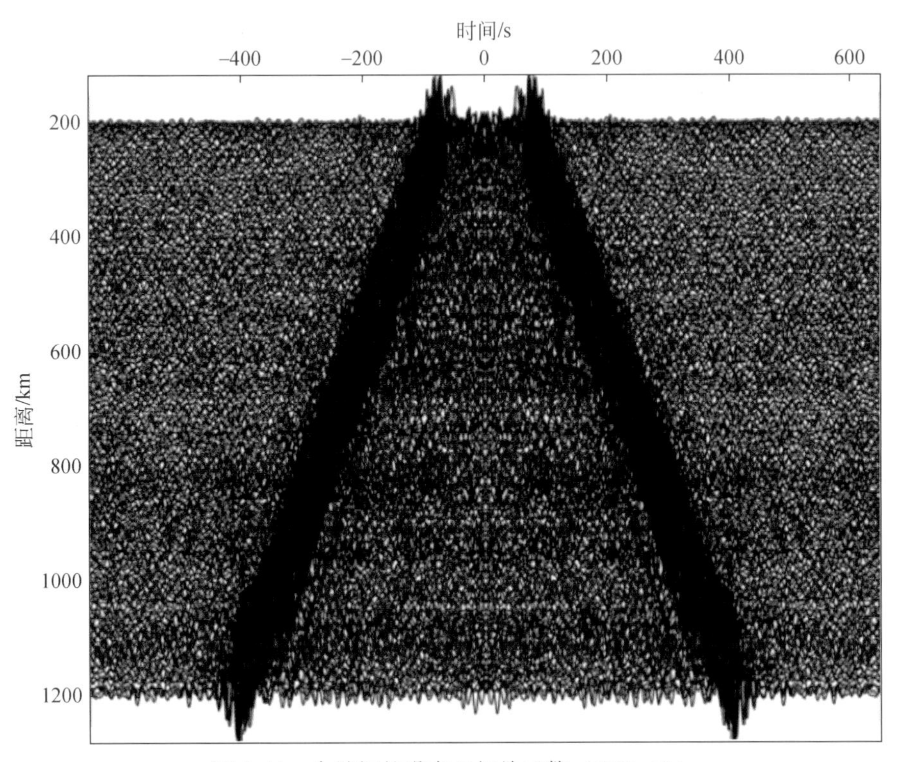

图 5.11　台站间的噪声互相关函数（SNR>15）

分布见图 5.12（b）。可以看到，射线比较均匀、密集地覆盖了研究区。

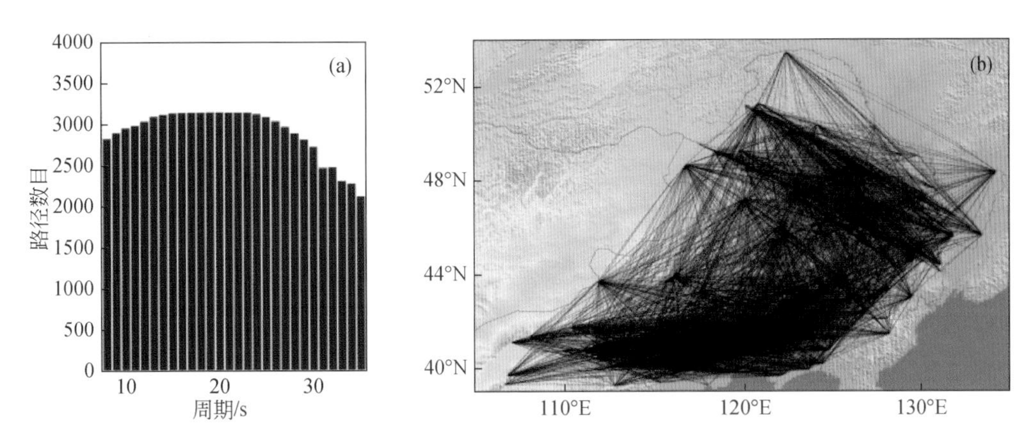

图 5.12　各周期对应的路径数和路径分布图

（a）各周期对应的路径数；（b）路径分布图

成像反演使用面波层析成像中广泛应用的 Yanovskaya-Ditmar 反演方法，该方法是 Backus Gilbert 一维方法在二维情况下的推广。反演时的网格划分取决于混合路径频散的路径分布密度和面波的波长，为了找到合理的网格划分及对反演结果的分辨能力进行评价，进行了检测板测试，测试结果见图 5. 13。结果表明，除了边缘地带，输入模型均可以得到较好的恢复，反演结果的分辨能力可达 1°×1°。反演过程中的正则化因子 a 值取 0. 2，所得的结果比较光滑，能够使初始模型得到较好的恢复。

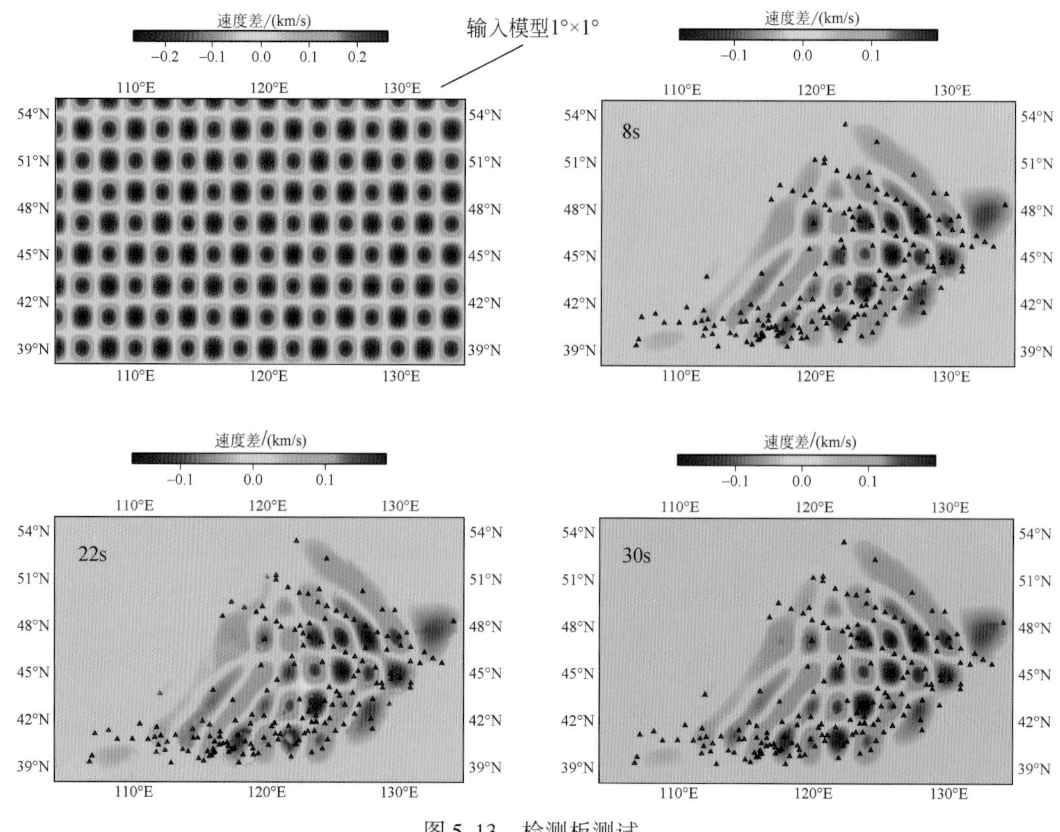

图 5. 13 检测板测试

不同的周期反映了不同深度范围内 S 波速度的变化情况，一般来说周期越大，Rayleigh 波对越深的 S 波速度更敏感（图 5. 14）。利用 Yanovskaya-Ditmar 反演方法，得到了研究区内周期 8 ~ 30 s 的 Rayleigh 波的群速度分布图像（图 5. 15）。所获得的群速度分布图可以直观地反映约 5 ~ 40 km 深度范围的 S 波速度横向变化特征。

短周期（如 8 s）的平面图主要反映了浅层（如 5 ~ 12 km）的 S 波速度变化，群速度分布跟地表地质构造单元有明显的相关性，即山区对应高速，沉积盆地对应低速。例如，大兴安岭、长白山、老爷岭、张广才岭和小兴安岭都呈现出较明显的高速或相对高速异常，而在松辽盆地、海拉尔盆地、三江盆地呈现出较明显的低速异常。

中周期（如 15 s，22 s）的群速度分布大致反映了 15 ~ 30 km 深度处 S 波的速度变化情况。从图 5. 15 上可以看出群速度的分布受地表地质构造单元的影响仍然较大，但地形的影响已明显减弱。

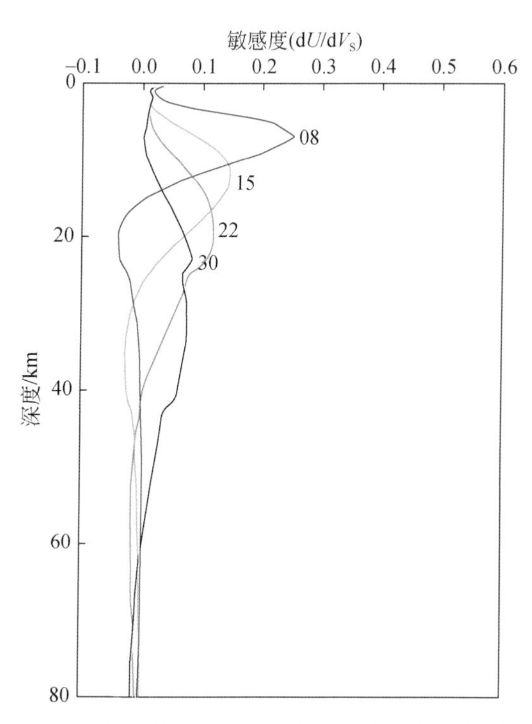

图 5.14　短周期基阶 Rayleigh 波群速度对 S 波速度的敏感度

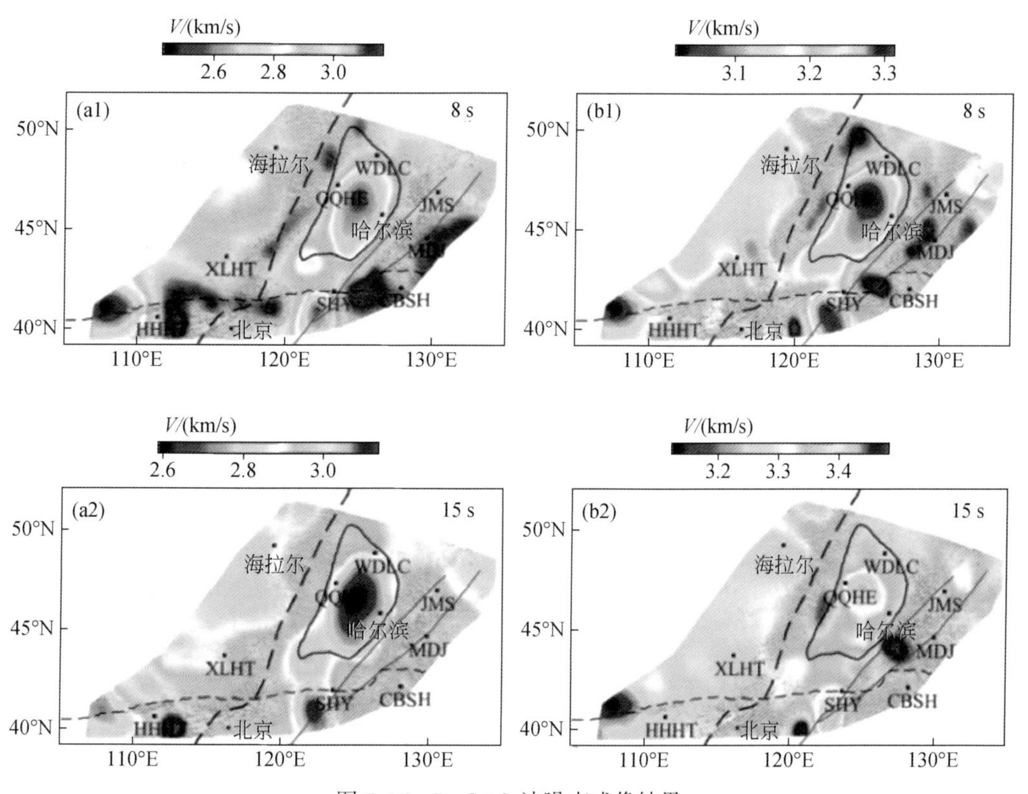

图 5.15　Rayleigh 波噪声成像结果

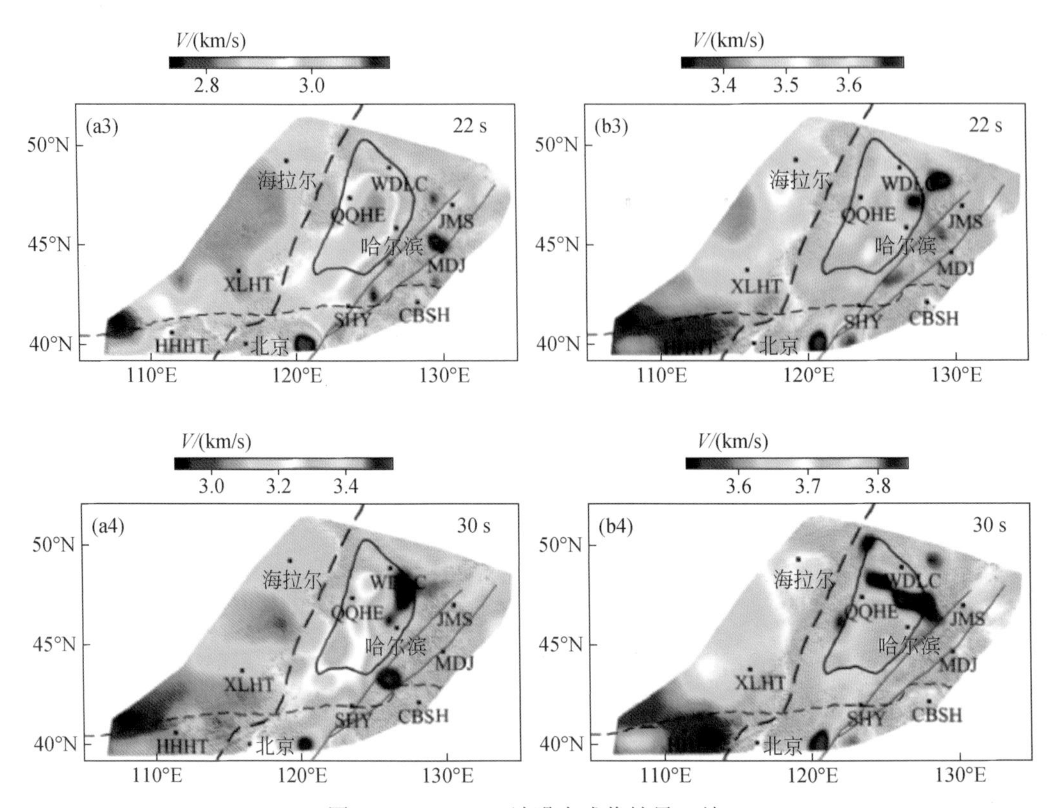

图 5.15 Rayleigh 波噪声成像结果（续）

红色实线是郯庐断裂北段；红色虚线表示华北地块的北缘；深绿色虚线表示南北重力梯度带；黑色细线表示松辽盆地的地形边界

（二）面波层析成像研究

面波层析成像研究使用了东北地区四个省、自治区地震台网（105°～135°E，38°～55°N 范围内）125 个宽频带地震台站在 2007 年 7 月至 2010 年 6 月期间记录的远震资料（图 5.16）。为了获取台站间的 Rayleigh 波频散，首先按以下标准进行波形记录挑选：①为了避免近源效应和高阶面波干扰，震中距限定在 15°～100°；②为保证面波发育，震源深度需小于 70 km，震级介于 5.5 和 7.5 之间；前述所有地震记录的震源参数均来自 USGS 地震目录；③由于双台法是基于大圆弧理论，在选取台站对时，要求远台站到近台站的方位角与远台站到地震事件的方位角之差小于 3°。符合上述条件的地震事件共 147 个，如图 5.17 所示。

通过对选取的地震垂向记录进行频时分析，以获取 Rayleigh 波频散。在频散测量之前，对所有符合前述条件的地震波垂向记录，进行去仪器响应，重采样到 1 Hz，去均值，去倾斜等预处理。采用小波变换频时分析技术（Wu *et al.*，2009）测量了双台间的基阶 Rayleigh 波相速度。对于群速度的测量，为了获得高质量的频散曲线，先进行了 Wiener 滤

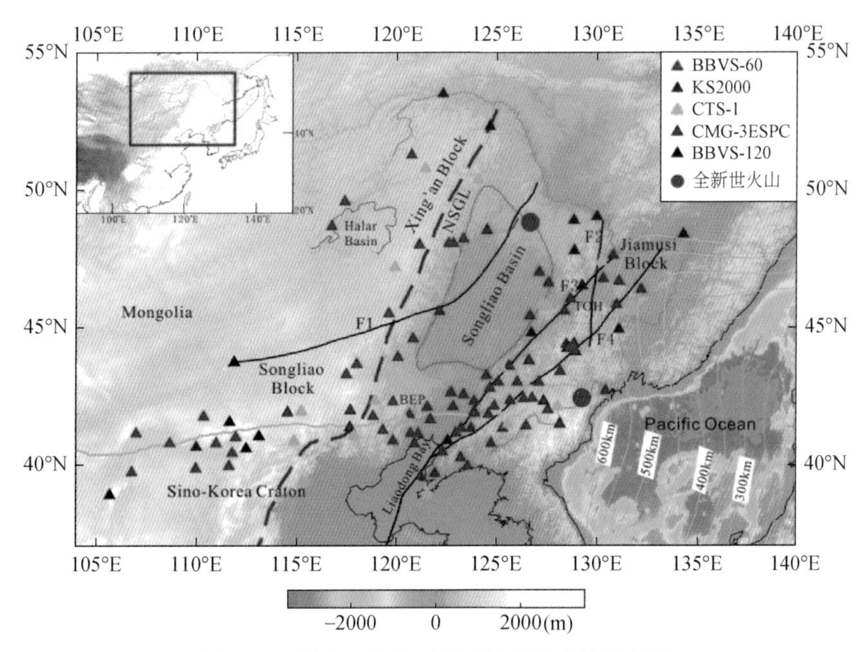

图 5.16 研究区内主要地质构造及台站分布图

红虚线示意大兴安岭重力梯级带位置。Hailar Basin. 海拉尔盆地；Songliao Basin. 松辽盆地；Sino-Korea Craton. 中朝克拉通；Songliao Block. 松辽地块；Jiamusi Block. 佳木斯地块；Pacific Ocean. 太平洋；Liaodong Bay. 辽东湾；Mongolia. 蒙古高原

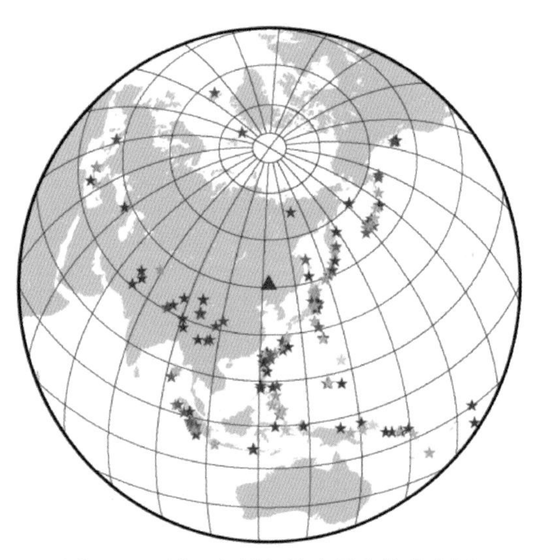

图 5.17 用于本研究的地震事件分布图

波，重建了双台间格林函数，然后对这些格林函数利用小波变换频时分析技术测量双台间的基阶 Rayleigh 波群速度（图 5.18）。对于提取得到的频散曲线，手动逐一检查了其可靠性，经过严格挑选，获得了 700 条不同台站间的相速度和群速度频散（图 5.19）。

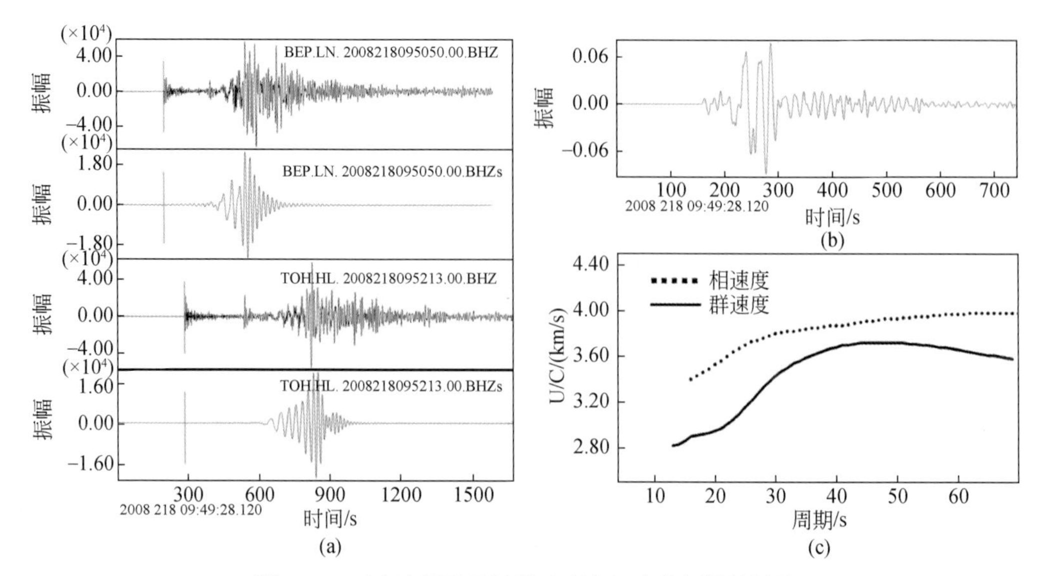

图 5.18　双台法提取面波群速度和相速度频散的例子

（a）BEP 台站和 TOH 台站相位匹配滤波器之前的垂直分量地震图和之后的基阶波形；（b）用维纳滤波法计算得到的站间路径响应（格林函数）；（c）BEP 台站和 TOH 台站间路径的群速度和相速度曲线

基于以上获得的频散路径，采用 Ditmar 和 Yanovskaya（1987）、Yanovskaya 和 Ditmar（1990）提出的二维线性反演方法。反演得到了东北地区周期 15 ~ 60 s 的 Rayleigh 波相速度和群速度分布（图 5.20）。并进一步通过联合反演 Rayleigh 波相速度和群速度频散获得了东北地区的壳幔 3-D 剪切波速度分布（图 5.21）。该结果显示，松辽盆地周边地区的壳幔均表现为低速异常，该低速异常可能与太平洋板块俯冲及其导致的软流圈热物质上涌有关。松辽盆地下方具有薄的岩石圈盖层（Li *et al.*，2012），暗示东北地区和华北东部一样，存在岩石圈减薄现象。

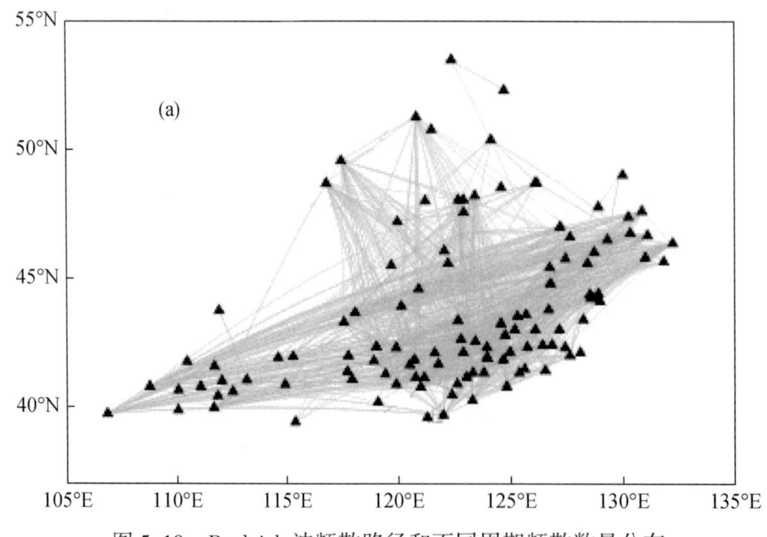

图 5.19　Rayleigh 波频散路径和不同周期频散数量分布

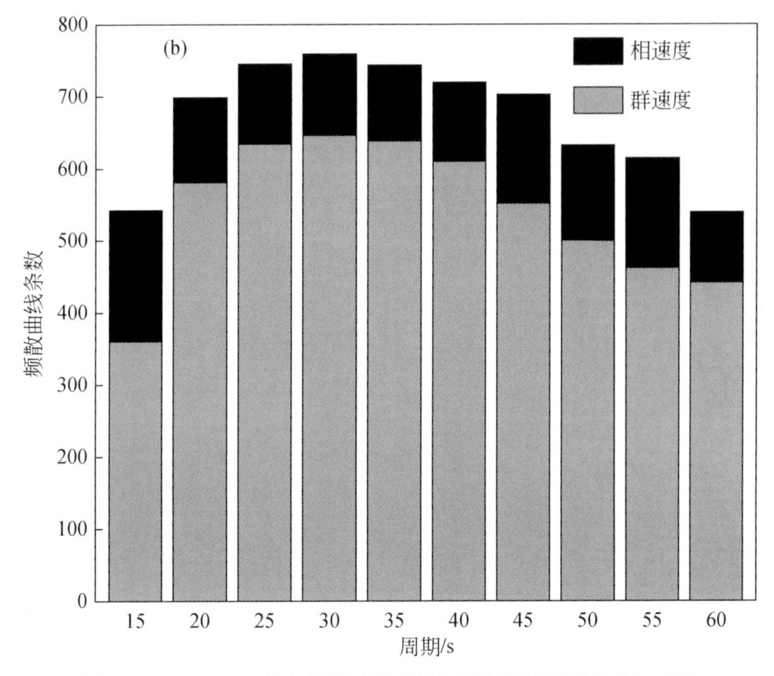

图 5.19　Rayleigh 波频散路径和不同周期频散数量分布（续）

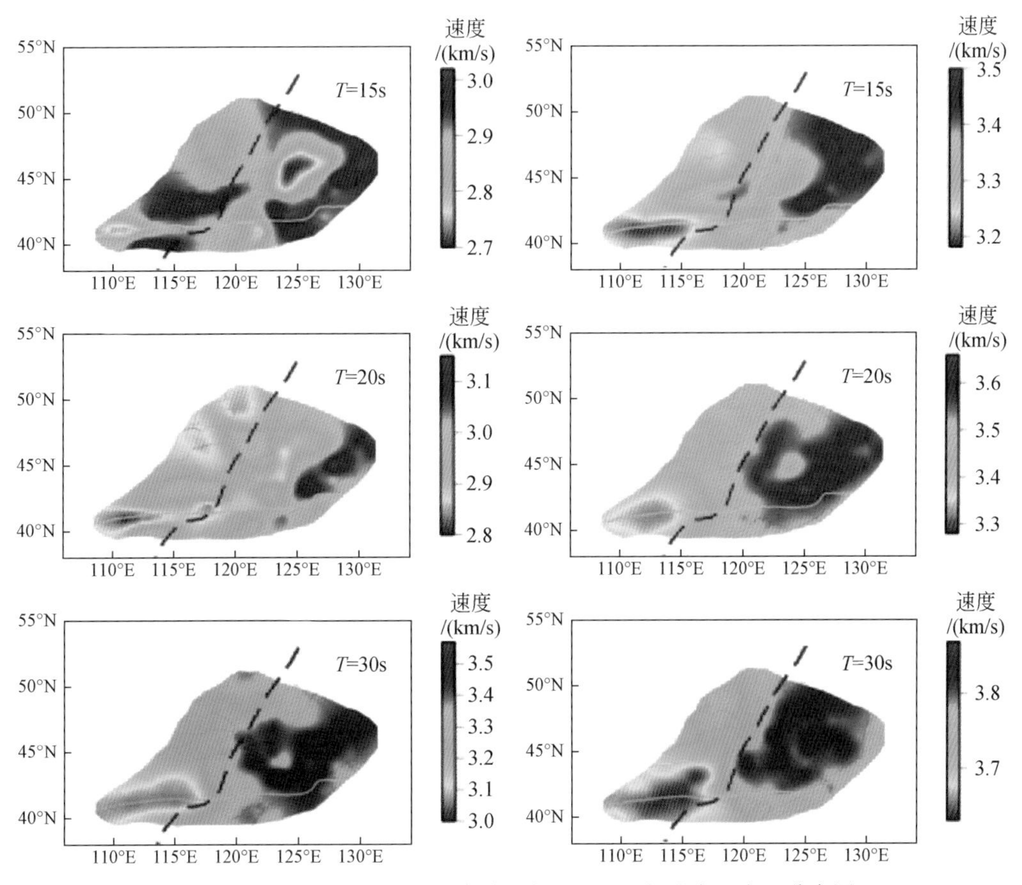

图 5.20　不同周期 Rayleigh 波群速度（左）和相速度（右）分布图

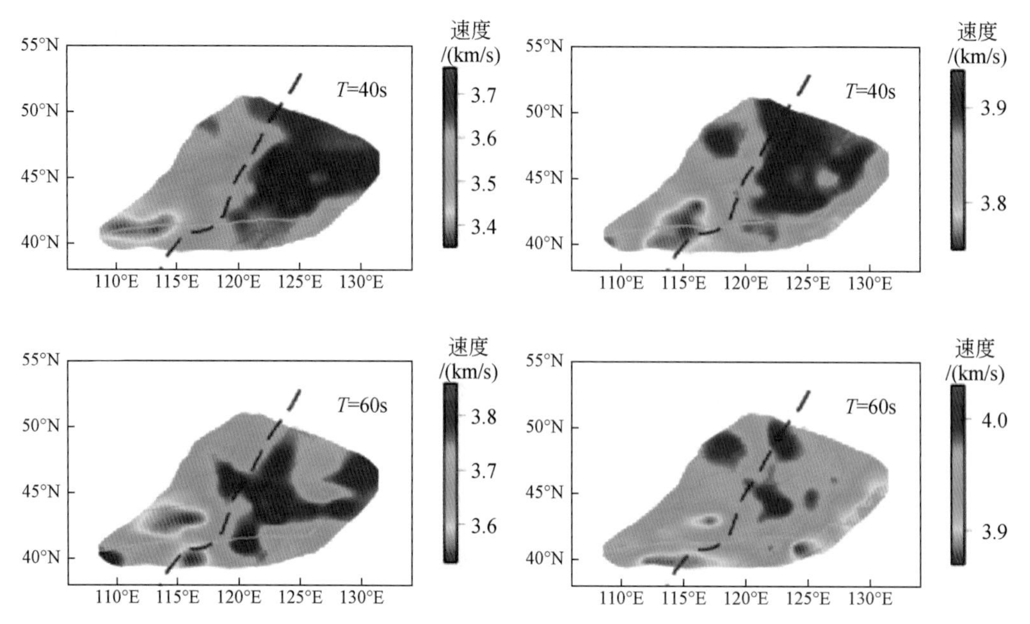

图 5.20 不同周期 Rayleigh 波群速度（左）和相速度（右）分布图（据 Li *et al.*，2012）（续）

红虚线示意大兴安岭重力梯级带位置

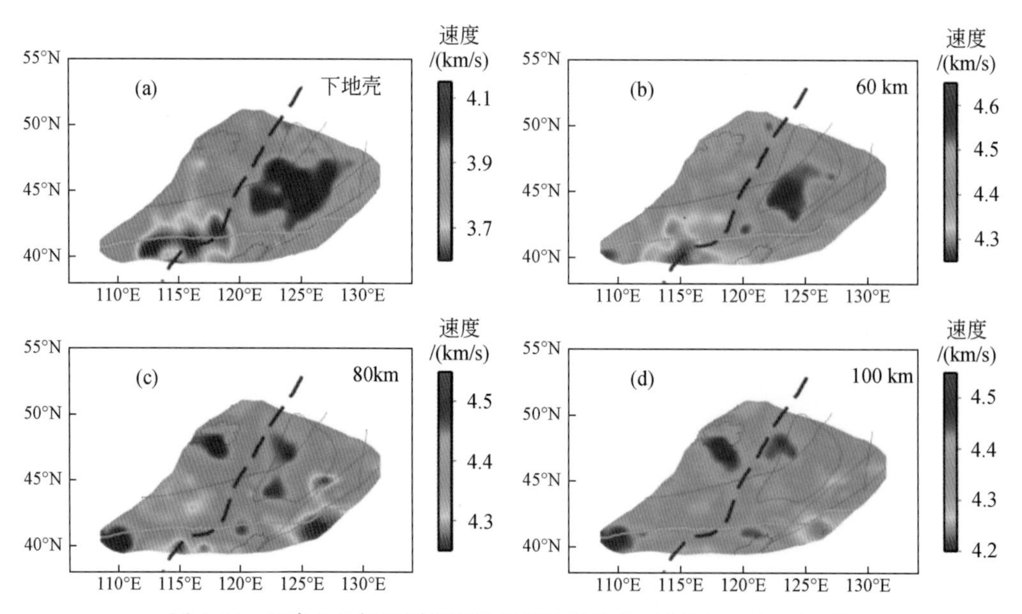

图 5.21 地壳上地幔不同深度的 S 波速度分布（据 Li *et al.*，2012）

红虚线示意大兴安岭重力梯级带位置

（三）Pn 速度层析成像

到时资料选自《中国地震年报》(1984 年 1 月—2008 年 6 月)、吉林省和辽宁省地震台网观测报告（2001 年 1 月—2008 年 12 月）及东北地区周边全球地震台网（IRIS）的数据资料。研究范围为 35°～55°N，110°～140°E，为保证足够的射线覆盖，经过反复试验确定，在反演中选用的 Pn 射线符合以下条件：①震中距在 1.1°～9°；②走时残差≤5.0 s；③每个地震的 Pn 射线数≥3 条；④每个地震台站接收的 Pn 射线数≥3 条。按上述条件共选出 5768 次地震在 381 个地震台站上记录到的 Pn 射线 31040 条，其中震中距在 7°范围内的射线占总数的 94%。图 5.22 给出了 Pn 震相的接收台站、震源位置及射线路径。

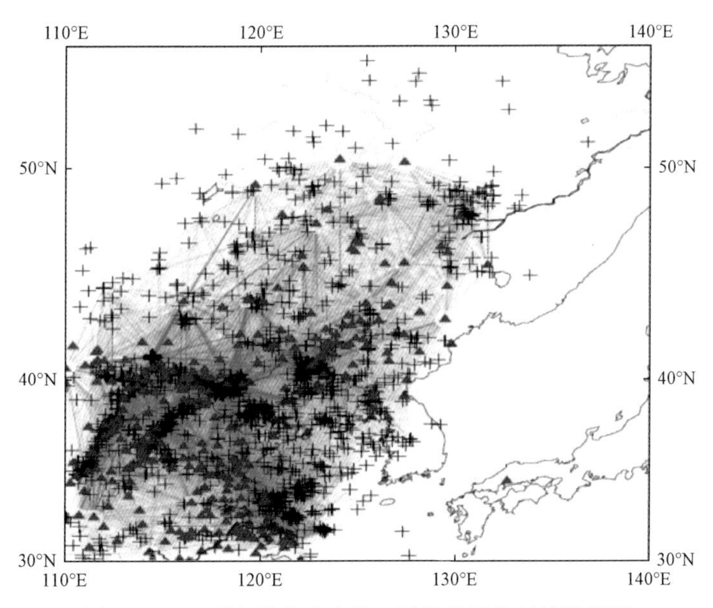

图 5.22 Pn 震相的接收台站，震源位置及射线路径图

根据 Hearn 的理论和程序，将 Pn 射线的走时残差用于反演上地幔顶部速度的横向变化和各向异性结构。最后反演中迭代的次数为 60 次，选定的网格大小为 20′×20′，慢度及各向异性系数的阻尼常数均取为 400。对 Pn 走时随震中距的变化进行线性拟合，根据拟合直线的斜率求得 Pn 波平均速度为 7.95 km/s。

图 5.23 给出了反演得到的 Pn 速度横向变化，相对于 7.95 km/s 的平均速度，其速度变化介于-0.33 km/s 至+0.46 km/s 之间。图中还给出了东北地区主要断裂带，盆地、南北重力梯度带的分布情况。东北地区总的地貌呈现沿 NE — NNE 方向延伸的山地、盆地相间排列的分布形态。在以往的 Pn、Sn 波成像研究中也发现了东北地区 Pn 波速度相对于中国大陆 8.0 km/s 的平均速度总体偏低，Pn 速度变化呈高、低速异常区沿 NE — NNE 向相间排列的图像，但细结构不是太清晰。本研究得到的更为详细的东北 Pn 波速度的横向变

化特征。结果显示该区 Pn 波速度呈现出明显的横向不均匀性，其中松辽盆地、下辽河盆地、海拉尔盆地及渤海盆地等都表现为低速异常区，其 Pn 波速度介于 7.6 ~7.8 km/s；而这些盆地的周围则表现为相对的高速异常区，其 Pn 波速度介于 7.95 ~8.2 km/s。

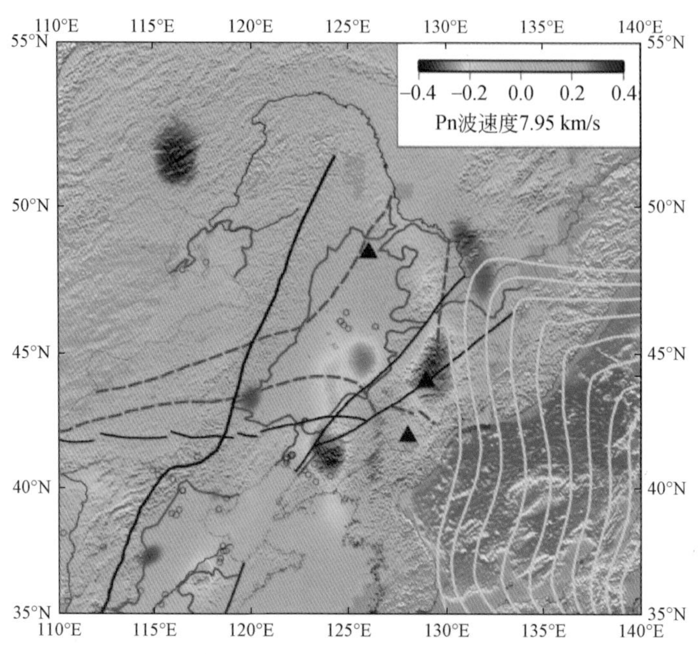

图 5.23 Pn 波速度横向变化图像

红色表示低速异常；蓝色表示高速异常；圆圈大小表示热流值；红色粗实线示意大兴安岭重力梯级带位置；红色虚线示意西拉木伦缝合带、贺根山缝合带位置；黑色细实线分别表示华北克拉通北缘断裂、郯庐断裂及其北段分支（密敦断裂和依兰-伊通断裂）

图 5.24 给出了 Pn 波速度反演过程中同时得到的各向异性的分布，图 5.24 中短线段的方向指示了快波方向；长短反映了各向异性的大小。图中显示，整体而言，东北地区的各向异性都比较弱，但是在局部的高低速异常过渡区存在较显著的各向异性，如研究区东北部的佳木斯地块、渤海湾和长白山火山附近的各向异性强度较其他地区（如松辽盆地、华北盆地）明显要强，其幅度可达 0.2 km/s。其中，研究区东北部佳木斯地块的各向异性快波方向呈 NNW-SSE 向分布，长白山火山附近的各向异性快波方向则以长白山火山为中心呈旋转状分布，这一观测结果与 Pei 等（2007）的结果一致。

Pn 波速度受控于上地幔顶部物质组成、温度和压力等参数。一般认为上地幔顶部的物质组成以橄榄岩为主，不考虑其对 Pn 波速度的影响。考虑压力的影响由地壳厚度来估算；用大地热流来反映上地幔温度的高低，Pn 波速度与地壳厚度呈正相关关系，与大地热流呈反相关关系。根据胡圣标等（2001）发表的“中国大陆地区大地热流数据汇编（第三版）”给出的研究区大地热流，图 5.23 中热流值用红色圆圈的大小表示。研究区的松辽盆地、下辽河盆地、华北盆地、渤海湾等地区都表现为大尺度的低速异常区，这些低速异常及薄的地壳厚度分布（28 ~32 km）都暗示，上述地区具有热的、薄

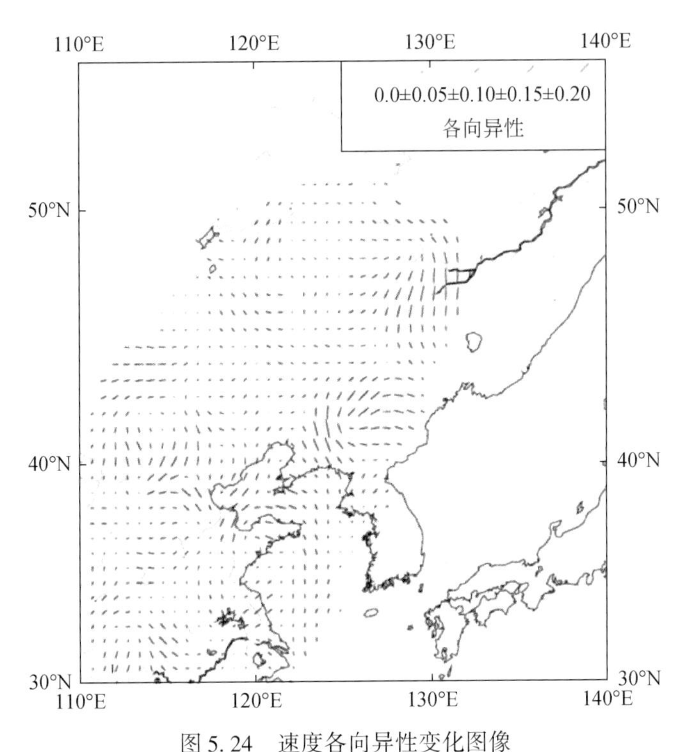

图 5.24　速度各向异性变化图像

短线段的方向指示了快波速方向，长短放映了各向异性的大小

的地幔盖层，这一点也得到了体波、面波、接收函数、地热等研究结果的证实。值得注意的是，尽管上述研究表明，受太平洋板片的俯冲，在中国东部发生了广泛的岩石圈减薄与破坏，然而研究区仍存在高速的 Pn 波异常，如松辽盆地西北的大兴安岭地区及西南的燕山造山带，这表明中国东北地区的岩石圈破坏具有显著的横向不均一性，即中国东北岩石圈不是整体的拆沉，也暗示东北地区的构造演化具有复杂的构造背景。

东北地区的长白山、镜泊湖和五大连池是我国现代火山活动最强烈的地区之一。本研究显示长白山、镜泊湖地区 Pn 速度明显偏低，介于 7.7 ~ 7.9 km/s；前人在此开展的大量体波和面波成像研究都显示，该区的长白山火山下方地壳和上地幔存在显著的低速异常，并据此推断长白山火山的形成与太平洋板块的深俯冲、软流圈热物质上涌等过程有关。Zhao 等（2004）认为该区的五大连池火山与长白山火山具有相似的成因，但是由于受分辨率所限，目前的体波和面波成像研究结果都没有能很好地给出相关的支持证据。遗憾的是，五大连池火山地处研究区的边缘，射线分布也不是非常理想，本研究也没有能够给出是否存在低速的判据。

此外，郯庐断裂带西支依兰-伊通断裂周围都呈现为 Pn 低速异常，而其东支敦化-密山断裂下方尽管在整体上也表现为低速异常，但在其中一段局部表现为高速异常。这不仅证实了郯庐断裂带属于超岩石圈尺度的深大断裂这一推论，也揭示了郯庐断裂带东、西两支的上地幔背景差异。

上地幔各向异性可以用应变引起的地幔中橄榄岩晶轴的定向排列来解释，因此，Pn波速度各向异性直接反映了上地幔顶部的物质流动变形特征。本研究显示，研究区东北部佳木斯地块的各向异性快波方向与利用剪切波分裂及接收函数研究得到的各向异性快波方向一致，呈现为NNW-SSE向。已知Pn波各向异性反映的是上地幔顶部的变形特征，而剪切波分裂结果则是整个上地幔变形特征的综合反映。一方面，上述不同方法得到的一致的各向异性快波方向可能暗示该区整个上地幔具有一致的变形特征。另一方面，我们注意到该区的各向异性快波方向与绝对板块运动方向不一致，但与西太平洋板块的俯冲方向一致。由此可以推测，该区的各向异性分布可能与太平洋板块俯冲导致的地幔流动相关。渤海湾地区的各向异性快波方向呈现近东西向分布，这不仅与利用剪切波分裂得到的各向异性快波方向一致，还与绝对板块的运动方向一致。已有体波和面波研究显示，该区具有薄的、低速的岩石圈盖层。因此，该区的Pn波各向异性可能主要与软流圈物质流动有关。然而，在同样发生岩石圈减薄的华北盆地和松辽地区则没有发现强的各向异性，这可能与岩石圈破坏的程度有关。

（四）体波走时层析成像

体波走时层析成像研究中除了使用额尔古纳-虎林剖面的宽频带地震流动台站在2009年6月—2011年5月所记录到的远震资料外，还使用了同期绥芬河-满洲里剖面的远震资料，并用东北地区固定台网宽频带地震计的同期东西数据作为补充，流动台站和固定台站的总数为234个（图5.25）。

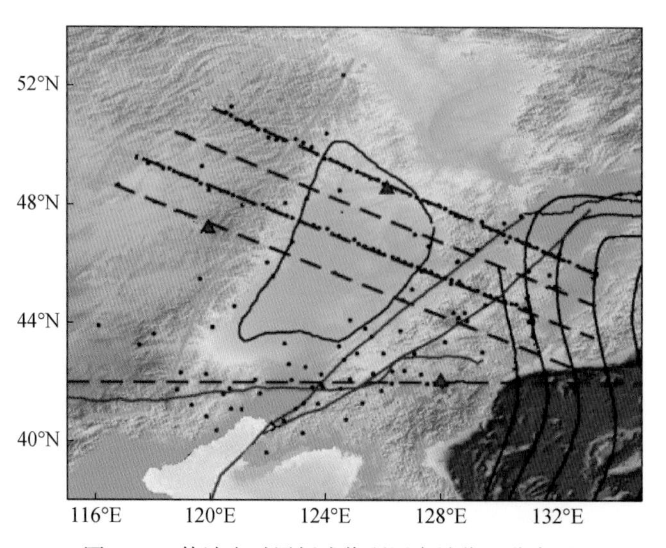

图5.25 体波走时层析成像所用台站位置分布图

绿色实线为大兴安岭-太行重力梯级带；红色实线为主要断裂带；蓝色三角形为新生代火山分布（长白山、五大连池和阿尔山）；四条虚线示图5.28中垂直剖面位置

选取远震事件的原则是：①震中距在30°~90°，尽量避免下地幔和核幔边界的复杂构造对地震波走时产生的影响；②震级大于 M_S 5.0，以确保地震波到达台站时还有较高的信噪比；③每个地震事件的有效记录数要大于10。经过以上三个条件的筛选后，将符合条件的事件波形利用波形互相关的方法（VanDecar and Crosson，1990；Rawlinson and Sambridge，2004）来拾取走时残差。在使用波形互相关拾取走时残差前，对数据进行了去均值、去倾斜、去仪器响应、滤波等预处理工作，滤波采用带通滤波器，频段为0.02~0.1 Hz，最终拾取到57251个有效走时数据，有效地震事件是396个。

这些事件震中的位置分布如图5.26所示，从图5.26中可以看出这些事件具有较好的后方位角覆盖。

采用FMTT（fast marching teleseismic tomography）走时层析成像的反演方法，获取到研究区下方深达800 km的P波速度结构（图5.27）。通过检测板测试，成像结果的分辨率在1°左右。

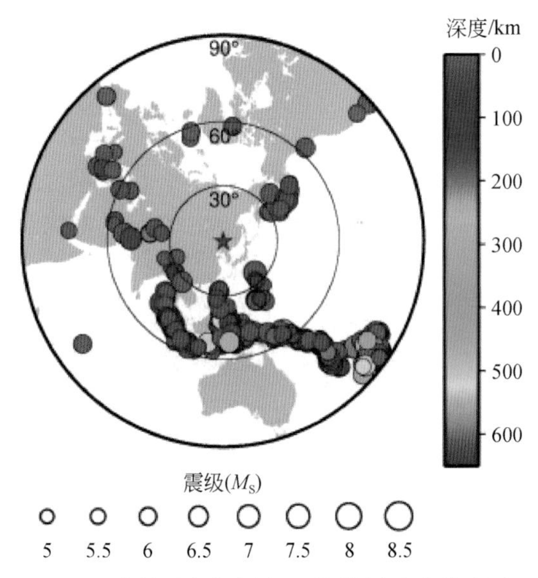

图5.26　事件震中分布图（震源深度如色棒所示）

P波速度结构水平切片（图5.27）显示：

（1）在长白山下方发现有一个高速条带状异常，这个条带异常可能是俯冲到欧亚大陆板块下方的太平洋板块前缘的反映。

（2）长白山地区和阿尔山火山地区下方都有延伸至地幔转换带的低速异常。五大连池火山下方也有一个低速异常，但仅下延至100 km左右，结合前人大地电磁的研究结果分析，认为这个低速异常是一个正在冷却的岩浆囊。

（3）松辽盆地内，400 km以下的低速异常与长白山和阿尔山下的低速异常有连通性，这个低速异常，延伸至下地幔中，可能是下地幔热物质上涌到上地幔的一个通道。

P波速度结构垂向剖面（图5.28）显示：

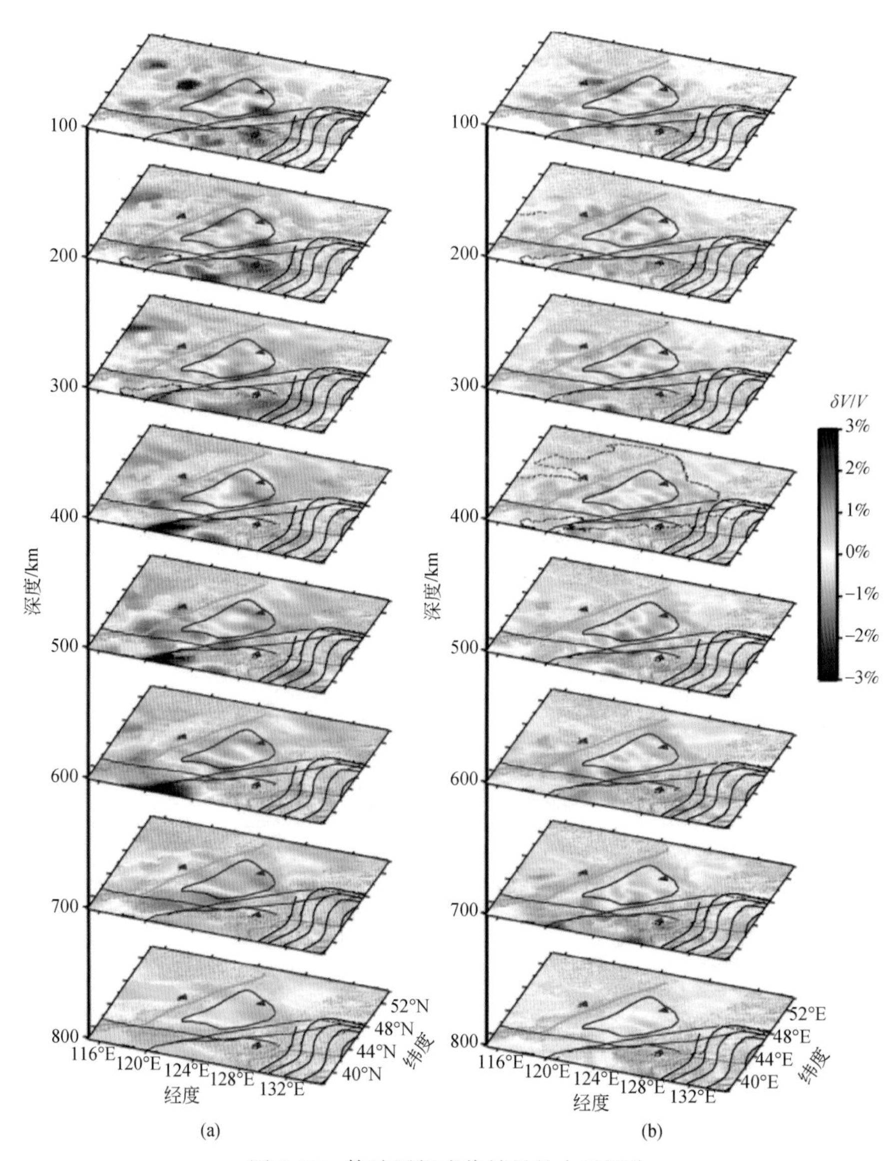

图 5.27 体波层析成像结果的水平切片

（a）P 波速度；（b）S 波速度。绿色实线示大兴安岭-太行重力梯级带；红色实线示主要断裂带；蓝色三角形示新生代火山分布（长白山、五大连池和阿尔山）

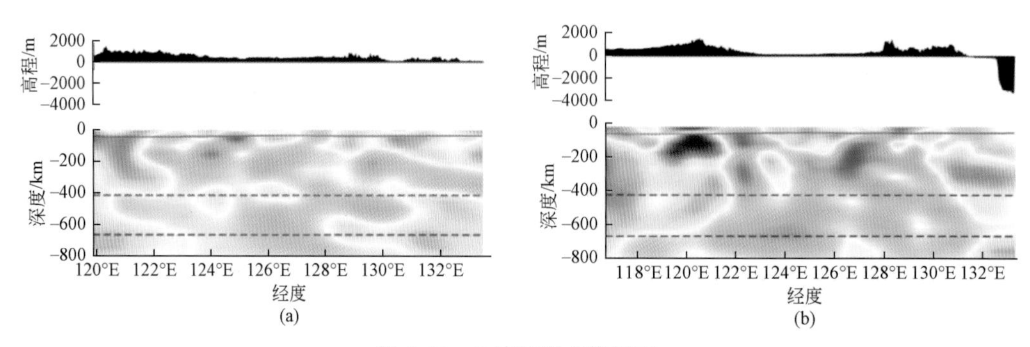

图 5.28 P 波层析成像剖面

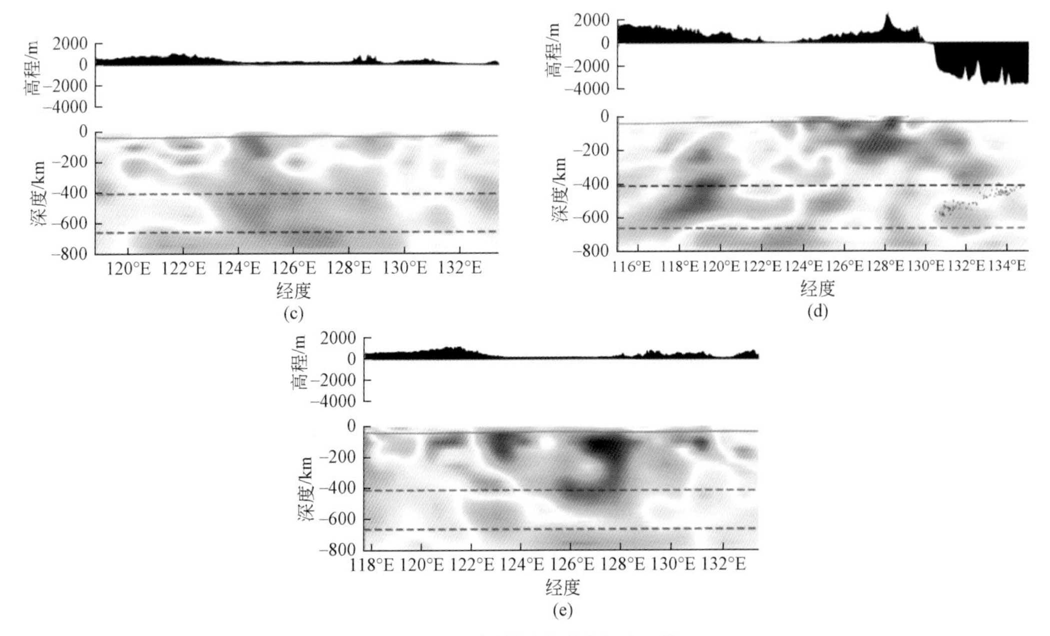

图 5.28 P 波层析成像剖面（续）

剖面位置见图 5.26。(a) 额尔古纳-虎林剖面；(b) 额尔古纳-虎林剖面与绥芬河-满洲里剖面之间的剖面；(c) 绥芬河-满洲里剖面；(d) 绥芬河-满洲里剖面南过阿尔山剖面；(e) 过长白山火山剖面

(1) 松辽盆地下方直到上地幔过渡带深度，以相对高速异常为主，大兴安岭下方至 200 km 深度范围存在低速异常。在绥芬河-满洲里剖面上，松辽盆地下方的高速异常相对明显。

(2) 在绥芬河-满洲里剖面上 200 km 以上的低速异常，在过阿尔山剖面上最突出。

(3) 过长白山剖面显示，在长白山下方存在大范围低速异常，其深部源区似乎可追踪到至少 400 km 甚至延伸至下地幔中，可能是下地幔与上地幔物质交换的一个通道。

体波层析成像结果表明，松辽盆地及周缘造山带下方具有热且薄的地幔盖层。值得注意的是，尽管受太平洋板片的俯冲，在中国东部发生了广泛的岩石圈减薄与破坏，然而研究区仍存在高速的 Pn 波异常，如松辽盆地西北的大兴安岭地区，这表明中国东北地区的岩石圈破坏具有显著的横向不均一性，即东北地区岩石圈拆沉不是整体的拆沉，可能主要与软流圈底侵有关，与导致华北克拉通破坏的深部机制可能有所不同。

(五) 接收函数成像研究

接收函数是约束地壳和上地幔内的速度间断面结构的最有效的方法之一。其原理、提取方法及 P 波和 S 波接收函数的优势和适用性在之前章节已介绍。

1. P 波接收函数研究

P 波接收函数研究所用的远震数据来自 116 个流动台站和该区国家及区域台网的 121 个固定台站的同期记录。地震事件选取标准为：震中距在 30°～95°，震级（M_S）5.5 级以上（含 5.5 级），三分量齐全，共挑选出震相清晰，信噪比高的远震事件 824 个。从震中位置分布图（图 5. 29）中可以看出，P 波接收函数研究采用的远震事件的震中位置有较好的反方位角分布。

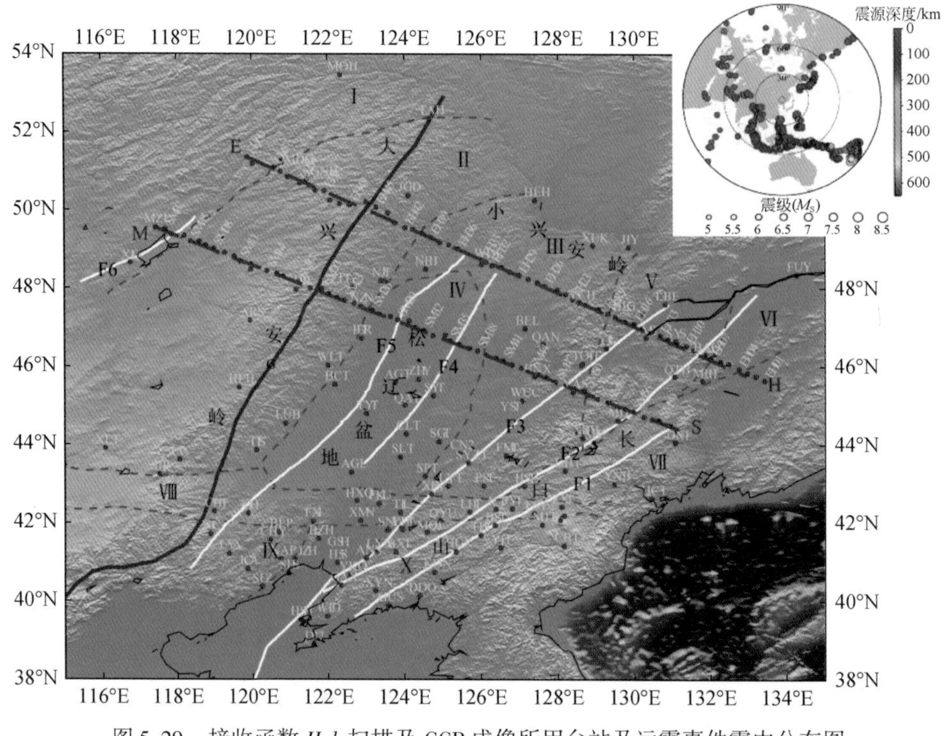

图 5. 29　接收函数 H-k 扫描及 CCP 成像所用台站及远震事件震中分布图

事件数据截取 P 波到时前 50 s，后 150 s，共计 200 s 的波形数据。对截取的数据进行了去仪器响应、去倾斜、去均值等预处理和 0. 05 ~ 2 Hz 带通滤波处理。经射线参数、分量方位角检查无误后，用分辨率比较高的时间域反褶积方法提取接收函数。分别采用 H-k 扫描（Zhu and Kanamori，2000）和共转换点（CCP）叠加（Zhu，2000）两种方法，获取了东北地区地壳（莫霍面）和上地幔（410 km 和 660 km）间断面埋深的图像。

H-k 扫描方法主要利用 Ps 转换波及其他地表多次波如 PpPs、PpSs+PsPs 与直达 P 波之间的到时差约束莫霍面间断面的深度和地壳平均波速比（V_P/V_S）（图 5. 30）。该方法的主要优点是不用人工挑选震相，从而避免了挑选震相时人为因素的影响。根据人工地震剖面结果，松辽盆地的地壳平均速度取 6. 2 km/s，其他地区取 6. 3 km/s。H-k 叠加时，Ps、PpP 和 PpSs+PsPs 加权值分别取 0. 6、0. 3 和 0. 1。

共转换点（CCP）叠加方法是 Zhu（2000）根据共反射点叠加方法提出来的，可以获得直观的叠加剖面。首先根据初始速度模型进行射线追踪（初始速度模型取自 IASP91，在松辽盆地中用绥芬河–满洲里地学断面和内蒙古东乌珠穆沁旗–辽宁东沟地学断面的地壳结构数据对 IASP91 模型进行修改）获取射线路径，并把接收函数的每个振幅看作某个深度的界面产生的 Ps 转换波，在对接收函数做时深转换和入射角校正之后，这些振幅可转化为相应的深度界面。对台站下方以 0. 5 km 进行深度划分，之后在每层内设定共转换点单元和像素的大小。进行 CCP 叠加时，根据接收函数将某一层某个共转换点单元内的所有

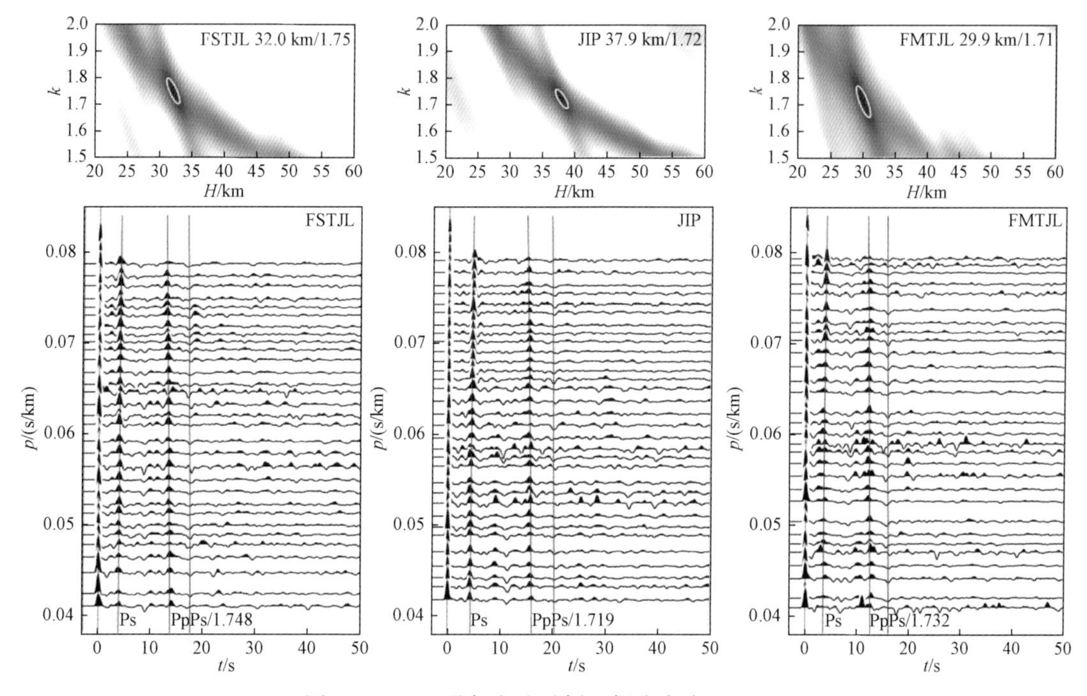

图 5.30　H-k 叠加方法示例（据张广成，2013）

转换点对应的振幅进行叠加作为此像素点范围的叠加结果，这样叠加之后便可对台站下方的介质结构进行成像，获得直观的 CCP 叠加剖面。通过调整共转换点单元大小和光滑系数，增加共转换点单元内参与叠加的射线的数量，来增强莫霍面的转换波 Ps 的成像效果。

通过对大量地震事件的接收函数 CCP 叠加，获得了该区的地壳厚度和莫霍面起伏的图像（图 5.31）。在图 5.31（a）为额尔古纳-虎林（EH）的叠加结果，图 5.31（b）为绥芬河-满洲里（MS）的叠加结果。

在图 5.31（a）中，EH 测线的莫霍面深度大致和地表构造成镜像关系，剖面可以分为西中东三个部分：西部（-600 ~ -150 km）为大兴安岭褶皱带，莫霍面比较平缓，深度在 40 km 左右；中部（-150 ~ 330 km）为松辽盆地北缘，莫霍面向上微凸且略有起伏，深度为 31 km 左右；东部（330 ~ 600 km）为郯庐断裂北端，在 F3（敦化-密山断裂）附近地壳存在一小段莫霍面呈现双层重叠结构，重叠部分的下层深度约 45 km，上覆层深度约 30 km。

图 5.31（b）为 MS 测线的 CCP 叠加剖面图，西部（-600 ~ -100 km）大兴安岭褶皱带莫霍面深度约 40 km，起伏不大，比较平缓；中部（-100 ~ 250 km）松辽盆地莫霍面深度在 34 km 左右；东部（250 ~ 600 km）张广才岭等山区莫霍面深度由浅变深，似沙丘状，在 F3（敦化-密山断裂）位置处开始向下加深，在 F2 位置处出现莫霍面错断结构。

经提取的接收函数进行 H-k 叠加，获得了东北地区的地壳厚度（图 5.32）和泊松比信息（图 5.33）。在图 5.32 中可以看到，重力梯度带以西包括额尔古纳地块和兴蒙造山带，地壳厚度约为 40 km。在松辽盆地的中除几个台站下方显示地壳厚度较厚外，总体地壳厚度较薄，厚度约 31 km。东部佳木斯台隆地块和长白山地壳厚度约 37 km。

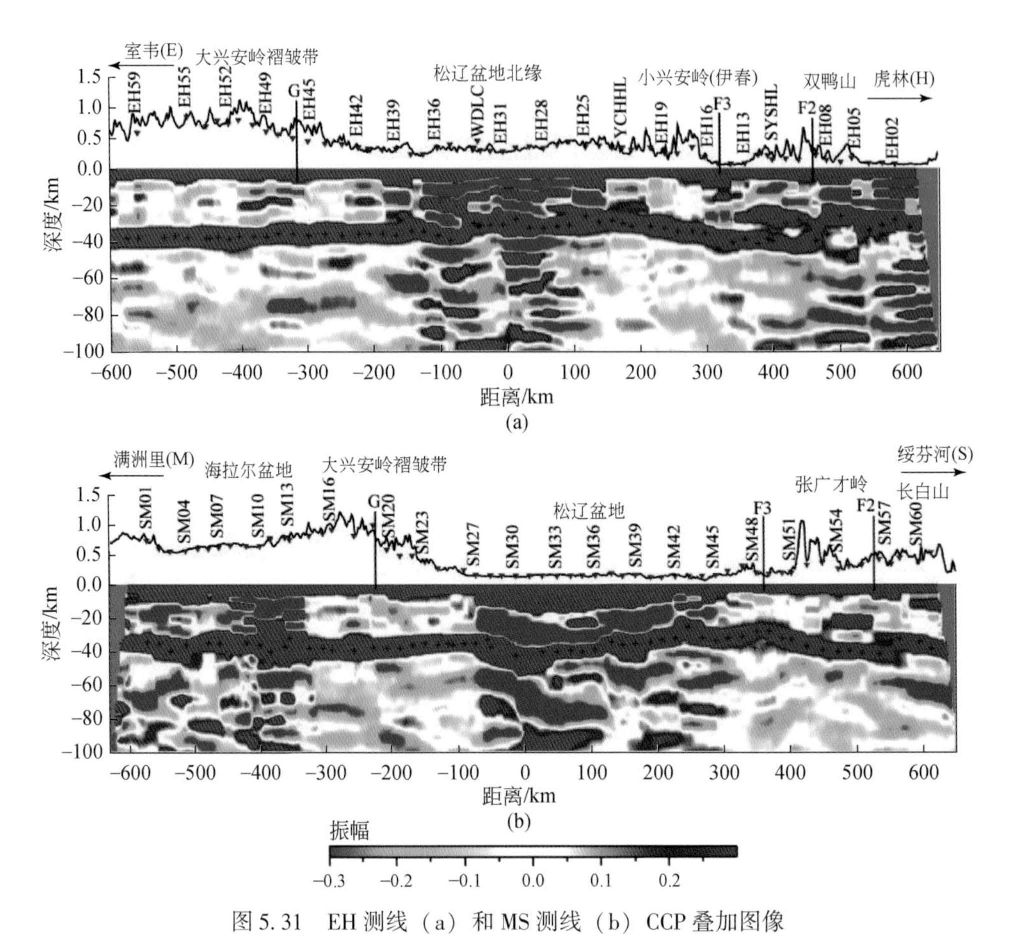

图 5.31　EH 测线（a）和 MS 测线（b）CCP 叠加图像

十字号示 *H-k* 扫描获得的莫霍面深度；G. 大兴安岭重力梯度带；F2. 敦化-密山断裂；F3. 依兰-伊通断裂

图 5.33 为本研究得出的东北地区地壳泊松比信息。从图 5.33 中可以看到，东北地区大部分台站下方的泊松比在 0.24～0.28，总体上呈现松辽盆地为中心高，东西两侧低。在 EH 测线的重力梯度带以西部分，泊松比约为 0.26～0.27，重力梯度带至嫩江-八里汗断裂泊松比约为 0.27～0.29，此断裂至 EH 测线东端，泊松比以 0.24～0.25 为主。MS 测线泊松比值表现为中间高，以 F4（农安-哈尔滨断裂）为中心，向两端减小的类对称分布。中间的泊松比达到 0.3 左右，向西至重力梯度带附近，向东至敦化-密山断裂附近，从 0.3 减小至 0.26；至 MS 测线的两端，泊松比降至 0.24 左右。分布于长白山的台站下方的泊松比（约 0.25～0.27）比松辽盆地台站下方泊松比（0.27～0.29）要小。

H-k 叠加和 CCP 叠加的结果具有很好的一致性。在 MS 测线大兴安岭以西地区，莫霍面比较平缓，起伏不大，深度在 40 km 左右。EH 测线的中部（EH38～EH28）为小兴安岭向松辽盆地平原的过渡带，该区莫霍面埋深较浅；同属本地块中的其他台站下方地壳厚度也较薄，约 29～33 km，推测与各种复杂构造运动过程中的拉伸减薄有关。东部的佳木

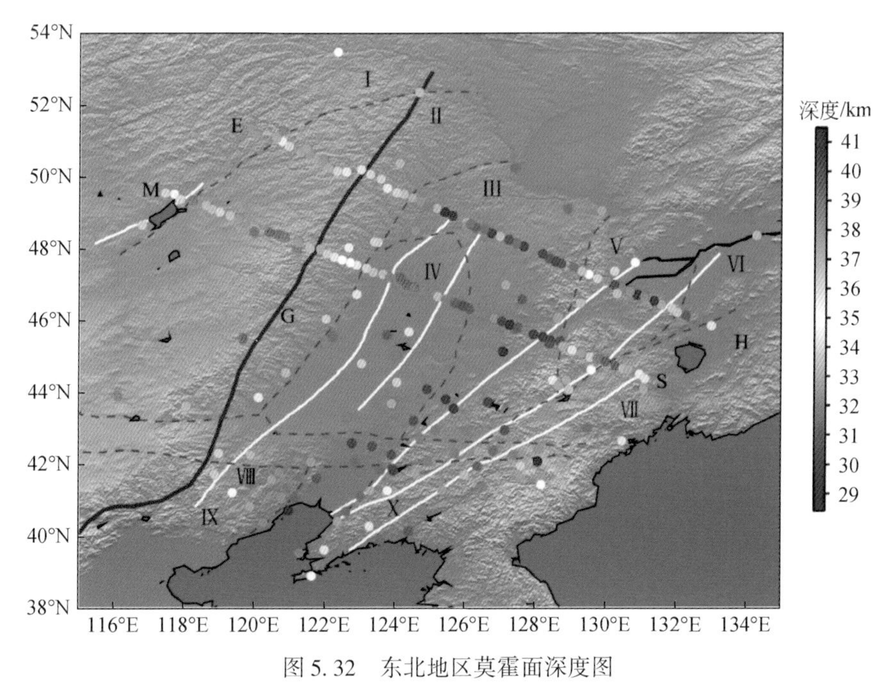

图 5.32　东北地区莫霍面深度图

带 G 字符的黑实线为重力梯级带；白线为主要断裂带；罗马字为构造单元

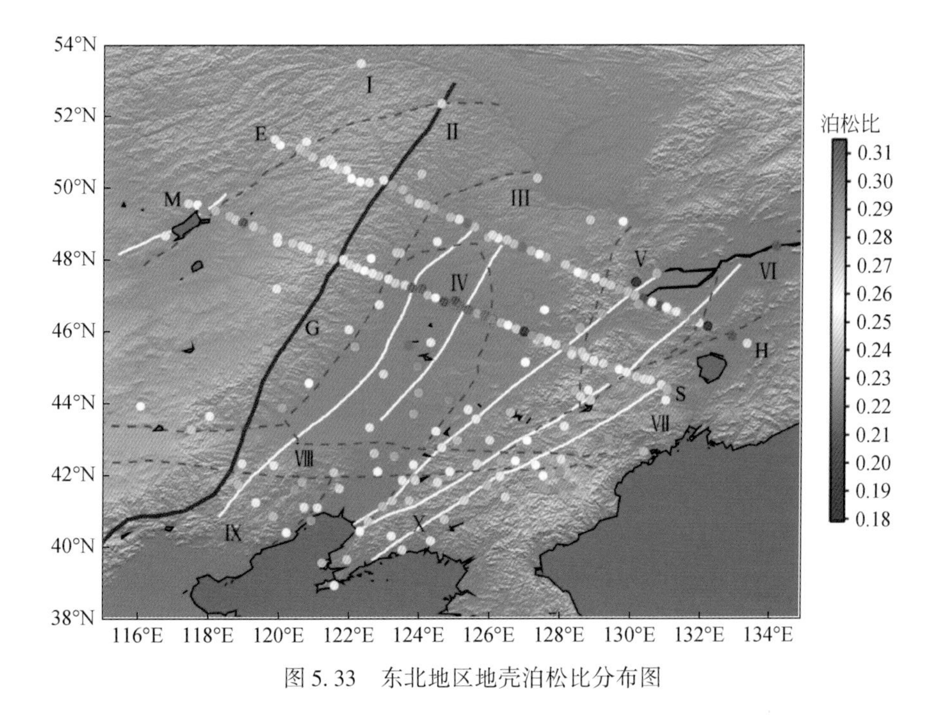

图 5.33　东北地区地壳泊松比分布图

斯地块地壳厚度较厚，反映地壳横向差异较大（图 5.34）。

郯庐断裂北段的依兰-伊通断裂和敦化-密山断裂在 CCP 叠加剖面中有很明显的变化。在图 5.31（a）中长白山北端依兰-伊通断裂和敦化-密山断裂之间有较明显的拗陷，推断

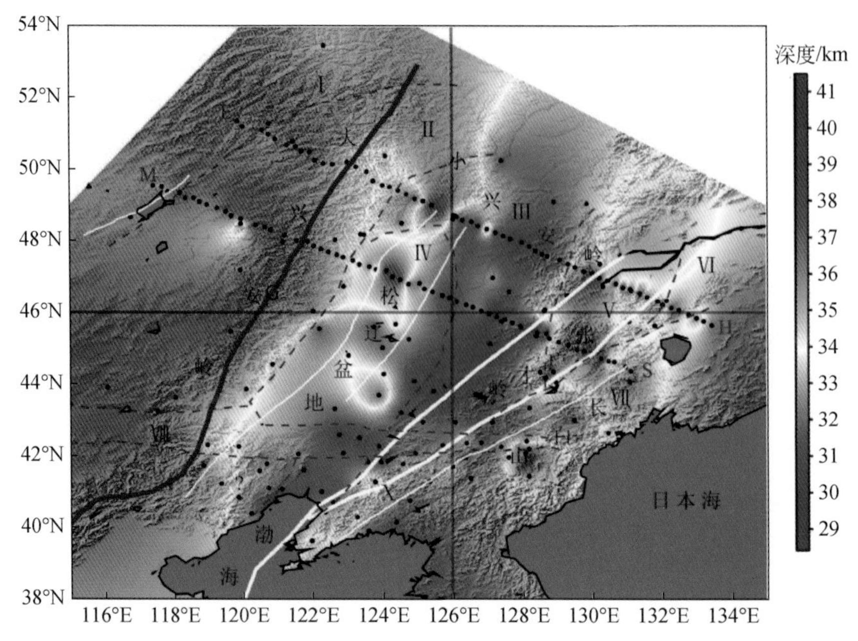

图 5.34 东北地区地壳厚度图（*H-k* 叠加插值结果）（据张广成等，2013）

郯庐断裂北段是地堑构造，而且该断裂处出现类似地壳重叠的结构；图 5.31（b）中 F3 位置处开始向两侧倾斜，F2 位置也可看出类似地壳重叠的结构，更像莫霍面“断层”。推测可能受西北太平洋板块俯冲挤压，应力长期积累，使得莫霍面在敦化-密山断裂处错断，进一步的挤压使得错断处出现类似重叠结构，与郯庐断裂的形成有密切关系。图 5.31（a）中还可以看出，莫霍面和地形起伏呈镜像关系。

CCP 叠加结果还显示，EH 和 MS 测线深度约 20 km 存在不连续界面，推断此界面为康拉德界面。杨宝俊等（2002）等认为在松嫩-张广才岭一带，深度 18 km 左右存在高速层，佳木斯-兴凯地块下方，深度 20 km 左右存在高速层，与此吻合。在图 5.31（b）中 MS 线 CCP 叠加剖面中，松辽盆地（SM27 ~ SM37）莫霍面下凹，与布格重力异常结果和绥芬河-满洲里地学断面研究结果不是很一致，这很可能是受到松辽盆地巨厚沉积层的影响，用相近的速度进行时深转换会造成盆地地壳厚度略变厚。根据 P 波与 Ps 波的到时差推算松辽盆地地壳厚度，为 30 ~ 36 km。而在图 5.33 中可以看到该区域内台站的泊松比值较高（0.27 ~ 0.29），这暗示了该区域存在幔源物质上涌或者热物质底侵作用使得该区域铁镁组分含量增加，与该区域地壳厚度减薄相对应。

其次，P 波接收函数 CCP 叠加结果显示沿虎林—额尔古纳一线，重力梯度带以西的大兴安岭地区和小兴安岭及其以东地区 410 km 间断面埋深较深；重力梯度带以东和小兴安岭以西地区的 410 km 间断面埋深较浅。中蒙边境地区和小兴安岭及其以东地区 660 km 间断面埋深较浅（图 5.35）；中蒙边境以东的大兴安岭地区和松辽盆地北部 660 km 间断面埋深浅。蒙边境地区和小兴安岭及其以东地区上地幔过渡带厚度较薄，中蒙边境以东的大兴安岭地区和松辽盆地北部过渡带厚度较厚。

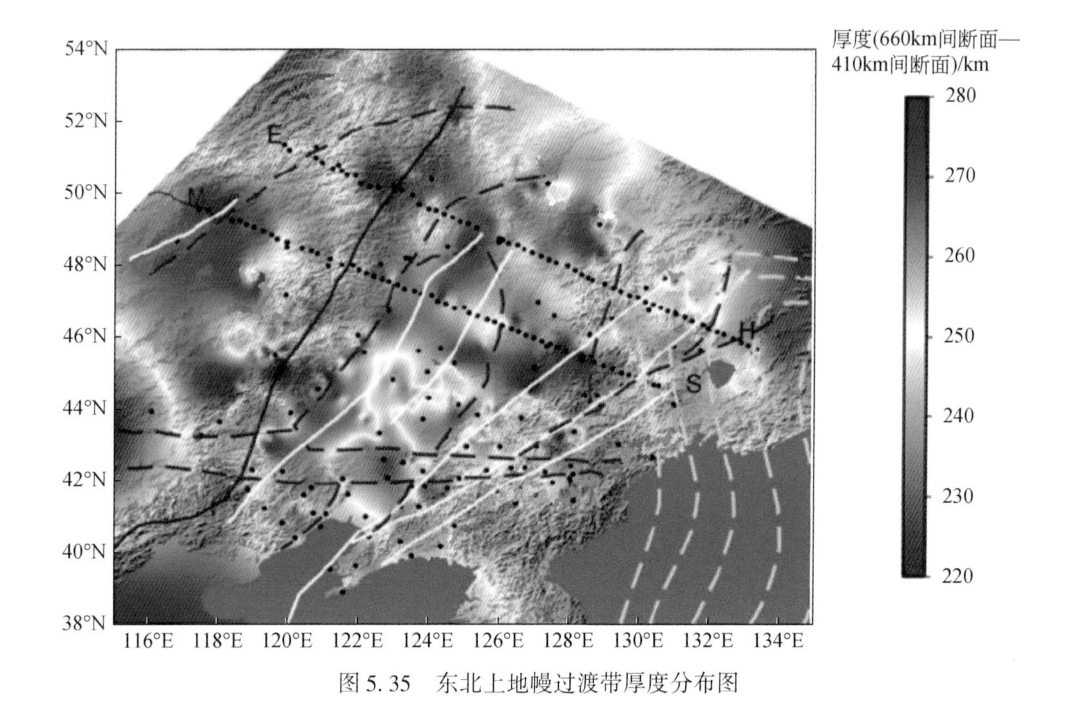

图 5.35 东北上地幔过渡带厚度分布图

2. S 波接收函数研究

收集利用流动台站布设期间记录到的震中距位于 55° ~ 125°，震级大于 5.5 级以上的浅源远震地震波形资料，通过计算不同震相（S、SKS 及 ScS）的 S 波接收函数方法获得了东北地区地壳和岩石圈结构图像。由于 S 波远震记录信噪比较低，为此需人工手动挑选高信噪比的地震事件，共计 214 个。为充分挖掘可用远震地震事件观测资料，除利用常规的 S 波和 SKS 震相计算 S 波接收函数外，还尝试提取了 ScS 震相的接收函数，不同震相提取的接收函数具有很好的相似性。

单台不同方位叠加法。以 MS 测线为例，各个台站下方所有不同方位的 S 波接收函数叠加结果见图 5.36。由图 5.36 可知，莫霍面 Sp 转换震相出现在 3.0 ~ 7.0 s 范围。松辽盆地内部台站下方的莫霍面 Sp 转换震相在 3.0 s 左右，而大兴安岭重力梯度带下方的 Sp 转换震相均值在 5.0 s 左右。

CCP 叠加法。采用 CCP 叠加方法得到的 S 波接收函数成像结果见图 5.37。由图 5.37 可知，整个剖面地壳厚度与地表地大致成镜像关系，松辽盆地下方莫霍面埋深（蓝色）最浅，而地形较高的大兴安岭造山带下方地壳明显加厚。与 P 波接收函数研究相比，S 波接收函数由于频率较低导致分辨率低，因而莫霍面埋深的深度范围误差较大。但与此同时，S 波接收函数成像结果弥补了 P 波接收函数的不足。在以往的 P 波接收函数研究中，由于松辽盆地较厚沉积层内多次波对转换震相的干扰，因而难以有效约束盆地内的地壳厚度。然而 S 波接收函数使用的转换震相是直达波的前驱波，故不受多次波的影响，S 波 CCP 叠加剖面成像清楚显示松辽盆地地壳厚度明显要薄。鉴于重力梯度带下方的地壳厚度明显加厚，因而推测其有可能切穿整个莫霍面。

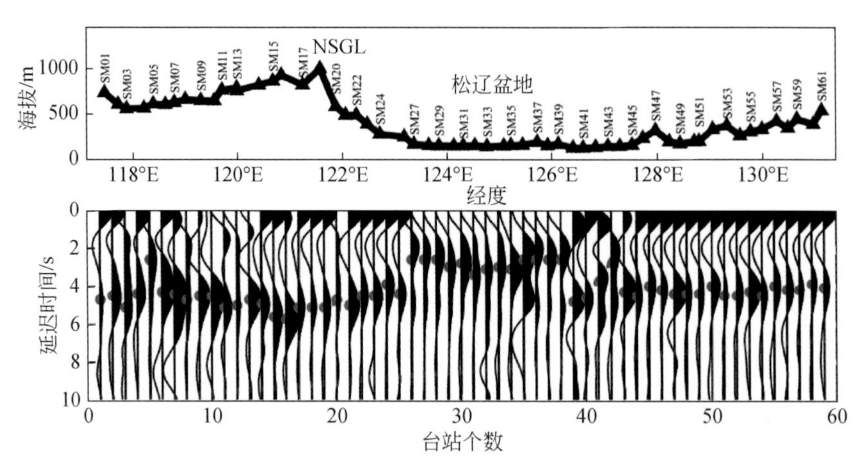

图 5.36　SM 测线各台站下方不同方位的 S 波接收函数叠加结果（据 Zhang *et al.*，2014）

S 波接收函数 CCP 叠加剖面同时显示研究区岩石圈–软流圈边界（LAB）的埋深深度沿着测线从西到东存在明显的横向变化。大兴安岭重力梯度带以西 LAB（紫色）埋深约在 140 ~ 160 km 深，向东逐渐变浅，到松辽盆地下方 LAB 约在 100 km 深度附近。张广才岭及测线以东地区 LAB 界面较弱，表明该地区软流圈与岩石圈强烈相互作用。

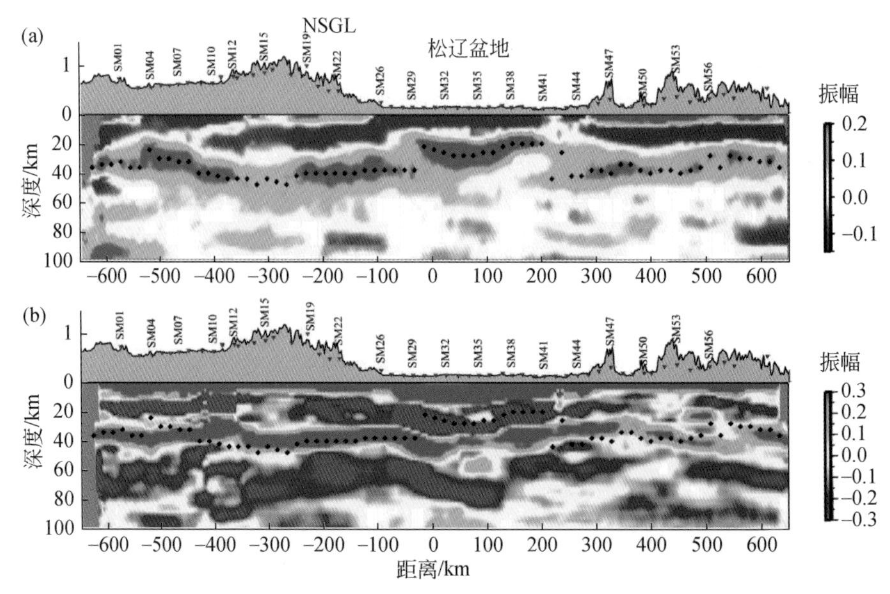

图 5.37　S 波接收函数 CCP 叠加剖面成像（据 Zhang *et al.*，2014）

蓝颜色表示莫霍面；紫颜色表示 LAB；NSGL. 南水重力梯级带

接收函数研究结果表明，东北地区地壳和岩石圈厚度的横向变化具有很好的一致性，与周缘造山带相比，松辽盆地的地壳和岩石圈厚度均明显减薄，但两者减薄的程度有所区别。与大兴安岭相比，松辽盆地地壳厚度要浅 10 km 左右，但对应的岩石圈厚度则达到 50

km 的差异。松辽盆地与周缘地壳和岩石圈结构的显著差异可能与其地幔深部动力学过程相关，推测盆地内部岩石圈减薄的动力来自于深部熔融物质的上升，且岩石圈减薄的机制以纯剪切模式为主。

（六）横波分裂研究

横波分裂研究使用的分析软件为 Splitlab。选取 2009 年 5 月到 2011 年月记录的数据中震中距在 85°～135°，震级大于 5 级的远震事件，经过计算挑选出 73 个包括有效和无效分裂结果的可用事件。远震事件主要分布于北美西北部（方位角 45°附近）和澳洲东北部（方位角 135°附近）区域（图 5.38）。

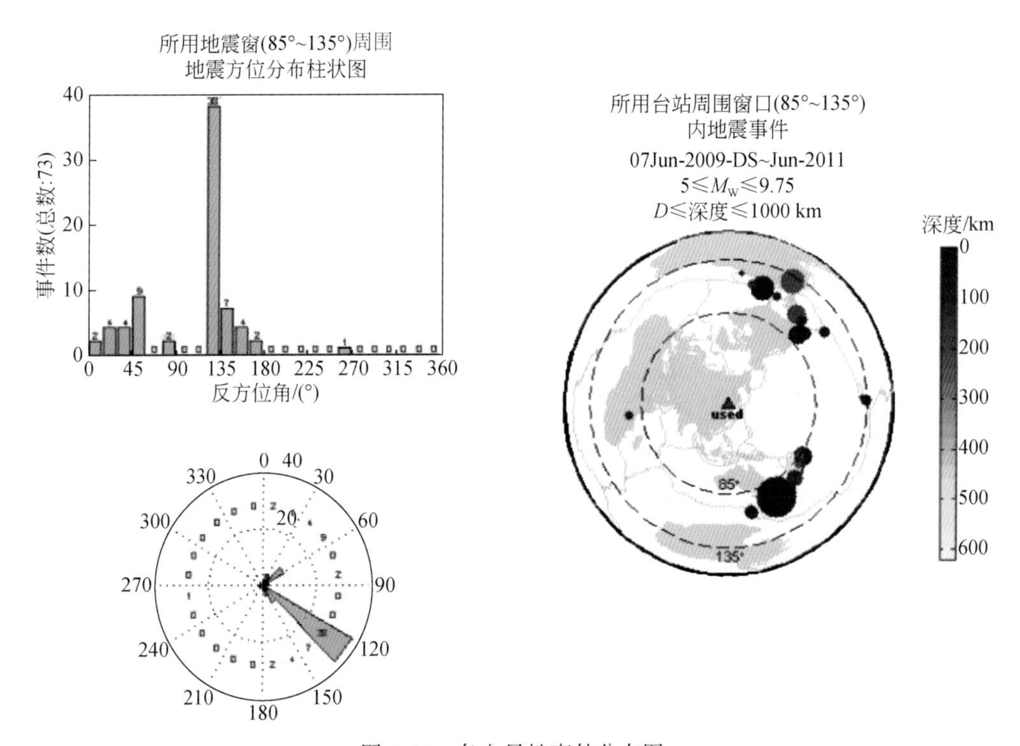

图 5.38　各向异性事件分布图

根据 SKS 震相主频，选择 0.02～1 Hz 的带通滤波，分别通过旋转互相关（RC）、切向最小能量（SC）（图 5.39）和最小特征值（EV）三种方法对 SKS 和 SKKS 震相进行计算，得到各个台站下方的快波偏振方向（φ）和快慢波延迟时间（δt）（图 5.40）。最终按照三种方法的一致程度对有效事件进行筛选。相对于单一方法，这样明显提高了分裂结果的可信度，但结果数据也大为缩减。在筛选过程中，发现三种方法取得的分裂参数整体具有很好的一致性。由于 SC 方法较其他两种更加稳定，因此仅以 SC 方法所得结果进行讨论。

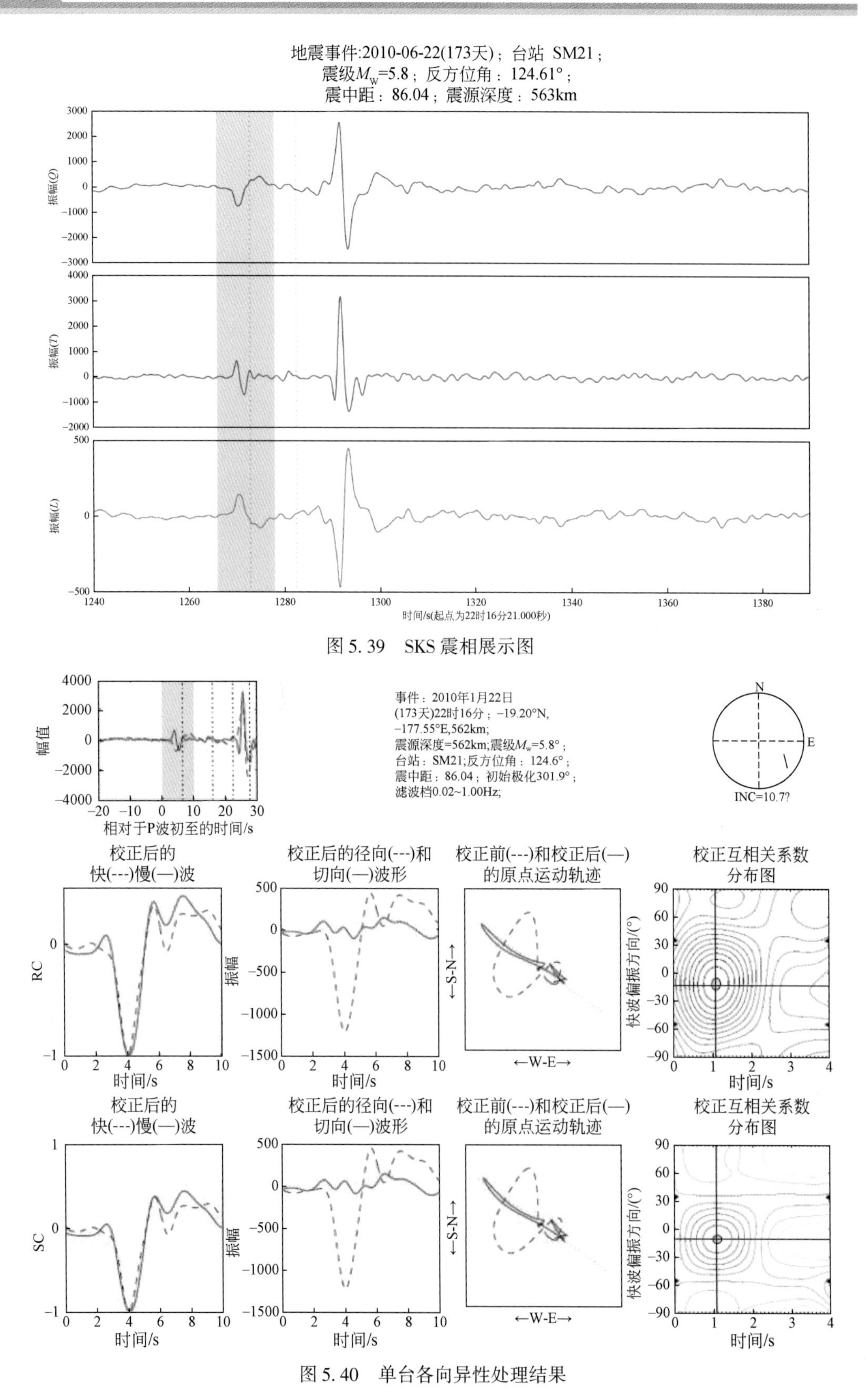

图 5.39　SKS 震相展示图

图 5.40　单台各向异性处理结果

SKS 分裂研究显示大兴安岭地区各向异性特征最为稳定，分裂模式非常相似，快波偏振具有非常一致的 NNW-SSE 方向；松辽盆地和其东部的吉黑造山带各向异性较为复杂，可能存在 NW-SE 和近 EW 向两个近乎正交的快波偏振方向。与绥芬河-满洲里剖面相比，额尔古纳-虎林剖面具有良好分裂结果的台站不是很多，可能与观测周期短有关，也可能反映该地区的各向异性较为复杂。

根据已取得的有效数据结果（图 5.41），中国东北地区剪切波快波偏振方向大多为 NNW 向，其快慢波延时为 0.8 ~ 1.4 s。可以看出快波方向的分布特征与构造分布具有一定的相关性，所以可将研究区分为东部地区（吉黑褶皱系）、中部地区（松辽盆地区域）、西部地区（大兴安岭褶皱系）。在相邻区域的交接处，快波方向都会出现明显的变化。在西部地区，各向异性特征最为稳定，分裂模式非常相似；在中部地区，各向异性结果取得较少，或者说各向异性特征不明显；在东部地区，各向异性表现比较复杂，具有近乎相互垂直的分裂结果。

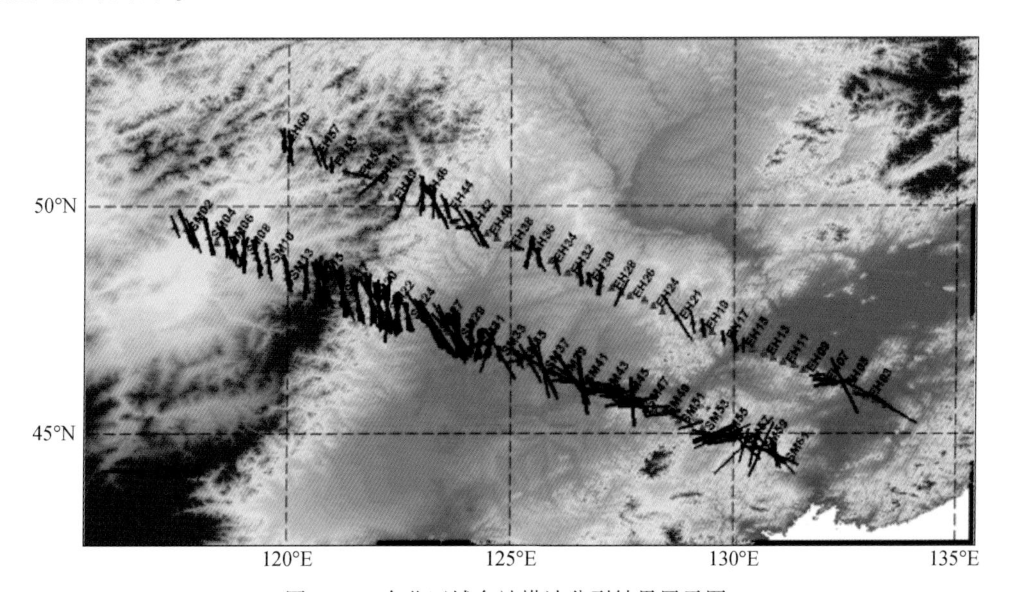

图 5.41　东北区域台站横波分裂结果展示图

根据前人的 SKS/SKKS 研究（Liu *et al.*，2008）结果，中国东北地区地壳各向异性快波偏振方向与 SKS/SKKS 快波偏振方向一致。而此处岩石圈厚度由中央松辽盆地 60 ~ 70 km 向周围逐渐增厚，西部大兴安岭地区约 120 km 厚。利用中国数字地震台网十多年的远震记录开展的剪切波分裂研究，并没有发现研究区台站（HIA 除外）下方剪切波分裂参数随方位角变化的现象，这事实上基本排除了壳幔不同层位各向异性垂向变化（非垂直连贯变形）的可能性。联系东北地区横波分裂特征分布，初步推测西北区域和中部区域各向异性结果很大程度受到岩石圈各向异性（化石各向异性）的影响。前人研究认为（Fouch and Fischer，1996），在大洋俯冲带远离海沟的弧后地区，其各向异性受俯冲板块下沉和上覆板块的变形共同制约，在远离俯冲板块的弧后和近地表处，各向异性可能是由于上地幔物质流动引起中下地壳变形造成了某些造岩矿物的定向排列所产生。所以测线东南段部分结果显示的复杂各向异性特征，可能是俯冲板块和上覆板块响应共同造成的，但也不排除地幔流在此处变化所带来的影响，进一步的成因和动力学模型有待密集阵列数据揭示。

第四节 主要进展：讨论与结论

（一）研究进展

噪声层析成像研究显示短周期（如8 s）的群速度分布和地表地质构造单元有很好的对应关系，而较长周期（如30 s）的群速度分布与地壳厚度有很明显的相关性，松辽盆地在8～20 s周期均显示为显著的低速特征，在25～30 s低速异常幅值显著降低，范围也明显缩小。

面波层析成像研究显示松辽盆地的下地壳至60 km深度表现出显著的高速，在80～100 km深度，高速结构移至盆地西部边界，强度逐渐减弱，范围也逐渐缩小。长白山火山在80～100 km深度出现明显的低速异常。华北北缘西拉木伦断裂赤峰至二连浩特一线从下方80 km深度至下地壳显示出显著的低速异常。

Pn层析成像研究显示松辽盆地南部和镜泊湖火山出现显著的Pn低速异常，松辽盆地北部和佳木斯地块的Pn速度较高。

体波层析成像研究表明东北地区上地幔具有显著的横向非均一性速度结构，松辽盆地总体表现出被若干低速条带肢解的高速异常，盆地两侧的大兴安岭、张广才岭等造山带为较明显的低速异常。在长白山火山和阿尔山火山地区上地幔显示为显著的低速异常，松辽盆地的上地幔过渡带则表现为明显的高速异常。

P波接收函数 H-k 扫描和CCP叠加偏移成像均显示，东北地区的地壳厚度为30～40 km，总体表现为东（南）浅西（北）深。S波接收函数显示东北地区岩石圈厚度存在明显的东西向变化，大兴安岭重力梯度带以西LAB约在150 km深度附近，而松辽盆地下方埋深仅在100 km左右，相比明显经历了伸展减薄。接收函数成像结果显示的东北地区上地幔过渡带厚度与体波层析成像的切片图像有很好的相关性，即高速异常区对应于过渡带厚度增厚区，低速异常区对应于过渡带厚度减薄区。

SKS分裂研究显示大兴安岭地区各向异性特征较为稳定，分裂模式非常相似，快波偏振具有非常一致的NNW–SSE方向；松辽盆地和其东部的吉黑造山带各向异性较为复杂，可能存在NW–SE和近东西向两个近乎正交的快波偏振方向。与绥芬河–满洲里剖面相比，额尔古纳–虎林剖面具有良好分裂结果的台站不是很多，可能与观测周期短有关，也可能反映额尔古纳–虎林剖面所经地区的各向异性成因机制更为复杂。

（二）讨论与基本结论

额尔古纳–虎林剖面为期15个月的连续观测实验，采集到高质量的数据1059 GB，证明下沉式建台和地震计室的防水施工的技术方案是行之有效的。数据处理结果表明，在东北地区开展宽频带流动台观测，观测周期应不少于12个月，才能保证足够的资料用于成像研究。台站间距20 km对于上地幔结构成像可保证足够的空间分辨率，优于NECESSArray（台站间距70 km），但相对于地壳精细结构成像仍显不足。

额尔古纳–虎林剖面跨越中国大陆东北地区松辽盆地–佳木斯地块–虎林盆地，基于新获取的流动观测和固定地震台站资料的多种方法研究结果，揭示研究区地壳和上地幔内部间断面的深度和起伏图像，综合研究得出如下的基本结论：

（1）重力梯级带更可能是岩石圈成因；

（2）整个剖面地壳厚度与地表地大致成镜像关系，松辽盆地下方莫霍面埋深最浅，向两侧的大兴安岭和张广才岭下方加深。东北地区的LAB介于80～150 km深度，整体表现为东浅西深、南浅北深的态势，松辽盆地的LAB较周边地区相对抬升；

（3）五大连池火山可能起源于上地幔，其通道为非直下型；阿尔山与长白山火山起源于上地幔过渡带、甚至可能来自下地幔；

（4）松辽盆地上地幔过渡带存在板片堆积现象；

（5）大兴安岭壳幔变形相互耦合，大兴安岭以东地区壳幔变形可能相互解耦；

（6）西太平洋板块俯冲前缘可能存在撕裂现象，其位置大致沿依兰–伊通和密山–敦化断裂分布。

这些图像和认识，为进一步研究中、新生代以来中国东部克拉通破坏的深部地幔动力学背景及其与太平洋俯冲的联系，为探讨松辽盆地深部动力学过程及其油气资源效应奠定了基础，提供了实测资料依据。

（三）存在问题

背景噪声和天然地震面波层析成像是相互独立开展的，天然地震面波仅仅利用了东北地区固定地震台站观测资料，背景噪声也只是开展了群速度层析成像研究，在后续研究工作中，应补充流动地震台站观测到的面波资料，并提取背景噪声的相速度，开展噪声和面波的相速度和群速度的联合反演研究，提高成像的精度，限制多解性。

体波层析成像仅利用了2009～2011年两年间固定和流动地震台站所记录的远震P波和S波数据，在后续工作中，应补充其他震相如PKP、PKIKP、SKS等资料，并补充2009年之前和2011年之后的震相目录到时数据及东北地区现有的全部流动地震观测数据，改善地震波射线的交叉覆盖密度，提高层析成像的分辨和精度。

接收函数的偏移成像是基于AK135模型开展的，在后续研究中，应利用体波层析成像的三维速度模型，校正研究区上地幔速度横向非均一性对转换波到时的影响，提高偏移成像的精度。

第六章　结　　论

“深部探测技术与实验”专项（SinoProbe）是迄今为止我国历史上规模最大的地球深部探测行动。“宽频带地震观测实验与壳幔速度研究”课题（编号：SinoProbe-02-03）肩负着在中国大陆典型构造域集成发展宽频带地震探测技术和培育相关人才的重要任务。

经过整个团队五年的共同努力和辛勤工作，克服了各种困难，在设计的13条剖面上组织实施了各项技术实验，在前人的基础上，因地制宜发展了适合中国大陆地质结构特点和人文自然条件的线性台阵观测法；获得原始连续记录数据4532.6 GB。针对青藏高原、华南和东北关键科学问题的研究取得了若干新发现和新认识，凝聚、培养了一批宽频带地震观测人才，为国家实施新的深部探测重大计划奠定了基础。

一、主要进展与认识

在获得大量三分量宽频带地震记录的基础上，开展了P波和S波接收函数、体波和面波反演和成像、背景噪声成像、各向异性分析等研究工作，取得的主要进展和新认识包括：

1）限定了扬子克拉通与华夏块体的构造界带位置

华南大剖面的远震接收函数CCP叠加剖面图像、波动方程偏移叠加剖面图像、SKS分裂快波方向分布图显示，扬子地块与华夏地块的分界带被清楚地限定在雪峰山一线。在地壳尺度，位于雪峰山东南侧的华夏地块地壳向海岸线方向逐步减薄；在岩石圈尺度，华夏地块分区减薄（局部只有约70 km），与雪峰山西北侧的扬子地块的较厚地壳（约45 km）和较厚岩石圈（约150 km）形成强烈对比。

2）提出对西秦岭北缘断裂的新认识

青藏高原东北缘的P波接收函数分析结果表明，剖面下莫霍面平缓延展，平均埋深50 km；祁连造山带地壳厚度（约50 km）较松潘地块–西秦岭（53 km）略薄，祁连造山带地壳中存在低速层；S波接收函数结果显示，青藏高原东北缘岩石圈增厚和减薄都不明显，表现为克拉通和新生代造山带之间的过渡特征；未见地幔转换明显异常结构，总体接近全球模型；SKS快波方向大体平行于构造走向方向，呈现壳幔垂向连贯变形特征；接收函数叠加剖面显示，西秦岭北缘断裂以高角度深切莫霍面，可能是印支期缝合带缝合带重新活化的岩石圈断裂，其延伸之大表明其在青藏高原东北缘现今构造应力场调节机制中扮演重要的角色。

3）给出印度板块岩石圈、亚洲岩石圈俯冲前缘位置新数据

大致沿88.5°经线，大致重合反射地震剖面，南起自班公–怒江缝合带，北至塔里木南

缘，布置的宽频带流动台阵，综合 INDEPTH-Ⅲ等资料的远震层析成像研究结果显示，印度岩石圈地幔俯冲前缘在青藏高原中部越过了班公湖-怒江缝合带达到羌塘中央隆起下方（大约北纬 34°）。

4）南北向“裂谷”深部状态及形成机制

对青藏高原南北向“裂谷”的针对性观测和多种分析结果发现，“裂谷”下方莫霍面错断并呈现局部结构改变（双莫霍面特征消失），伴随高原普遍存在的中地壳低速层间断，暗示局部壳幔物质能量交换存在。申扎-定结“裂谷”莫霍面错断位置较“裂谷”地表形迹偏东，指示岩石圈地幔与上部地壳脱耦，已经并正在向东迁移（快于或幅度大于上部地壳）。推测定结-申扎裂谷为岩石圈地幔伸展或地幔对流成因，驱动“裂谷”形成的源区在 410 km 界面以上。

5）揭示中国大陆东南缘具有薄岩石圈

对华南大陆沿海带的栅栏状剖面观测和多种分析结果发现，华夏地块的地壳与岩石圈厚度均已明显减薄，前者地壳厚度在 27 ~ 32 km，平均 30 km，后者仅 70 ~ 90 km，局部更薄。与扬子地块（地壳 ~ 45 km，岩石圈 ~ 150 km）形成强烈对比。但地幔过渡带厚度正常（IASP91 模型），地壳厚度和泊松比分布局二维分布特征，赣州、上饶、衢州一线存在半环绕武夷山的莫霍面/LAB 凸起带，地表可见串珠状张性盆地与之相对应，推测为与华夏地块裂解有关的岩石圈薄弱带。快波方向总体为 NE 向，闽江断裂等 NW 向断裂深切莫霍面，上述观测既不支持地幔柱模型也不能简单用太平洋俯冲模式解释。

6）南方大陆下未发现古太平洋俯冲板片在地幔过渡带内滞留

0 ~ 800 km 接收函数叠加图像显示华南大陆地壳总体从内陆向沿海减薄；未见可与地幔柱和俯冲板片相联系的地幔过渡带增厚或减薄现象；层析成像结果表明在 200 ~ 300 km 深度范围有地幔低速体存在，指示软流圈存在的深度空间；SKS 分裂结果指示扬子与华夏的各向异性来源不同，扬子的各向异性主要与区域构造变形有关，华夏的各向异性起源于软流圈物质定向流动。上地幔对流可能是华夏地块岩石圈减薄的主要机制。

7）松辽盆地的形成机制

横跨松辽盆地及两侧造山带的大剖面资料分析及综合研究发现，整个剖面地壳厚度与地表大致呈镜像关系，松辽盆地下方莫霍面埋深最浅，向两侧的大兴安岭和张广才岭下方加深；岩石圈-软流圈边界（LAB）深度位于 80 ~ 150 km，松辽盆地的 LAB 较周边相对抬升；上述壳幔结构特征都可用俯冲板片滞留、堆积于松辽盆地下方的上地幔过渡带内解释。SKS 分析结果显示，松辽盆地与东、西两侧造山带的快波方向一致，都指向 NW-SE 方向，暗示它们曾属于同一岩石圈块体，现今松辽盆地的构造地貌，是滞留在上地幔过渡带内的俯冲板片脱水引起的上地幔对流、进而发生裂谷作用的结果。

这些结果为青藏高原隆升演化、华南大地构造格局及大陆边缘动力学过程及陆内响应等，提供重要资料和信息。加深了对壳幔深部动力学过程等科学问题的认知。可为我国的大陆动力学研究和矿产资源勘查提供深部背景信息和地震学依据。

二、宽频带地震观测技术展望

地球科学发展史研究表明，新的地质科学理论的提出，高度依赖于深部探测的发现和深部认识的突破，而新理论的诞生和应用又往往改变各种战略资源、能源发现在全球的分布格局，从而影响世界各国的发展战略。

地球科学界逐步认识到，地球浅表的地质构造与地貌过程是地壳与软流圈及其深地幔相互作用的结果。这些地球深部层圈物理与化学的变化与作用，驱动着地球浅表到地球深部的整个过程，并使地球成为一个动力系统，深刻地影响人类生活环境。地幔对流驱动着地壳板块构造运动、碰撞，制约着地壳变形——造山或成盆，从而影响油气与金属矿产资源的运移富集，也控制自然灾变，如地震、滑坡、海啸和火山喷发等。

进入21世纪，针对资源、能源和环境的新形势，世界各国更加注重探测地球的内部结构、组成，以揭示整个地球系统演变的地球动力学过程与资源、环境的联系，谋求资源开发、减灾与环境保护统筹兼顾、社会经济可持续发展与自然和谐相处的长期战略。自20世纪90年代开始，世界发达国家已先后启动了新一轮深部探测与研究，以美国的Earthscope计划为代表，欧盟、澳大利亚等发达国家纷纷出台新的国家计划，抢占地球科学新前沿。21世纪，深部探测研究水平将成为世界各大国科技核心竞争力的标志之一。

近年，为了缓解我国正面临的资源紧缺的压力，保障国家经济社会可持续发展，把握国际地球科学发展趋势，参与全球科学竞争，中国政府已明确提出加强地壳探测与研究的方针，为解决国家资源环境重大问题提供科技支撑。2008年先期启动了“深部探测技术与实验研究”国家专项（SinoProbe），作为“中国地壳探测工程”的先导和培育性计划，标志着中国的“入地”计划拉开了序幕。习近平总书记在中国科协第九次全国代表大会明确指出“向地球深部进军是我们必须解决的战略科技问题”，把地质科技创新提升到了关系国家科技发展大局的战略高度。

SinoProbe宽频带观测大幅度提高了我国宽频地震流动观测的研究程度。尽管我国的宽频地震流动观测起步稍晚，历经20世纪90年代的国际合作引进、消化吸收阶段，SinoProbe的独立、改进和创新阶段，已经跟上了国际宽频带观测的步伐。并在宽频带地震流动观测与“主动源”的深反射地震剖面和深地震测深剖面（宽角反射与折射）有机结合方面形成了明显特色和优势。迄今，一大批地球物理工作者投身于宽频地震观测研究领域，并不断有新人加入该行列。宽频带地震观测越来越显示出其活力、吸引力和在深部探测技术体系中不可替代的支柱作用。

然而，我们必须清醒地认识到，无论观测仪器还是资料处理软件，我国的自主知识产权不多，基于海量数据的数据处理、高分辨成像方法能力还有待提升。宽频带地震观测研究在我国的发展，仍任重而道远。

参考文献

安张辉,吴庆举,周民都.2006.用接收函数反演甘肃测震台网下方的S波速度结构.西北地震学报,28(3):263~267

鲍佩声,肖序常,王军等.1999.西藏中北部双湖地区蓝片岩带及其构造含义.地质学报,73(4):302~314

常利军,王椿镛,丁志峰.2008a.四川及邻区上地幔各向异性研究.中国科学D辑:地球科学,38(12):1589~1599

常利军,王椿镛,丁志峰等.2008b.青藏高原东北缘上地幔各向异性研究,地球物理学报,51(2):431~438

陈九辉,刘启元,李顺成等.2005.青藏高原东北缘——鄂尔多斯地块地壳上地幔S波速度结构.地球物理学报,48(2):333~342

陈祥熊,林树,李祖宁等.2005.福建-台湾地区一维地壳速度结构的初始模型.地震,25(2):61~68

陈岳龙,李大鹏,周建等.2008.中国西秦岭碎屑锆石U-Pb年龄及其构造意义.地学前缘,15(4):88~107

迟效国,张蕊,范乐夫,王利民.2017.藏北新生代玄武质火山岩起源的深部机制——大陆俯冲和板片断离驱动的地幔对流上涌模式.岩石学报,33(10):3011~3026

崔作舟,李秋生,吴朝东,尹周勋,刘宏兵.1995.格尔木-额济纳旗地学断面的地壳结构与深部构造.地球物理学报,38(增刊II):15~18

邓万明,尹集祥,呙中平.1996.羌塘茶布-双湖地区基性超基性岩、火山岩研究.中国科学D辑:地球科学,26(4):296~301

邓希光,丁林,刘小汉等.2000.藏北羌塘中部冈玛日-桃形错蓝片岩的发现.地质科学,35(2):227~232

邓希光,丁林,刘小汉等.2002.青藏高原羌塘中部蓝片岩的地球化学特征及其构造意义.岩石学报,18(4):517~525

邓阳凡,李守林,范蔚茗,刘佳.2011.深地震测深揭示的华南地区地壳结构及其动力学意义.地球物理学报,54(10):2560~2574

丁林,岳雅慧,蔡福龙等.2006.西藏拉萨地块高镁超钾质火山岩及对南北向裂谷形成时间和切割深度的制约.地质学报,80(9):1252~1261

丁林,张进江,周勇等.1999.青藏高原岩石圈演化的记录:藏北超钾质及钠质火山岩的岩石学与地球化学特征.岩石学报,15(3):408~421

丁志峰,何正勤,孙为国,孙宏川.1999.青藏高原东部及其边缘地区的地壳上地慢三维速度结构.地球物理学报,42(2):197~205

丁志峰,曾融生,吴大铭.1992.青藏高原的Pn波速度和Moho界面的起伏.地震学报,14(增刊):592~599

董治平,张元生.2007.河西走廊中部地区三维速度结构研究.地球学报,28(3):270~276

段永红,张先康,刘志,徐朝繁,王夫运,潘纪顺,梁国经.2007.阿尼玛卿缝合带东段地壳结构的接收函数研究.地震学学报,29(5):483~491

傅容珊等.2000.印度与欧亚板块碰撞的数值模拟和现代中国大陆形变.地震学报,22(1):1~7

高锐,李廷栋,吴功建.1998.青藏高原岩石圈演化与地球动力学过程——亚东-格尔木-额济纳旗地学断面的启示.地质论评,44(4):389~395

高锐,王海燕,马永生等. 2006. 松潘-甘孜地块若尔盖盆地与西秦岭造山带岩石圈尺度的构造关系——深地震反射剖面成果. 地球学报,27(5):411 ~ 418

高锐,王海燕,王成善等. 2011. 青藏高原东北缘岩石圈缩短变形——深地震反射再处理提供的证据. 地球学报,32(5):513 ~ 520

高锐,熊小松,李秋生,卢占武. 2009. 由地震探测揭示的青藏高原莫霍面深度. 地球学报,30(6):761 ~ 773

葛洪魁,陈海潮,欧阳飚,杨微,张梅,袁松涌,王宝善. 2013. 流动地震观测背景噪声的台基响应. 地球物理学报,56(3):857 ~ 868

郭飚,刘启元,陈九辉等. 2004. 青藏高原东北缘-鄂尔多斯地块地壳上地幔地震层析成像研究. 地球物理学报,47(5):790 ~ 797

郭飚 刘启元,陈九辉等. 2009. 川西龙门山及邻区地壳上地幔远震 P 波层析成像. 地球物理学报,52:346 ~ 355

郭新峰,张元丑,程庆云等. 1990. 青藏高原亚东-格尔木地学断面岩石圈电性研究. 中国地质科学院院报,21:191 ~ 202

国家地震局永平爆破联合观测小组. 1998. 永平爆破与我国东南地区深部构造的初步研究. 中国大陆深部构造的研究与进展. 北京:地质出版社

侯增谦,王二七,莫宣学,丁林,潘桂棠,张中杰等. 2008. 青藏高原碰撞造山与成矿作用. 北京:地质出版社:277 ~ 289

胡克,李才,程立人等. 1995. 西藏冈玛错-双湖蓝片岩带及其构造意义. 长春地质学院学报,23(3):268 ~ 2741

胡瑞忠,毕献武,彭建堂,刘燊,钟宏,赵军红,蒋国豪. 2007. 华南地区中生代以来岩石圈伸展及其与铀成矿关系研究的若干问题. 矿床地质,26(2):139 ~ 152

胡圣标,何丽娟,汪集. 2001. 中国大陆地区大地热流数据汇编(第三版). 地球物理学报,44(5):611 ~ 626

黄继均. 2001. 藏北羌塘盆地构造特征及演化. 中国区域地质,20:178 ~ 186

黄兴富,高锐,郭晓玉,李文辉,熊小松. 2018. 青藏高原东北缘祁连山与酒西盆地结合部深部地壳结构及其构造意义. 地球物理学报,61(9):3640 ~ 3650

姜枚,吕庆田,史大年等. 1996. 用天然地震探测青藏高原中部地壳、上地幔结构. 地球物理学报,39(4):470 ~ 482

孔祥儒,王谦身,熊绍柏. 1996. 西藏高原西部综合地球物理与岩石圈结构的研究. 中国科学 D 辑:地球科学,26(4):308 ~ 315

孔祥儒,王谦身,熊绍柏. 1999. 青藏高原西部综合地球物理剖面和岩石圈结构与动力学. 科学通报,44(12):1257 ~ 1265

孔祥儒,熊绍伯,周文星. 1995. 浙江省深部地球物理研究新进展——屯溪-温州、诸暨-临海地学断面及区域重力研究成果. 浙江地质,11(1):50 ~ 62

李才. 1987. 龙木错-双湖-澜沧江板块缝合带与石炭-二叠纪冈瓦纳北界. 长春地质学院学报,17(2):156 ~ 166

李才,程立人,胡克等. 1995. 西藏龙木错-双湖古特提斯缝合带研究,北京:地质出版社

李才,王天武,杨德明,杨日红. 2001. 西藏羌塘中央隆起区物质组成与构造演化. 长春科技大学学报,31(1):25 ~ 31

李才,翟庆国,陈文等. 2007. 青藏高原龙木错-双湖板块缝合带闭合的年代学证据——来自果干加年山蛇绿岩与流纹岩 Ar-Ar 和 SHRIMP 年龄制约. 岩石学报,23(5):911 ~ 918

李才,翟庆国,董永胜等. 2006. 青藏高原羌塘中部榴辉岩的发现及其意义. 科学通报,51(1):70 ~ 74

李秋生,彭苏萍,高锐,管烨,范景义. 2004a. 东昆仑大地震的深部构造背景. 地球学报,(1):11 ~ 16

李秋生,彭苏萍,高锐. 2004b. 青藏高原莫霍面的研究进展. 地质论评,50:598~612
李松林,张先康,张成科,赵金仁,成双喜. 2002. 玛沁-兰州-靖边地震测深剖面地壳速度结构的初步研究. 地球物理学报,45:200~217
李永华,吴庆举,安张辉,田小波,曾融生,张瑞青,李红光. 2006. 青藏高原东北缘地壳S波速度结构与泊松比及其意义. 地球物理学报. 49(5):1359~1368
廖其林,王振明,丘陶兴等. 1990. 福州盆地及其周围地区地壳深部结构与构造的初步研究. 地球物理学报,33:163~173
廖其林,王振明,王屏路,余兆康,黄向荣. 1987. 我国华南沿海地区地壳与上地幔速度结构特征. 科学通报,12:933~935
廖其林,王振明,王屏路等. 1988. 福州-泉州-汕头地区地壳结构的爆炸地震研究. 地球物理学报,31:270~280
刘池洋,杨兴科,魏永佩等. 2002. 藏北羌塘盆地西部查桑地区结构及结构特征. 地质论评,48(6):593~602
刘光夏. 1990. 台湾地区地壳厚度的研究——三维重力反演的初步结果. 科学通报,35(24):1892
刘国成. 2014. 羌塘地块壳幔结构及其相互作用模式. 吉林:吉林大学
刘国成,尚学峰,贺日政,高锐,邹长桥,李文辉. 2014. 藏北羌塘盆地中部莫霍面形态及其动力学成因. 地球物理学报,57(7):2043~2053
刘启元. 2000. 高分辨率地震成像研究——21世纪地震学发展的一个重要趋势. 国际地震动态,(4):10~12
刘启元. 2002. 大别碰撞造山带深部细结构的宽频带流动地震台阵研究. 中国地球物理学会年会摘要,461
刘启元,Kind R. 2004. 分离三分量远震接收函数的多道最大或然性反褶积方法. 地震地质,26(3):416~425
刘启元,Kind R,李顺成. 1996. 接收函数复谱比的最大或然性估计及非线性反演. 地球物理学报,39(4):500~511
刘启元,Kind R,李顺成. 1997. 中国数字地震台网的接收函数及非线性反演. 地球物理学报,40(3):356~368
刘旭宙,沈旭章,李秋生,张元生,秦满忠,叶卓. 2014. 青藏高原东北缘宽频带地震台阵远震记录波形及背景噪声分析. 地球学报,35(6):759~768
卢占武,Klemperer L S,高锐,李秋生,贺日政,匡朝阳等. 2009. 横过青藏高原羌塘地体中央隆起区的深反射地震试验剖面. 地球物理学报,52(8):2008~2014
卢占武,高锐,李洪强,李文辉,熊小松,徐泰然. 2016. 深反射地震数据揭示的拉萨地体北部到羌塘地体南部地壳厚度的变化. 中国地质,43(5):1679~1687
卢占武,高锐,薛爱民等. 2006. 羌塘盆地石油地震反射新剖面及基底构造浅析. 中国地质,33(2):286~290
鲁兵,徐可强,刘池洋. 2003. 藏北羌塘地区的地壳电性结构及其意义. 地学前缘,10(Sup):153~159
吕庆田,姜枚,马开义等. 1996. 三维走时反演与青藏高原南部深部构造. 地震学报,18(4):451~459
吕庆田,姜枚,马开义等. 1998. 青藏高原中部岩石圈结构、变形及地球动力学模式的天然地震学研究. 地球科学-中国地质大学学报,23(3):242~247
罗照华,莫宣学,侯增谦等. 2006. 青藏高原新生代形成演化的整合模型——来自火成岩的约束. 地学前缘,13(4):196~211
马杏垣. 1983. 中国东部中生代裂陷作用和伸展构造. 地质学报,57(1):22~31
毛景文,陈懋弘,袁顺达,郭春丽. 2011. 华南地区钦杭成矿带地质特征和矿床时空分布规律. 地质学报,85(5):636~658
毛景文,谢桂青,郭春丽,陈毓川. 2007. 南岭地区大规模钨锡多金属成矿作用:成矿时限及地球动力学背景. 岩石学报,23(10):2329~2338

毛景文,谢桂青,郭春丽,袁顺达,程彦博,陈毓川.2008.华南地区中生代主要金属矿床时空分布规律和成矿环境.高校地质学报,14:510~526

毛景文,谢桂青,李晓峰,张长青,梅燕雄.2004.华南地区中生代大规模成矿作用与岩石圈多阶段伸展.地学前缘,11(1):45~55

毛景文,谢桂青,张作衡,李晓峰,王义天,张长青,李永峰.2005.中国北方中生代大规模成矿作用的期次及其地球动力学背景.岩石学报,21(1):169~188

毛景文,张作衡,余金杰,王义天.2003.华北及邻区中生代大规模成矿的地球动力学背景:从金属矿床年龄精测得到启示.中国科学D辑:地球科学,33(4):289~299

闵祥仪,周民都.1991.灵台-阿木云乎剖面地壳速度结构.西北地震学报,13(A0):29~36

秦国卿,李海孝.1994.昆仑山脉和喀喇昆仑山脉地区的地壳上地幔电性结构特征.地球物理学报,37(2):193~199

任纪舜.1997.中国及邻区大地构造图.北京:地质出版社

任纪舜,陈廷愚,牛宝贵等.1990.中国东部大陆岩石圈的构造演化与成矿.北京:科学出版社

任纪舜,王作勋,陈炳蔚等.1999.从全球看中国大地构造——中国及邻区大地构造图简要说明.北京:地质出版社:1~50

邵济安,牟保磊 何国琦,张履桥.1997.华北北部在古亚洲域和古太平洋域构造叠加过程中的地质作用.中国科学D辑:地球科学,27(5):390~394

舒良树.2012.华南构造演化的基本特征.地质通报,31(7):1037~1053

苏伟,彭艳菊,郑月军,黄忠贤.2002.青藏高原及其邻区地壳上地幔S波速度结构.地球学报,23(3):193~200

滕吉文.2008.中国大陆地壳与上地幔精细结构探测十条第一剖面和其作用与科学意义.地球物理学进展,23(5):1341~1354

滕吉文,阮小敏,张永谦,胡国泽,闫亚芬.2012.青藏高原地壳与上地幔成层速度结构与深部层间物质的运移轨迹.岩石学报,28(12):4077~4100

滕吉文,张忠杰,万志超等.1996.羌塘盆地及周边地带地球物理场与油气深部构造背景初探.地球物理学进展,11(1):12~27

童蔚蔚,王良书,米宁,徐鸣洁,李华,于大勇等.2007.利用接收函数研究六盘山地区地壳上地幔结构特征.中国科学D辑:地球科学,37(z1):193~198

王成善,张哨楠.1987.藏北双湖地区三叠纪油页岩的发现.中国地质,8:011

王成善,伊海生,李勇等.2001.西藏羌塘盆地地质演化与油气远景评价.北京:地质出版社

王椿镛,楼海,吕智勇,吴建平,常利军,戴仕贵,尤惠川,唐方头.2008.青藏高原东部地壳上地幔S波速度结构-下地壳流的深部环境.科学通报,38(1):22~32

王德滋,周新民等.2002.中国东南部晚中生代花岗质火山-侵入杂岩成因与地壳演化.北京:科学出版社:273~295

王峻,刘启元,陈九辉等.2009.根据接收函数反演得到的首都圈地壳上地幔三维S波速度结构.地球物理学报,52(10):2472~2482

王喜臣,贾建秀,徐宝慈.2008.羌塘坳陷石油地质走廊剖面重磁异常处理模拟及地质解释.吉林大学学报(地球科学版),38:685~691

王有学,Mooney W D,韩果花,袁学诚,姜枚.2005.台湾-阿尔泰地学断面阿尔金-龙门山剖面的地壳纵波速度结构.地球物理学报,48:98~106

魏文博,金胜,叶高峰等.2006.藏北高原地壳及上地幔导电性结构-超宽频带大地电磁测深研究结果.地球物理学报,49(4):1215~1225

吴功建. 1998. 格尔木-额济纳旗地学断面综合研究. 地质学报,72(4):289～300
吴功建,高锐,余钦范等. 1991. 青藏高原亚东-格尔木地学断面综合地质地球物理调查研究. 地球物理学报,34(5):553～561
吴庆举,曾融生. 1998. 用宽频带远震接收函数研究青藏原的地壳结构. 地球物理学报,41(5):669～679
吴庆举,李永华,张瑞青等. 2007. 接收函数的克希霍夫2D偏移方法. 地球物理学报,50(2):539～545
吴庆举,田小波,张乃铃等. 2003. 用Wiener滤波方法提取台站接收函数. 中国地震,19(1):41～47
吴庆举,曾融生,赵文津. 2004. 喜马拉雅-青藏高原的上地慢倾斜构造与陆-陆碰撞过程. 中国科学D辑:地球科学,34(10):919～925
吴瑞忠,胡承祖,王成善. 1985. 藏北羌塘地区地层系统. 见:地质矿产部青藏高原地质文集编委会. 青藏高原地质文集(9). 北京:地质出版社
吴蔚,刘启元,贺日政,曲中党. 2017. 羌塘盆地中部地区地壳S波速度结构及构造意义. 地球物理学报,60(3):75～86
夏少红,丘学林,赵明辉,叶春明,陈营华,徐辉龙,王平. 2007. 香港与珠三角地区海陆联合地震探测的数据处理. 热带海洋学报,26(1):35～38
徐备,赵盼,鲍庆中,周永恒,王炎阳,罗志文. 2014. 兴蒙造山带前中生代构造单元划分初探. 岩石学报,30(7):1841～1857
徐果明,姚华建,朱良保,沈玉松. 2007. 中国西部及其邻域地壳上地幔横波速度结构. 地球物理学报,50(1):193～208.
徐祖丰,刘细元,罗小川等. 2006. 青藏高原冈底斯当穹错-许如错一带新近纪—第四纪地堑的基本特征. 地质通报,25(7):822～826
许忠淮,汪素云,裴顺平. 2003. 青藏高原东北缘地区Pn波速度的横向变化. 地震学报,25(1):24～31
闫永利,马晓冰,陈赟,王光杰,王显祥,兰海强,吕庆田. 2012. 西藏错勤-申扎剖面大地电磁测深研究. 地球物理学报,55(8):2636～2642
杨宝俊,张梅生,王璞珺,刘财,孙晓猛,焦新华,单玄龙,孟令顺,刘万崧,许文良,郭华. 2002. 论中国东部大型盆地区及邻区地质-地球物理复合尺度解析. 地球物理学进展,17(2):317～324
杨中书,崇加军,倪四道,曾文敬. 2010. 利用远震接收函数研究江西省地震台站下方莫霍面深度及泊松比分布. 华南地震,30(1):47～54
叶卓,李秋生,高锐等. 2013. 中国大陆东南缘地震接收函数与地壳和上地幔结构. 地球物理学报,56:2947～2958
叶卓,李秋生,高锐等. 2014. 中国东南沿海岩石圈减薄的地震接收函数证据. 中国科学:地球科学,44:2451～2460
袁道阳,张培震,刘百篪等. 2004. 青藏高原东北缘晚第四纪活动构造的几何图像与构造转换. 地质学报,78(2):270～278
袁学诚,华九如. 2011. 华南岩石圈三维结构. 中国地质,38(1):1～19
袁学诚,李善芳,管烨. 2012. 瑞雷-泰勒不稳定性与中国东部岩石圈——三论岩石圈地幔蘑菇云构造. 中国地质,39(1):1～11
苑守成,于国明,田黔宁. 2007. 青藏高原羌塘盆地重磁剖面异常与基底构造特征. 地质通报,26(6):703～709
曾融生,丁志峰,吴庆举. 1998. 喜马拉雅-祁连山地壳构造与大陆-大陆碰撞过程. 地球物理学报,(1):49
曾融生,吴大铭,Owens T J. 1992. 中美合课题“青藏高原地壳上地慢结构以及地球动力学的研究”介绍. 地震学报,14(增刊):512～522
曾融生,吴庆举,丁志峰,朱露培. 2007. 印度-欧亚碰撞与洋-陆碰撞的差异. 地震学报,29(1):1～10

张风雪,李永华,吴庆举等.2011.FMTT方法研究华北及邻区上地幔P波速度结构.地球物理学报,54(5):1233~1242
张广成,吴庆举,潘佳铁,张风雪,余大新.2013.利用*H-k*叠加方法和CCP叠加方法研究中国东北地区地壳结构与泊松比.地球物理学报,56(12):4084~4094
张国伟,郭安林,王岳军等.2013.中国华南大陆构造与问题.中国科学:地球科学,43(10):1553~1582
张洪双,李秋生,高锐,叶卓,龚辰.2016.青藏高原东北缘岩石圈-软流圈边界成像.地质科学,51(1):5~14
张洪双,滕吉文,田小波等.2013.青藏高原东北缘岩石圈厚度与上地幔各向异性.地球物理学报,56(2):459~471
张季生,高锐,李秋生等.2007.松潘-甘孜和西秦岭造山带地球物理特征及基底构造研究.地质论评,53(2):261~267
张进江.2007.北喜马拉雅及藏南伸展构造综述.地质通报,26(6):639~649
张进江,丁林.2003.青藏高原东西向伸展及其地质意义.地质科学,38(2):179~189
张进江,丁林,钟大赉等.1999.喜马拉雅平行于造山带伸展是垮塌的标志还是挤压隆升过程的产物?科学通报,44(19):2031~2036
张进江,郭磊,丁林.2002.申扎-定结正断层体系中、南段构造特征及其与藏南拆离系的关系.科学通报,47(10):738~743
张勤文,黄怀曾.1982.中国东部中、新生代构造岩浆活化史.地质学报,56(2):111~122
张先康,嘉世旭,赵金仁等.2008.西秦岭-东昆仑及邻近地区地壳结构——深地震宽角反射/折射剖面结果.地球物理学报,51(2):439~450
张先康,李松林,王夫运,嘉世旭,方盛明.2003.青藏高原东北缘、鄂尔多斯和华北唐山震区的地壳结构差异——深地震测深的结果.地震地质,25(1):51~60
张先康,杨卓欣,徐朝繁,潘纪顺,刘志,王夫运,嘉世旭,赵金仁,张成科,孙国伟.2007.阿尼玛卿缝合带东段上地壳结构——马尔康-碌曲-古浪深地震测深剖面结果.地震学报,29(6):592~604
张耀阳,陈凌,艾印双等.2018.利用S波接收函数研究华南块体的岩石圈结构.地球物理学报,61(1):138~149
赵文津,Hearn T,Guo J R,Haines S S,刘葵,蒋忠惕等.2004.西藏班公湖-怒江缝合带——深部地球物理结构给出的启示.地质通报,23(7):623~635
赵文津,薛光琦,赵逊,吴珍汉,史大年,刘葵,江万,熊嘉育,INDEPTH研究队.2004.INDEPTH-Ⅲ地震层析成像——藏北印度岩石圈俯冲断落的证据.地球学报,(1):1~10
郑洪伟,李廷栋,高锐等.2007.印度板块岩石圈地幔向北俯冲到羌塘地体之下的远震P波层析成像证据.地球物理学报,50(5):1418~1426
郑洪伟,孟令顺,贺日政.2010.青藏高原布格重力异常匹配滤波分析及其构造意义.中国地质,37(4):995~1001
郑圻森,朱介寿,曹家敏,蔡学林.2004.华南地区岩石圈地壳速度结构数据处理.物探化探计算技术,26(2):97~100
郑圻森,朱介寿,宣瑞卿等.2003.华南地区地壳速度结构分析.沉积与特提斯地质,23(4):9~13
周硕愚等.2001.中国大陆东南边缘海现时地壳运动与地震动力学综合研究.地壳形变与地震,21(1):1~14
朱介寿,周兵等.1992.青藏高原及其东部邻区的三维地震波速度结构与大陆碰撞模型.地震学报,14(增刊):523~533
朱露培,曾融生,吴大铭.1992.利用宽频带远震体波波形研究青藏高原地壳上地幔速度结构的初步成果.地震学报,14:580~591

邹长桥,贺日政,高锐,张智,郑洪伟. 2012. 远震 P 波层析成像研究羌塘中央隆起带深部结构. 科学通报, 57(28-29):2729~2739

Adams A N, Wiens D A, Nyblade A A, Euler G G, Shore P J, Tibi R. 2015. Lithospheric instability and the source of the cameroon volcanic line: evidence from rayleigh wave phase velocity tomography. Journal of Geophysical Research: Solid Earth, 120(3):1708~1727

Ai Y S, Chen Q F, Zeng F, Hong X, Ye W Y. 2007. The crust and upper mantle structure beneath southeastern China. Earth and Planetary Science Letters, 260:549~563

Ai Y S, Zheng T Y, Xu W W, Li Q. 2008. Small scale hot upwelling near the North Yellow Sea of eastern China. Geophysical Research Letters, 35:L20305. doi:10.1029/2008GL035269

Alsina D, Snieder R. 1995, Small- scale sublithospheric continental mantle deformation: Constraints from SKS splitting observations. Geophysical Journal International, 123(2):431~448

Ammon C J. 1991. The isolation of receiver function effects from teleseismic P waveforms. Bulletin of Seismological Society of America, 81:2504~2510

Ammon, C J, Zandt G. 1993. Receiver structure beneath the southern Mojave block, California. Bulletin of the Seismological Society of America, 83:737~755

Ammon C J, Randall G E, Zandt G. 1990. On the nonuniqueness of receiver function inversions. Journal of Geophysical Research: Solid Earth, 95(B10):15303~15318

An M, Shi Y. 2006. Lithospheric thickness of the Chinese continent. Physics of the Earth and Planetary Interiors, 159:257~266

Andersen T B, Jamtveit B, Dewey J F, Swensson E. 1991. Subduction and education of continental crust: major mechanisms during continent-continent collision and orogenic extensional collapse, a model based on the south Norwegian Caledonides. Terra Nova, 3:303~310

Armijo R, Tapponnier P, Han T. 1989. Late Cenozoic right-lateral strike-slip faulting in southern Tibet. Journal of Geophysical Research: Solid Earth(1978-2012), 94(B3):2787~2838

Armijo R, Tapponnier P, Mercier J L, *et al*. 1986. Quaternary extension in southern Tibet: field observations and tectonic implications. Journal of Geophysical Research: Solid Earth, 91(B14):13803~13872

Audoine E, Savage M K, Gledhill K. 2004. Anisotropic structure under a back arc spreading region, the Taupo Volcanic Zone, New Zealand. Journal of Geophysical Research, 109:B11305

Bai D, Unsworth M J, Meju M A, Ma X, Teng J, Kong X, Sun Y, Sun J, Wang L, Jiang C, Zhao C, Xiao P, Liu M. 2010. Crustal deformation of the eastern Tibetan Plateau revealed by magnetotelluric imaging. Nat Geosci, 3: 358~362

Barron J, Priestley K. 2009. Observations of frequency- dependent Sn propagation in northern Tibet. Geophysical Journal International, 179:475~488

Bensen G D, Ritzwoller M H, Barmin M P, Levshin A L, Lin F, Moschetti M P, Shapiro N M, Yang Y. 2007. Processing seismic ambient noise data to obtain reliable broad-band surface wave dispersion measurements. Geophysical Journal International, 169(3):1239~1260

Bijwaard H, Spakman W, Engdahl E R. 1998. Closing the gap between regional and global travel time tomography. Journal of Geophysical Research: Solid Earth, 103:30055~30078

Bina C R, Helffrich G. 1994. Phase transition Clapeyron slopes and transition zone seismic discontinuity topography. Journal of Geophysical Research: Solid Earth(1978-2012), 99(B8):15853~15860

Bourjot L, Romanowicz B. 1992. Crust and upper mantle tomography in Tibet using surface waves. Geophysical Research Letters, 19(9):881~884

Bowman J R, Ando M. 1987. Shear-wave splitting in the upper-mantle wedge above the Tonga subduction zone. Geophysical Journal Royal Astronomical Society, 88(1): 25 ~ 41

Brandon C, Romanowicz A. 1986. A "no-lid" zone in the central Chang-Thang platform of Tibet: evidence from pure path phase velocity measurements of long-period Rayleigh waves. Journal of Geophysical Research, 91: 6547 ~ 6564

Brown L D, Zhao W J, Nelson K D, *et al*. 1996. Bright spots, structure, and magmatism in southern Tibet from INDEPTH seismic reflection profiling. Science, 274(6): 1688 ~ 1690

Buck R W, Martinez F, Steckler M S, Cochran J R. 1988. Thermal consequences of lithospheric extension: pure and simple. Tectonics, 7: 213 ~ 234

Charvet J, Lapierre H, Yu Y W. 1994. Geodynamic significance of the Mesozoic volcanism of southeastern China. Journal of Southeast Asian Earth Sciences, 9: 387 ~ 396

Charvet J, Shu L, Shi Y, Guo L, Faure M. 1996. The building of south China: collision of Yangzi and Cathaysia blocks, problems and tentative answers. Journal of Southeast Asian Earth Sciences, 13: 223 ~ 235

Chen L. 2010. Concordant structural variation from the surface to the base of the upper mantle in the North Chin Craton and its tectonic implications. Lithos, 120: 96 ~ 115

Chen L, Booker J R, Jones A G, Wu N, Unsworth M J, Wei W, Tan H. 1996. Electrically conductive crust in Southern Tibet from INDEPTH Magnetotelluric surveying. Science, 274(5293): 1694 ~ 1696

Chen L, Cheng C, Wei Z. 2009. Seismic evidence for significant lateral variations in lithospheric thickness beneath the central and western North China Craton. Earth and Planetary Science Letters, 286: 216 ~ 227

Chen L, Wang T, Zhao L, Zheng T Y. 2008. Distinct lateral variation of lithospheric thickness in the Northeastern North China Craton. Earth and Planetary Science Letters, 267: 56 ~ 68

Chen L, Wen L X, Zheng T Y. 2005. A wave equation migration method for receiver function imaging: 1. theory. Journal of Geophysical Research, 110: B11309

Chen L, Zheng T, Xu W. 2006. A thinned lithospheric image of the Tanlu Fault Zone, eastern China: constructed from wave equation based receiver function migration. Journal of Geophysical Research, 111: B09312

Chen W P, Michael M, Tseng T-L, Nowack R L, Hung S H, Huang B S. 2010. Shear-wave birefringence and current configuration of converging lithosphere under Tibet. Earth and Planetary Science Letters, 295(1-2): 297 ~ 304

Chen Y, Badal J, Hu J. 2010a. Love and Rayleigh wave tomography of the Qinghai-Tibet Plateau and surrounding areas. Pure and Applied Geophysics, 167(10): 1171 ~ 1203

Chen Y, Li W, Yuan X, Badal J, Teng J. 2015. Tearing of the Indian lithospheric slab beneath southern Tibet revealed by SKS-wave splitting measurements. Earth and Planetary Science Letters, 413: 13 ~ 24

Chen Y, Niu F, Liu R, Huang Z, Tkal H, Sun L, Chan W. 2010b. Crustal structure beneath China from receiver function analysis. Journal of Geophysical Research, 115: B03307

Cheng W B. 2009. Tomographic imaging of the convergent zone in Eastern Taiwan—a subducting forearc sliver revealed? Tectonophysics, 466(3-4): 170 ~ 183

Chevrot S. 2000. Multichannel analysis of shear wave splitting. Journal of Geophysical Research, 105 (B9): 21579 ~ 21590

Christensen N I. 1996. Poisson's ratio and crustal seismology. Journal of Geophysical Research: Solid Earth, 101(B2): 3139 ~ 3156

Chung S L, Chu M F, Zhang Y Q, *et al*. 2005. Tibetan tectonic evolution inferred from spatial and temporal variations in post-collisional magmatism. Earth Science Reviews, 68: 173 ~ 196

Clark M K, Royden L H. 2000. Topographic ooze: building the eastern margin of Tibet by lower crustal flow. Geology, 28: 703 ~ 706

Cogan M J, Nelson K D, Kidd W S F, *et al*. 1998. Shallow structure of the Yadong-Gulu rift, southern Tibet, from refraction analysis of Project INDEPTH common midpoint data. Tectonics, 17(1): 46 ~ 61

Constable S C, Parker R L, Constable C G. 1987. Occam's inversion: a practical algorithm for generating smooth models from electromagnetic sounding data. Geophysics, 52: 289 ~ 300

Crampin S. 1984. Effective anisotropic elastic constants for wave propagation through cracked solids. Geophysical Journal International, 76: 135 ~ 145

David W, Richard A, Michael W, James N, Steve G, Gao W, Scott B W, Steve S, Paresh P. 2015. Lithospheric structure of the Rio Grande rift. Nature, 433: 851 ~ 855

Deng Y F, Zhang Z J, Badal J, *et al*. 2014. 3-D density structure under South China constrained by seismic velocity and gravity data. Tectonophysics, 627: 159 ~ 170

Dewey J F, Cande S C, Pitman W C. 1989. Tectonic evolution of the Indian/Eurasian collision zone. Eclogae Geol Helv, 82(3): 717 ~ 734

Dewey J F, Ryan P D, Andersen T B. 1993. Orogenic uplift and collapse, crustal thickness, fabrics and metamorphic changes: the role of eclogites. Geological Society, London, Special Publications, 76: 325 ~ 343

Ding L, Kapp P, Wan X Q. 2005. Paleocene-Eocene record of ophiolite obduction and initial India-Asia collision, south central Tibet. Tectonics, 24: TC3001

Ding L, Kapp P, Yin A, Deng W M, Zhong D L. 2003. Early Tertiary volcanism in the Qiangtang Terrane of central Tibet: evidence for a transition from oceanic to continental subduction. Journal of Petrology, 44: 1833 ~ 1865

Ding L, Kapp P, Yue Y, Lai Q. 2007. Postcollisional calc-alkaline lavas and xenoliths from the southern Qiangtang-Terrane, central Tibet. Earth and Planetary Science Letters, 254: 28 ~ 38

Ding Z F, He Z Q, Sun W G, Sun H C. 1999. 3D crust and upper mantle velocity structure in eastern Tibetan Plateau and its surrounding areas. Chinese Journal of Geophysics, 42(2): 197 ~ 205

Ding Z F, Zeng R S, Wu F. 1992. Pn velocity and Moho variation beneath Tibet plateau. Acta Seismologica Sinica, 14(Supp): 592 ~ 599

Ditmar P G, Yanovskaya T B. 1987. An extension of the Backus-Gilbert technique for estimating lateral variations of surface wave velocities, Izv. AN SSSR, Fizika Zemli, 6: 30 ~ 60(in Russian)

Dziewonski A, Gilbert F. 1976. The effect of small aspherical perturbations on travel times and a re-examination of the corrections for ellipticity. Geophysical Journal International, 44(1): 7 ~ 17

England P, Houseman G. 1986. Finite strain calculations of continental deformation: 2. comparison with the India-Asia collision zone. Journal of Geophysical Research, 91: 3664 ~ 3676

Fang L, Wu J, Ding Z, *et al*. 2010. High resolution Rayleigh wave group velocity tomography in North China from ambient seismic noise. Geophysical Journal International, 181(2): 1171 ~ 1182

Farra V, Vinnik L. 2000. Upper mantle stratification by P and S receiver functions. Geophysical Journal International, 141(3): 699 ~ 712

Feng M, An M. 2010. Lithospheric structure of the Chinese mainland determined from joint inversion of regional and teleseismic Rayleigh-wave group velocities. Journal of Geophysical Research, 115: B06317

Feng M, Kumar P, Mechie J, Zhao W, Kind R, Su H, Xue G, Shi D, Qian H. 2014. Structure of the crust and mantle down to 700 km depth beneath the East Qaidam Basin and Qilian Shan from P and S receiver functions. Geophysical Journal International, 199: 1416 ~ 1429

Fielding E, Isacks B, Barazangi M, Duncan C. 1994. How flat is Tibet? Geology, 22: 163 ~ 167

Flesch L M, Holt W E, Silver P G, Stephenson M, Wang C Y, Chan W W. 2005. Constraining the extent of crust-mantle coupling in Central Asia using GPS, geologic, and shear-wave splitting data. Earth and Planetary Science Letters, 238: 248 ~ 268

Fouch M J, Fischer K M. 1996. Mantle anisotropy beneath northwest Pacific subduction zones. Journal of Geophysical Research: Solid Earth, 101(B7): 15987 ~ 16002

Gan W, Zhang P, Shen Z K, Niu Z, Wang M, Wan Y, Zhou D, Cheng J. 2007. Present-day crustal motion within the Tibetan Plateau inferred from GPS measurements. Journal of Geophysical Research, 112: B08416

Gao R, Chen C, Lu Z, Brown L D, Xiong X, Li W, Deng G. 2013a. New constraints on crustal structure and Moho topography in Central Tibet revealed by SinoProbe deep seismic reflection profiling. Tectonophysics, 606: 160 ~ 170

Gao R, Wang H Y, Yin A, Dong S W, Kuang Z Y, Zuza A V, Li W H, Xiong X S. 2013b. Tectonic development of the northeastern Tibetan Plateau as constrained by high-resolution deep seismic-reflection data. Lithosphere, 5: 555 ~ 574

Guo J M, Wei X B, Long G H, Wang B, Fan H L, Xu S Y. 2017. Three-dimensional structural model of the QaidamBasin: implications for crustal shortening and growth of the northeast Tibet. Open Geosci, 9: 174 ~ 185

Guo X Y, Gao R, Wang H Y, Li W, Keller G, Xu X, Li H, Encarnacion J. 2015. Crustal architecture beneath the Tibet-Ordos transition zone, NE Tibet, and the implications for plateau expansion. Geophysical Research Letters, 42(24): 10631 ~ 10639

Guo Z F, Wilson M, Liu J, *et al.* 2006. Post-collisional, potassic and ultrapotassic magmatism of the northern Tibetan Plateau: constraints on characteristics of the mantle source, geodynamic setting and uplift mechanisms. Journal of Petrology, 47(6): 1177 ~ 1220

Hacker B R, Gnos E, Ratschbacher L, Grove M, McWilliams M, Sobolev S V, Jiang W, Wu Z. 2000. Hot and dry deep crustal xenoliths from Tibet. Science, 287: 2463 ~ 2466

Haines S, Klemperer S L, Brown L, *et al.* 2003. Crustal thickening processes in central Tibet: implications of INDEPTH III seismic data. Tectonics, 22: 1 ~ 18

Harris N. 2007. Channel flow and the Himalayan-Tibetan orogen: a critical review. Journal of the Geological Society, 164: 511 ~ 523

Harrison T M. 2006. Did the Himalayan Crystallines extrude partially molten from beneath the Tibetan Plateau? Geological Society, London, Special Publications, 268(1): 237 ~ 254

Harrison T M, Copeland P, Kidd W S F, Yin A. 1992. Raising Tibet. Science, 255: 1663 ~ 1670

He R Z, Zhao D P, Gao R, *et al.* 2010. Tracing the Indian lithospheric mantle beneath the central Tibetan Plateau using teleseismic tomography. Tectonophysics, 491: 230 ~ 243

Hening A. 1915. Eur petrographic and geologie von sudwest Tibet. In: Hedin S(ed). Southern Tibet, Stockholm: Noratet, 5: 220

Hirn A, Lepine J C, Jobert G, Sapin M, Wittlinger G, Xu Z X, Gao E Y, Wang X J, Teng J W, Xiong S B, Pandey M R, Tater J M. 1984a. Crustal structure and variability of the Himalayan border of Tibet. Nature, 307(5946): 23 ~ 25

Hirn A, Nercessian A, Sapin M, Jobert G, Xu Z X, Gao E Y, Lu D Y, Teng J W. 1984b. Lhasa block and bordering sutures, a continuation of a 500-km Moho traverse through Tibet. Nature, 307(5946): 25 ~ 27

Houseman G, England P. 1996. A lithospheric-thickening model for the Indo-Asian collision. In: Yin A, Harrison T M(eds). The Tectonic Evolution of Asia. New York: Cambridge Univ Press: 3 ~ 17

Hu J, Xu X, Yang H, *et al*. 2011. S receiver function analysis of the crustal and lithospheric structures beneath eastern Tibet. Earth and Planetary Science Letters, 306: 77 ~ 85

Huang J L, Zhao D P, 2006. High resolution mantle tomography of China and Surrounding regions. Journal of Geophysical Research, 111(B9): B09305

Huang W C, Ni J F, Tilmann F, Nelson D, Guo J, Zhao W, James M J, Kind R, Saul J, Rapine R, Hearn T M. 2000. Seismic polarization anisotropy beneath the central Tibetan Plateau. Journal of Geophysical Research: Solid Earth, 105(B12): 27979 ~ 27989

Huang Z C, Wang L S, Zhao D P, Xu M J, Mi N, Yu D Y, Li H, Li C. 2010. Upper mantle structure and dynamics beneath southeast China. Physics of the Earth and Planetary Interiors, 182: 161 ~ 169

Huang Z, Su W, Peng Y, Zheng Y, Li H. 2003. Rayleigh wave tomography of China and adjacent regions. Journal of Geophysical Research, 108: 2073

Huang Z, Wang L, Zhao D, Mi N, Xu M. 2011. Seismic anisotropy and mantle dynamics beneath China. Earth and Planetary Science Letters, 306: 105 ~ 117

Humphreys E, Clayton R W. 1988. Adaptation of back projection tomography to seismic travel time problems. Journal of Geophysical Research, 93: 1073 ~ 1086

Hung S H, Chen W P, Chiao L Y, Tseng T L. 2010. First multi-scale, finite-frequency tomography illuminates 3-D anatomy of the Tibetan Plateau. Geophysical Research Letters, 37(6): 460 ~ 472

Iidaka T, Niu F. 2001. Mantle and crust anisotropy in the eastern China region inferred from waveform splitting of SKS and PpSms. Earth Planet Space, 53: 159 ~ 168

Jamie R, Susan B, George Z, Lara W, Estela M, Hernado T. 2016. Central Andean crustal structure from receiver function analysis. Tectonophysics, 682: 120 ~ 133

Jia S X, Zhang X K, Zhao J R. 2009. Deep seismic sounding data reveals the crustal structures beneath Zoige Basin and its surrounding folded orogenic belts. Science in China Series D: Earth Sciences, 39(9): 203 ~ 212

Jiang M M, Zhou S Y, Sandvol E, *et al*. 2011. 3-D lithospheric structure beneath southern Tibet from Rayleigh-wave tomography with a 2-D seismic array. Geophysical Journal International, 185(2): 593 ~ 608

Kapp J L D. 2005. Nyainqentanglha Shan: a window into the tectonic, thermal, and geochemical evolution of the Lhasa block, southern Tibet. Journal of Geophysical Research, 110(B8). doi: 10. 1029/2004jb003330

Kapp J L D, Harrison T M, Kapp P, Grove M, Lovera O M, Lin D. 2005. Nyainqentanglha Shan: a window into the tectonic, thermal, and geochemical evolution of the Lhasa block, southern Tibet. Journal of Geophysical Research, 110: B08413

Kapp P, Guynn J H. 2004. Indian punch rifts Tibet. Geology, 32(11): 993 ~ 996

Kapp P, Taylor M, Stockli D, Ding L. 2008. Development of active low-angle normal fault systems during orogenic collapse: insight fromTibet. Geology, 36(1): 7 ~ 10

Kapp P, Yin A, Manning C, Murphy M A, Harrison T M, Spurlin M, Ding L, Deng X G, Wu C M. 2000. Blueschist-bearing metamorphic core complexes in the Qiangtang block reveal deep crustal structure of northern Tibet. Geology, 28(1): 19 ~ 22

Karplus M S, Zhao W, Klemperer S L, Wu Z, Mechie J, Shi D, Brown L D, Chen C. 2011. Injection of Tibetan crust beneath the south Qaidam Basin: evidence from INDEPTH IV wide-angle seismic data. Journal of Geophysical Research, 116(7): B07301

Kawakatsu H, Kumar P, Takei Y, *et al*. 2009. Seismic evidence for Sharp lithosphere-asthenosphere boundaries of oceanic plates. Science, 324: 499 ~ 502

Kennett B L N. 1983. Seismic Wave Propagation in Stratified Media. Cambridge:Cambridge University Press

Kennett B L N, Engdahl E R. 1991. Traveltimes for global earthquake location and phase identification. Geophysical Journal International, 105(2):429 ~ 465

Kind R, Ni J, Zhao W J, Wu J X, Yuan X H, Zhao L S, Sandvol E, Reese C, Nábělek J, Hearn T. 1996. Evidence from earthquake data for a partially molten crustal layer in southern Tibet. Science, 274(5293):1692 ~ 1694

Kind R, Yuan X, Saul J, Nelson D, Sobolev S V, Mechie J, Zhao W, Kosarev G, Ni J, Achauer U, Jiang M. 2002. Seismic images of crust and upper mantle beneath Tibet: evidence for Eurasian plate subduction. Science, 298: 1219 ~ 1221

Klemperer S L. 1987. A relation between continental heat flow and the seismic reflectivity of the lower crust. Journal of Geophysical Research, 61:1 ~ 11

Klemperer S L. 2006. Crustal flow in Tibet: geophysical evidence for the physical state of Tibetan lithosphere, and inferred patterns of active flow. Geol Soc London Spec Publ, 268(1):39 ~ 70

Kosarev G, Kind R, Sobolev S V, Yuan X, Hanka W, Oreshin S. 1999. Seismic evidence for a detached Indian lithospheric mantle beneath Tibet. Science, 283(5406):1306 ~ 1309

Kumar P, Yuan X H, Kind R, *et al*. 2006. Imaging the colliding of the Indian and Asian lithospheres plates beneath Tibet. Journal of Geophysical Research, 111(B6):B06308

Lallemand S, Font Y, Bijiwaard H, Kao H. 2001. New insights on 3-D plates interaction near Taiwan from tomography and tectonic implications. Tectonophysics, 335:229 ~ 253

Langston C A. 1977. The effect of planar dipping structure on source and receiver responses for constant ray parameter. Bulletin of the Seismological Society of America, 67:1029 ~ 1050

Langston C A. 1979. Structure under Mount Rainier, Washington, inferred from teleseismic body waves. Journal of Geophysical Research, 84:4749 ~ 4762

Larson K M, Burgmann R, Bilham R, Freymueller J T. 1999. Kinematics of the India-Eurasia collision zone from GPS measurements. Journal of Geophysical Research, 104:1077 ~ 1093

Lechmann S M, May D A, Kaus B J P, Schmalholz S M. 2011. Comparing thin-sheet models with 3-D multilayer models for continental collision. Geophysical Journal International, 187:10 ~ 33

Lei J S, Xie F R, Fan Q C, Santosh M. 2013. Seismic imaging of the deep structure under the Chinese volcanoes: an overview. Physics of the Earth and Planetary Interiors, 224:104 ~ 123

Lei J S, Zhao D P. 2005. P wave Tomography and origin of the Changbai intraplate volcano in Northeast Asia. Tectonophysics, 397(3-4):281 ~ 295

Lei J S, Zhao D P. 2006. Global P wave tomography: on the effect of various mantle and core phases. Physics of the Earth and Planetary interiors, 154(1):44 ~ 69

León Soto G, Sandvol E, Ni J F, Flesch L, Hearn T M, Tilmann F, Chen J, Brown L D. 2012. Significant and vertically coherent seismic anisotropy beneath eastern Tibet. Journal of Geophysical Research, 117:B05308

Li C, van der Hilst R D. 2010. Structure of the upper mantle and transition zone beneath Southeast Asia from traveltime tomography. Journal of Geophysical Research: Solid Earth, 115:B07308

Li C, van der Hilst R D, Meltzer A S, Engdahl E R. 2008. Subduction of the Indian lithosphere beneath the Tibetan Plateau and Burma. Earthand Planetary Science Letters, 274(1-2):157 ~ 168

Li J, Wang X, Niu F. 2011. Seismic anisotropy and implications for mantle deformation beneath the NE margin of the Tibet plateau and Ordos Plateau. Physics of the Earth and Planetary Interiors, 189:157 ~ 170

Li L, Li A, Shen Y, *et al*. 2013. Shear wave structure in the northeastern Tibetan Plateau from Rayleigh wave tomography. Journal of Geophysical Research: Solid Earth, 118(8):4170 ~ 4183

Li Q S, Gao R, Feng S Y, Lu Z W, Hou H S, Guan Y, Li P W, Wang H Y, Ye Z, Xiong X S, Liu J K, He R Z. 2013. Structural characteristics of the basement beneath Qiangtang Basin in Qinghai-Tibet Plateau: results of interaction interpretation from seismic reflection/refraction data. Acta Geologica Sinica (English Edition), 87(2): 358 ~ 377

Li Q S, Gao R, Wu F T, Guan Y, Ye Z, LiU Q M, Hao K C, He R Z, Li W H, Shen X Z. 2013. Seismic structure in the southeastern China using teleseismic receiver functions. Tectonophysics, 606: 24 ~ 35

Li S L, Mooney W D, Fan J C. 2006. Crustal structure of the mainland of China from deep seismic sounding data. Tectonophysics, 420(1-2): 239 ~ 252

Li X H. 2000. Cretaceous magmatism and lithospheric extension in southeast China. Journal of Asian Earth Sciences, 18: 293 ~ 305

Li X, Wei D, Yuan X, *et al*. 2011. Details of the Doublet Moho structure beneath Lhasa, Tibet, obtained by comparison of P and S receiver functions. Bulletin of the Seismological Society of America, 101(3): 1259 ~ 1269

Li Y H, Wu Q J, Pan J T, Sun L. 2012. S-wave velocity structure of northeastern China from joint inversion of rayleigh wave phase and group velocities. Geophysical Journal International, 190(10): 105 ~ 115

LiY, Liu Q Y, Chen J H, Li S C, Guo B, Lai Y G. 2007. Shear wave velocity structure of the crust and upper mantle underneath the tianshan orosenic belt. Science in China Series D: Earth Sciences, 50(3): 321 ~ 330

Li Z W, Xu Y, Hao T Y, Xu Y. 2009. V_P and V_P/V_S structures in the crust and upper mantle of the Taiwan region, China. Science in China Series D: Earth Sciences 52(7): 975 ~ 983

Li Z X, Li X H. 2007. Formation of the 1300-km-wide intracontinental orogen and postorogenic magmatic province in Mesozoic South China: a flat-slab subduction model. Geology, 35(2): 179 ~ 182

Liang C, Song X. 2006. A low velocity belt beneath northern and eastern Tibetan Plateau from Pn tomography. Geophysical Research Letters, 33(22): L22306

Liang X F, Chen Y, Tian X, Chen Y J, Ni J, Gallegos A, Klemperer S L, Wang M, Xu T, Sun C, Si S, Lan H, Teng J. 2016. 3D imaging of subducting and fragmenting Indian continental lithosphere beneath southern and central Tibet using body-wave finite-frequency tomography. Earth and Planetary Science Letters, 443: 162 ~ 175

Liang X F, Sandvol E, Chen Y J, Hearn T, Ni J, Klemperer S, Shen Y, Tilmann F. 2012. A complex Tibetan upper mantle: a fragmented Indian slab and no south-verging subduction of Eurasian lithosphere. Earth and Planetary Science Letters, 333-334: 101 ~ 111

Liang X F, Shen Y, Chen Y J, Ren Y. 2011. Crustal and mantle velocity models of southern Tibet from finite frequency tomography. Journal of Geophysical Research, 116(B2): B02408

Ligorria J P, Ammon C J. 1999. Iterative deconvolution and receiver-function estimation. Bulletin of the Seismological Society of America, 89(5): 1395 ~ 1400

Liu K H, Gao S S, Gao Y, Wu J. 2008. Shear-wave splitting and mantle flow associated with the deflected Pacific slab beneath northeast Asia. Journal of Geophysical Research, 113: B01305

Liu M, Yang Y. 2003. Extensional collapse of the Tibetan Plateau: results of three-dimensional finite element modeling. Journal of Geophysical Research, 108(B8): 2361

Liu M, Mooney W D, Li S, Okaya N, Detweiler S. 2006. Crustal structure of the northeastern margin of the Tibetan Plateau from the Songpan-Ganzi Terrane to the Ordos Basin. Tectonophys, 420: 253 ~ 266

Liu Q Y, van der Hilst R D, Li Y, Yao H J, Chen J H, Guo B, *et al*. 2014. Eastward expansion of the Tibetan Plateau by crustal flow and strain partitioning across faults. Nature Geoscience, 7(5): 361 ~ 365

Liu Y N, Niu F L, Chen M, Yang W C. 2017. 3-D crustal and uppermost mantle structure beneath NE China revealed by ambient noise adjoint tomography. Earth and Planetary Science Letters, 461: 20 ~ 29

Long M D, Silver P G. 2009. Shear wave splitting and mantle anisotropy: measurements, interpretations, and new directions. Surv Geophys, 30(4): 407 ~ 461

Lu Z W, Gao R, Li Y T, Xue A M, Li Q S, Wang H Y, Kuang C Y, Xiong X S. 2013. The upper crustal structure of the Qiangtang Basin revealed byseismic reflection data. Tectonophysics, 606: 171 ~ 177

Lyon-Caen H, Molnar P. 1984. Gravity anomalies and the structure of western Tibet and the southern Tarim Basin. Geophysical Research Letters, 11(12): 1251 ~ 1254

Ma Y, Zhou H. 2007. Crustal thicknesses and Poisson's ratios in China by joint analysis of teleseismic receiver functions and Rayleigh wave dispersion. Geophysical Research Letters, 34(12): L12304

Makovsky Y, Klemperer S L, Ratschbacher L, *et al*. 1996. INDEPTH wide-angle reflection observation of P-wave conversion from crustal bright spots in Tibet. Science, 274(6): 1690 ~ 1691

Margheriti L, Lucente F P, Pondrelli S. 2003. SKS splitting measurements in the Apenninic-Tyrrhenian domain (Italy) and their relation with lithospheric subduction and mantle convection. Journal of Geophysical Research, 108. doi: 10.1029/2002JB001793

Matte P, Tapponnier P, Arnaud N, Bourjot L, Avouac L, Vidal P, Liu Q, Pan Y, Wang Y. 1996. Tectonics of western Tibet, between the Tarim and the Indus. Earth and Planetary Science Letters, 142(3-4): 311 ~ 330

McNamara D E, Owens T J, Silver P G, Wu F T. 1994. Shear wave anisotropy beneath the Tibetan Plateau. Journal of Geophysical Research, 99(B7): 13655 ~ 13665

McNamara D E, Owens T J, Walter W R. 1995. Observations of regional phase propagation across the Tibetan Plateau. Journal of Geophysical Research, 100(B11): 22215 ~ 22229

McNamara D E, Walter W R, Owens T J, Ammon C J. 1997. Upper mantle velocity structure beneath the Tibetan Plateau from Pn travel time tomography. Journal of Geophysical Research, 102(B1): 493 ~ 505

Meyer B, Tapponnier P, Bourjot L, Métivier F, Gaudemer Y, Peltzer G, Zhitai C. 1998. Crustal thickening in Gansu-Qinghai, lithospheric mantle subduction, and oblique, strike-slip controlled growth of the Tibet Plateau. Geophysical Journal International, 135(1): 1 ~ 47

Molnar P, Tapponnier P. 1978. Active tectonics of Tibet. Journal of Geophysical Research, 83(Nb11): 5361

Molnar P, England P, Martinod J. 1993. Mantle dynamics, uplift of the Tibetan Plateau and the Indian Monsoon. Reviews of Geophysics, 31(4): 357 ~ 396

Nábělek J, Hetényi G, Vergne J, Sapkota S, Kafle B, Jiang M, Su H P, Chen J, Huang B-S, the Hi-CLIMB Team. 2009. Underplating in the Himalaya- Tibet collision zone revealed by the Hi-CLIMB experiment. Science, 325(5946): 1371 ~ 1373

Nelson K D, Zhao W, Brown L D, Kuo J, Che J, Liu X, Klemperer S L, Makovsky Y, Meissner R, Mechie J, Kind R, Wenzel F, Ni J, Nábělek J, Leshou C, Tan H, Wei W, Jones A G, Booker J, Unsworth M, Kidd W S F, Hauck M, Alsdorf D, Ross A, Cogan M, Wu C, Sandvol E, Edwards M. 1996. Partially molten middle crust beneath southern Tibet: synthesis of project INDEPTH results. Science, 274: 1684 ~ 1688

Nunn C, Roecker S W, Priestley K F, Liang X, Gilligan A. 2014. Joint inversion of surface waves and teleseismic body waves across the Tibetan collision zone: the fate of subducted Indian lithosphere. Geophysical Journal International, 198: 1526 ~ 1542

Obrebski M, Allen R M, Zhang F, Pan J, Wu Q, Hung S. 2012. Shear wave tomography of China using joint inversion of body and surface wave constraints. Journal of Geophysical Research, 117: B01311

Owens T J, Zandt G. 1997. Implications of crustal property variations or models of Tibetan Plateau evolution. Nature, 387: 37 ~ 43

Owens T J, Randall G E, Wu F T, Zeng R. 1993. PASSCAL instrument performance during the Tibetan Plateau passive seismic experiment. Bulletin of the Seismological Society of America, 83(6): 1959 ~ 1970

Paige C C, Saunders M A. 1982a. LSQR: an algorithm for sparse linear equations and sparse least squares. ACM Trans Math Softw, 8(1): 43 ~ 71

Paige C C, Saunders M A. 1982b. LSQR: sparse linear equations and least squares problems. ACM Trans Math Softw, 8(1): 195 ~ 209

Pei S P, Chen Y J. 2010. Tomographic structure of East Asia: I. no fast (slab) anomalies beneath 660 km discontinuity. Earthquake Science, 23(6): 597 ~ 611

Pei S P, Zhao J M, Sun Y S, Xu Z H, Wang S Y, Liu H B, Rowe C A, Nafi T M, Gao X. 2007. Upper mantle seismic velocities and anisotropy in China determined through Pn and Sn tomography. Journal of Geophysical Research: Solid Earth, 112(B2): B05312

Popoviciz A M, Sethian J A. 2002. 3-D imaging using higher order fast marching traveltimes. Geophysics, 67(2): 604 ~ 609

Randall G E. 1989. Efficient calculation of differential seismograms for lithospheric receiver functions. Geophysical Journal International, 99(3): 469 ~ 481

Ratschbacher L, Krumeri I, Blumenwitz M, Staiger M, Gloaguen R, Miller B V, Samson S D, Edwards M A, Appel E. 2011. Rifting and strike-slip shear in central Tibet and the geometry, age and kinematics of upper crustal extension in Tibet. In: Gloaguen R, Ratschbacher L (eds). Growth and Collapse of the Tibetan Plateau. Geological Society, London, Special Publications, 253: 127 ~ 163

Rau R J, Wu F T. 1995. Tomographic imaging of lithospheric structures under Taiwan. Earth and Planetary Science Letters, 133: 517 ~ 532

Rawlinson N, Sambridge M. 2004. Wavefront evolution in strongly heterogeneous layered media using the Fast Marching Method. Geophysical Journal International, 156(3): 631 ~ 647

Rawlinson N, Reading A M, Kennett B L N. 2006. Lithospheric structure of Tasmania from a novel form of telescismic tomography. Journal of Geophysical Research, 111(B2): 322 ~ 330

Ren Y, Shen Y. 2008. Finite frequency tomography in southeastern Tibet: evidence for the causal relationship between mantle lithosphere delamination and the north-south trending rifts, Journal of Geophysical Research, 113: B10316

Richardson S W, England P C. 1979. Metamorphic consequences of crustal eclogite production in overthrust orogenic zones. Earth and Planetary Science Letters, 42: 183 ~ 190

Roger F, Tapponnier P, Arnaud N, Schärer U, Brunel M, Xu Z, Yang J. 2000. An Eocene magmatic belt across central Tibet: mantle subduction triggered by the Indian collision. Terra Nova, 12: 102 ~ 108

Ross A R, Brown L D, Pananont P, *et al*. 2004. Deep reflection surveying in central Tibet: lower-crustal layering and crustal flow. Geophysical Journal International, 156: 115 ~ 128

Royden L H, Burchfiel B C, van der Hilst R D. 2008. The geological evolution of the Tibetan Plateau. Science, 321(5892): 1054 ~ 1058

RoydenL H, King R W, Chen Z, Liu Y. 1997. Surface deformation and lower crustal flow in eastern Tibet. Science, 276(5313): 788 ~ 790

Rychert C A, Shearer P M. 2009. A global view of the lithosphere-asthenosphere boundary. Science, 324(5926): 495 ~ 498

Rychert C A, Rondenay S, Fischer K A. 2007. P-to-S and S-to-P imaging of a sharp lithosphere- asthenosphere boundary beneath eastern North America. Journal of Geophysical Research, 112: B08314

Sandvol E, Ni J, Kind R, Zhao W. 1997. Seismic anisotropy beneath the southern Himalayas-Tibet collision zone. Journal of Geophysical Research, 102(B8): 17813 ~ 17823

Savage M K. 1999. Seismic anisotropy and mantle deformation: What have we learned from shear wave splitting? Rev Geophys, 37(1): 65 ~ 106

Schulte-Pelkum V, Monsalve G, Sheehan A F, Pandey M, Sapkota S, Bilham R, Wu F. 2005. Imaging the Indian subcontinent beneath the Himalaya. Nature, 435(7046): 1222 ~ 1225

Seeber L, Pêcher A. 1998. Strain partitioning along the Himalayan arc and the Nanga Parbat antiform. Geology, 26(9): 791 ~ 794

Sengor A M C. 1990. Plate tectonics and orogenic research after 25 years: a Tethyan perspective. Earth Science Review, 27: 1 ~ 201

Sethian J A, Progoviciz A M. 1999. 3-D traveltime computation using the fast marching method. Geophysics, 64(2): 516 ~ 523

Shapiro N M, Campillo M. Stehly L, Ritzwoller M H. 2005. High-resolution surface wave tomography from ambient seismic noise. Science, 307: 1615 ~ 1618

Shapiro N M, Ritzwoller M H, Molnar P, Levin V. 2004. Thinning and flow of Tibetan crust constrained by seismic anisotropy. Science, 305(5681): 233 ~ 236

Shen X Z, Zhou Y Z, Zhang Y S, Mei X P, Guo X, Liu X Z, Qin M Z, Wei C X, Li C Q. 2014. Receiver function structures beneath the deep large faults in the northeastern margin of the Tibetan Plateau. Tectonophysics, 610: 63 ~ 73

Shen X, Mei X, Zhang Y. 2011. The crustal and upper mantle structures beneath the northeastern margin of Tibet. Bulletin of the Seismological Society of America, 101(6): 2782 ~ 2795

Shi D N, Lü Q T, Xu W Y, Yan J Y, *et al*. 2013. Crustal structure beneath the middle-lower Yangtze metallogenic belt in East China: constraints from passive source seismic experiment on the Mesozoic intra-continental mineralization. Tectonophysics, 606: 48 ~ 59

Shi D, Shen Y, Zhao W, Li A. 2009. Seismic evidence for a Moho offset and southdirected thrust at the easternmost Qaidam-Kunlun boundary in the Northeast Tibetan Plateau. Earth and Planetary Science Letters, 288(1-2): 329 ~ 334

Shu L S, Zhou X M, Deng P, *et al*. 2009. Mesozoic tectonic evolution of the southeast China block: new insighs from basin analysis. Journal of Asian Earth Sciences, 34: 376 ~ 391

Silver P G. 1996. Seismic anisotropy beneath the continents: probing the depths of geology. Ann Rev Earth Planet Sci, 24(1): 385 ~ 432

Silver P G, Chan W W. 1988. Implication for continental structure and evolution from seismic anisotropy. Nature, 335: 34 ~ 39

Silver P G, Chan W W. 1991. Shear wave splatting and subcontinental mantle deformation. Journal of Geophysical Research, 96(B10): 16429 ~ 16454

Sodoudi F, Yuan X, Liu Q, Kind R, Chen J. 2006. Lithospheric thickness beneath the Dabie Shan, central eastern China from S receuver function. Geophysical Journal International, 166: 1363 ~ 1367

Styron R H, Taylor M H, Murphy M A. 2011. Oblique convergence, arc-parallel extension, and the role of strike-slip faulting in the high Himalaya. Geosphere, 7(2): 582 ~ 596

Su B X, Zhang H F, Sakyi P A, *et al*. 2010. Compositionally stratified lithosphere and carbonatite metasomatism recorded in mantle xenoliths form the western Qinling (central China). Lithos, 116(1): 111 ~ 128

Tang Y, Obayashi M, Niu F, *et al*. 2014. Changbaishan volcanism in northeast China linked to subduction-induced mantle upwelling. Nature Geoscience, 7(6): 470 ~ 475

Tapponnier P, Xu Z Q, Roger F, Meyer B, Arnaud N, Wittlinger G, Yang J S. 2001. Oblique stepwise rise and growth of the Tibet Plateau. Science, 294(5547): 1671 ~ 1677

Taylor M, Yin A, Ryerson F J, Kapp P, Ding L. 2003. Conjugate strike-slip faulting along the Bangong-Nujiang suture zone accommodates coeval east-west extension and north-south shortening in the interior of the Tibetan Plateau. Tectonics, 22(4): 1044

Teng J W, Zhang Z J, Zhang X K, Wang C Y, Gao R, Yang B J, Qiao Y H, Deng Y F. 2013. Investigation of the Moho discontinuity beneath the Chinese mainland using deep seismic sounding profiles. Tectonophysics, 609: 202 ~ 216

Tian X B, Zhang Z J. 2013. Bulk crustal properties in NE Tibet and their implications for deformation model. Gondwana Research, 24(2): 548 ~ 559

Tian X B, Teng J W, Zhang H S, Zhang Z J, Zhang Y Q, Yang H. 2011. Structure of crust and upper mantle beneath the Ordos Block and the Yinshan Mountains revealed by receiver function analysis. Physics of the Earth and Planetary Interiors, 184: 186 ~ 193

Tian Y, Zhu H X, Zhao D P, Liu C, Feng X, Liu T, Ma J C. 2016. Mantle transition zone structure beneath Changbai vocano: insight into deep slab dehydration and hot upwelling near the 410 km discontinuity. Journal of Geophysical Research, 121(8): 5794 ~ 5808

Tilmann F, Ni J, INDEPTH III Seismic Team. 2003. Seismic imaging of the downwelling Indian lithosphere beneath central Tibet. Science, 300: 1424 ~ 1427

TkalčićH, Chen Y L, Liu R F, Huang Z B, Sun L, Chan W. 2011. Multistep modelling of teleseismic receiver functions combined with constraints from seismic tomography: crustal structure beneath southeast China. Geophysical Journal International, 187: 303 ~ 326

Tsai Y B, Wu H H. 2000. S-wave velocity structure of the crust and upper mantle under southeastern China by surface wave dispersion analysis. Journal of Asian Earth Sciences, 18: 255 ~ 265

Tseng T L, Chen W P, Nowack R L. 2009. Northward thinning of Tibetan crust revealed by virtual seismic profiles. Geophysical Research Letters, 36(L24304): 1 ~ 5

Turner S, Hawkesworth C J, Liu J, Rogers N, Kelley S, van Calsteren P. 1993. Timing of Tibetan uplift constrained by analysis of volcanic rocks. Nature, 364: 50 ~ 54

Van Decar J C, Crosson R S. 1990. Determination of teleseismic relative phase arrival times using multi-channel cross-correlation and least squares. Bulletin of the Seismological Society of America, 80(1): 150 ~ 169

Vergne J, Cattin R, Avouac J. 2008. On the use of dislocations to model interseismic strain and stress build-up at intracontinental thrust faults. Geophysical Journal International, 147(1): 155 ~ 162

Vernik L. 1997. Predicting porosity from acoustic velocities in siliciclastics: a new look. Geophysics, 62: 118 ~ 128

Wang C S, Gao R, Yin A, Wang H Y, Zhang Y S, Guo T L, Li Q S, Li Y L. 2011. A mid-crustal strain-transfer model for continental deformation: a new perspective from high-resolution deep seismic-reflection profiling across NE Tibet. Earth and Planetary Science Letters, 306: 279 ~ 288

Wang S Y, Niu F L, Zhang G M. 2013. Velocity structure of the uppermost mantle beneath East Asia from Pn tomography and its dynamic implications. Journal of Geophysical Research Atmospheres, 118(1): 290 ~ 301

Wang T K, Chen M K, Lee C S, Xia K. 2006. Seismic imaging of the transitional crust across the northeastern margin of the South China Sea. Translated World Seismology, 412(3): 237 ~ 254

Wang Z W, Zhao D P, Gao R, Hua Y Y. 2019. Complex subduction beneath the Tibetan Plateau: a slab warping model. Physics of the Earth and Planetary Interiors, 292: 42 ~ 54

Wang Z, Fukao Y, Zhao D, Kodaira S, Mishra O P, Yamada A. 2009. Structural heterogeneities in the crust and upper mantle beneath Taiwan. Tectonophysics, 476(3-4): 460 ~ 477

Wei S Y, Deng X Y. 1989. Geothermal activity, geophysical anomalies and the geothermal state of the crust and upper mantle in the Yarlung Zangbo river zone. Tectonophysics, 159: 247 ~ 254

Wei W B, Jin S, Ye G F, Deng M, Jing J E, Unsworth M, Jones A G. 2010. Conductivity structure and rheological property of lithosphere in southern Tibet inferred from super-broadband magnetotelluric sounding. Science China: Earth Sciences, 53(2): 189 ~ 202

Wei Z G, Chen L, Li Z W, Ling Y, Li J. 2016. Regional variation in Moho depth and Poisson's ratio beneath eastern China and its tectonic implication. Journal of Asian Earth Science, 115: 308 ~ 320

Williams H M, Turner S P, Pearce J A, *et al*. 2004. Nature of the source regions for post-collisional, potassic magmatism in southern and northern Tibet from geochemical variation and inverse trace element modelling. Journal of Petrology, 45(3): 555 ~ 607

Wilson D C, Angus D A, Ni J F, Grand S P. 2006. Constraints on the interpretation of S-to-P receiver functions. Geophysical Journal International, 165: 969 ~ 980

Wittlinger G, Farra V. 2007. Converted waves reveal a thick and layered tectosphere beneath the Kalahari super-craton. Earthand Planetary Science Letters, 254: 404 ~ 415

Wu F T, Kuo-Chen H, McIntosh K D. 2014. Subsurface imaging, TAIGER experiments and tectonic models of Taiwan. Journal of Asian Earth Sciences, 90: 173 ~ 208

Wu Q J, Zheng X F, Pan J T, Zhang F X, Zhang G C. 2009. Measurement of inter station phase velocity by wavelet transformation. Earthquake Science, 22(4): 425 ~ 429

Wüstefeld A, Bokelmann G. 2007. Null detection in shear-wave splitting measurements. Bulletin of the Seismological Society of America, 97(4): 1204 ~ 1211

Wüstefeld A, Bokelmann G, Zaroli C, *et al*. 2008. SplitLab: a shear-wave splitting environment in Matlab. Computers & Geosciences, 34(5): 515 ~ 528

Xu T, Wu Z B, Zhang Z J, Tian X B, Deng Y F, Wu C L, Teng J W. 2014. Crustal structure across the Kunlun fault from passive source seismic profiling in East Tibet. Tectonophysics, 627: 98 ~ 107

Yang Y, Ritzwoller M H, Zheng Y, Shen W, Levshin A L, Xie Z. 2012. A synoptic view of the distribution and connectivity of the mid-crustal low velocity zone beneath Tibet. Journal of Geophysical Research: Solid Earth, 117: B04303

Yanovskaya T B, Ditmar P G. 1990. Smoothness criteria in surface wave tomography. Geophysical Journal International, 102(1): 63 ~ 72

Yao H J, van der Hilst R D, de Hoop M V. 2006. Surface-wave array tomography in SE Tibet from ambient seismic noise and two-station analysis—I. phase velocity maps. Geophysical Journal International, 166(2): 732 ~ 744

Yao H J, van der Hilst R D, Montagner J P. 2010. Heterogeneity and anisotropy of the lithosphere of SE Tibet from surface wave array tomography. Journal of Geophysical Research, 115: B12307

Ye Z, Gao R, Li Q S, Zhang H S, Shen X Z, Liu X Z, Gong C. 2015. Seismic evidence for the North China plate underthrusting beneath northeastern Tibet and its implications for plateau growth. Earth and Planetary Science Letters, 426: 109 ~ 117

Ye Z, Li Q S, Zhang H S, Li J T, Wang X R, Han R, Wu Q Y. 2019. Crustal and uppermost mantle structure across the Lower Yangtze region and its implications for the late Mesozoic magmatism and metallogenesis, eastern South China. Physics of the Earth and Planetary Interiors, 297: 106324

Yin A, Harrison T M. 2000. Geologic evolution of the Himalayan-Tibetan orogen. Ann Rev Earth Planet Sci, 28(1): 211 ~ 280

Yin A, Kapp P A, Murphy M A, *et al*. 1999. Significant late Neogene east-west extension in northern Tibet. Geology, 27(9): 787 ~ 790

Yin A, Taylor M H. 2011. Mechanics of V-shaped conjugate strike-slip faults and the corresponding continuum model of continental deformation. GSA Bulletin, 123(9-10): 1798 ~ 1821

Yuan X H, Kind R, Li X Q, *et al*. 2006. The S receiver functions: synthetics and data example. Geophysical Journal International, 165(2): 555 ~ 564

Yuan X H, Ni J, Kind R, *et al*. 1997. Lithospheric and upper mantle structure of southern Tibet from a seismological passive source experiment. Journal of Geophysical Research: Solid Earth, 102(B12): 27491 ~ 27500

Zhang H S, Teng J W, Tian X B, Zhang Z J, Gao R, Liu J Q. 2012. Lithospheric thickness and upper-mantle deformation beneath the NE Tibetan Plateau inferred from S receiver functions and SKS splitting measurements. Geophysical Journal International, 191: 1285 ~ 1294

Zhang R, Wu Q, Sun L, He J, Gao Z. 2014. Crustal and lithospheric structure of northeast China from S-wave receiver functions. Earth and Planetary Science Letters, 401: 196 ~ 205

Zhang S Q, Karato S. 1995. Lattice preferred orientation of olivine aggregates deformed in simple shear. Nature, 375(6534): 774 ~ 777

Zhang Z J, Klemperer S L. 2005. West-east variation in crustal thickness in northern Lhasa block, central Tibet, from deep seismic sounding data. Journal of Geophysical Research, 110: B09403

Zhang Z J, Bai Z M, Klemperer S L, Tian X B, Xu T, Chen Y, Teng J W. 2013a. Crustal structure across northeastern Tibet from wide-angle seismic profiling: constraints on the Caledonian Qilian orogeny and its reactivation. Tectonophysics, 606: 140 ~ 159

Zhang Z J, Chen Y, Yuan X H, Tian X B, Klemperer S L, Xu T, Bai Z M, Zhang H S, Wu J, Teng J W. 2013b. Normal faulting from simple shear rifting in South Tibet, using evidence from passive seismic profiling across the Yadong-Gulu Rift. Tectonophysics, 606: 178 ~ 186

Zhang Z J, Klemperer S L, Bai Z M, *et al*. 2011. Crustal structure of the Paleozoic Kunlun orogeny from an active-source seismic profile between Moba and Guide in East Tibet, China. Gondwana Research, 19: 994 ~ 1007

Zhang Z J, Wang Y H, Chen Y, Gregory A H, Tian X B, Wang E, Teng J W. 2009. Crustal structure across Longmenshan fault belt from passive source seismic profiling. Geophysical Research Letters, 36: L17310

Zhang Z J, Yuan X H, Chen Y, Tian X B, Kind R, Li X Q, Teng J W. 2010. Seismic signature of the collision between the east Tibetan escape flow and the Sichuan Basin. Earth and Planetary Science Letters. 292: 254 ~ 264

Zhao D P, Hasegawa A, Horiuchi S. 1992. Tomographic imaging of P and S wave velocity structure beneath northeastern Japan. Journal of Geophysical Research, 97(B13): 19909 ~ 19928

Zhao D P, Hasegawa A, Kanamori H. 1994. Deep structure of Japan subduction zone as 857 derived from local, regional and teleseismic events. Journal of Geophysical Research, 99(B11): 22313 ~ 22329

Zhao D P, Lei J, Inoue T, Yamada A, Gao S S. 2006. Deep structure and origin of the Baikal rift zone. Earth and Planetary Science Letters, 243: 681 ~ 691

Zhao D P, Lei J S, Tang R Y. 2004. Origin of the Changbai intraplate volcanism in Northeast China: evidence from seismic tomography. Chinese Science Bulletin, 49(13): 1401 ~ 1408

Zhao D P, Wang K L, Rogers G C, Peacock S M. 2001. Tomographic image of low P velocity anomalies above slab in northern Cascadia subduction zone. Earth Planets Space, 53: 285 ~ 293

Zhao J M, Yuan X H, Liu H B, Kumar P, Pei S P, Kind R, Zhang Z J, Teng J W, Ding L, Gao X, Xu Q, Wang W. 2010. The boundary between the Indian and Asian tectonic plates below Tibet. Proc Natl Acad Sci USA, 107(25):11229 ~ 11233

Zhao L, Allen R M, Zheng T Y, Zhu R. 2012. High-resolution body wave tomography models of the upper mantle beneath eastern China and the adjacent areas. Geochemistry Geophysics Geosystems, 13(6):Q06007

Zhao L, Zheng T, Chen L, Tang Q. 2007. Shear wave splitting in eastern and central China: implications for upper mantle deformation beneath continental margin. Physics of the Earth and Planetary Interiors, 162:73 ~ 84

Zhao L, Zheng T, Lu G. 2013. Distinct upper mantle deformation of cratons in response to subduction: constraints from SKS wave splitting measurements in eastern China. Gondwana Research, 23(1):39 ~ 53

Zhao W J, Kumar P, Mechie J, Kind R, Meissner R, Wu Z, Shi D, Su H, Xue G, Karplus M, Tilmann F. 2011. Tibetan plate overriding the Asian plate in central and northern Tibet. Nat Geosci, 4(12):870 ~ 873

Zhao W J, Nelson K D, Che J, Quo J, Lu D, Wu C, Liu X. 1993. Deep seismic reflection evidence for continental underthrusting beneath southern Tibet. Nature, 366:557 ~ 559

Zhao W, Mechie J, Brown L D, *et al*. 2001. Crustal structure of central Tibet as derived from project INDEPTH wide-angle seismic data. Geophysical Journal International, 145(2):486 ~ 498

Zheng S, Sun X, Song X, Yang Y, Ritzwoller M H. 2008. Surface wave tomography of China from ambient seismic noise correlation. Geochemistry Geophysics Geosystems, 9(5):620 ~ 628

Zheng T Y, Zhao L, Chen L. 2005. A detailed receiver function image of the sedimentary structure in the Bohai Bay Basin. Physics of the Earth and Planetary Interiors, 152(3):129 ~ 143

Zheng T Y, Zhao L, He Y M, Zhu R X. 2014. Seismic imaging of crustal reworking and lithospheric modification in eastern China. Geophysical Journal International, 196(2):656 ~ 670

Zheng Y, Yang Y J, Ritzwoller M H, Zheng X F, Xiong X, Li Z N. 2010. Crustal structure of the northeasternTibetan Plateau, the Ordos block and the Sichuan Basin from ambient noise tomography. Earthquake Science, 23: 465 ~ 476

Zhou D, Yu H S, Xu H H, Shi X B, Chou Y W. 2003. Modeling of thermo-rheological structure of lithosphere under the foreland basin and mountain belt of Taiwan. Tectonophysics, 374:115 ~ 134

Zhou H W, Murphy M A. 2005. Tomographic evidence for wholesale underthrusting of India beneath the entire Tibetan Plateau. Journal of Asian Earth Sciences, 25(3):445 ~ 457

Zhou L Q, Xie J Y, Shen W S, Zheng Y, Yang Y J, Shi H X, Ritzwoller M H. 2012. The structure of the crust and uppermost mantle beneath South China from ambient noise and earthquake tomography. Geophysical Journal International, 189(3):1565 ~ 1583

Zhou X M, Li W X. 2000. Origin of Late Mesozoic igneous rocks in Southeastern China: implications for lithosphere subduction and underplating of mafic magmas. Tectonophysics, 326(3-4):269 ~ 287

Zhou X M, Sun T, Shen W Z, Shu L S, Niu Y L. 2006. Petrogenesis of Mesozoic granitoids and volcanic rocks in south China: a response to tectonic evolution. Episodes, 29(1):26 ~ 33

Zhu L P. 2000. Crustal structure across the San Andreas fault, southern California from teleseismic converted waves. Earth and Planetary Science Letters, 179(1):183 ~ 190

Zhu L P. 2004. Lateral variation of the Tibetan lithospheric structure inferred from teleseismic waveforms. In: Chen Y T, *et al*(eds). Advancements in Seismology and Physics of the Earth Interior in China. Beijing: Seismological Press:295 ~ 310

Zhu L P, Helmberger D V. 1998. Moho offset across the northern margin of the Tibetan Plateau. Science, 281(5380):1170 ~ 1172

Zhu L P, Kanamori H. 2000. Moho depth variation in southern California from teleseimic receiver functions. Journal of Geophysical Research: Solid Earth, 105(B2): 2969 ~ 2980

Zietlow D W. 2016. Four Brothers and a Waka: investigating lithospheric accommodation of shear and convergence underlying the south Island of New Zealand. Boulder: University of Colorado at Boulder, ProQuest Dissertations Publishing, 2016. 10108749